工业机器人技术应用系列

机器视觉检测与应用

张 焱　王丛丛　编著

电子工业出版社
Publishing House of Electronics Industry
北京·BEIJING

内 容 简 介

本书遵循"翻转课堂"的教学思路，系统地介绍了机器视觉理论和仿真软件的应用，并提供了丰富的实例、教学 PPT、演示视频等资源。

本书内容精练、实用，案例丰富，分为 7 章。第 1～3 章主要讲述机器视觉基础理论，第 4～5 章主要讲述康耐视 In-Sight Explorer 视觉软件的视觉检测功能及应用，第 6～7 章主要讲述视觉相机的硬件与连接和机器视觉工程应用。

本书不仅可以供从事视觉检测技术、智能设备应用的专业人员参考，也可以作为本科及职业院校自动化类专业的教材。

未经许可，不得以任何方式复制或抄袭本书之部分或全部内容。
版权所有，侵权必究。

图书在版编目（CIP）数据

机器视觉检测与应用 / 张焱，王丛丛编著. —北京：电子工业出版社，2021.7

ISBN 978-7-121-41611-8

Ⅰ. ①机… Ⅱ. ①张… ②王… Ⅲ. ①计算机视觉 Ⅳ. ①TP302.7

中国版本图书馆 CIP 数据核字（2021）第 142909 号

责任编辑：朱怀永　　　　　　　特约编辑：田学清
印　　刷：河北虎彩印刷有限公司
装　　订：河北虎彩印刷有限公司
出版发行：电子工业出版社
　　　　　北京市海淀区万寿路 173 信箱　　　邮编：100036
开　　本：787×1092　　1/16　　印张：13.5　　字数：339.2 千字
版　　次：2021 年 7 月第 1 版
印　　次：2025 年 8 月第 7 次印刷
定　　价：41.80 元

凡所购买电子工业出版社图书有缺损问题，请向购买书店调换。若书店售缺，请与本社发行部联系，联系及邮购电话：（010）88254888，88258888。

质量投诉请发邮件至 zlts@phei.com.cn，盗版侵权举报请发邮件至 dbqq@phei.com.cn。

本书咨询联系方式：（010）88254608，zhy@phei.com.cn

前　言

　　机器视觉的崛起源于工业自动化生产日益增长的技术需求。机器人领域正逐步向着智能化、多样化方向发展，机器视觉促使机器人智能化变成现实。在自动化生产中，机器视觉技术已经占有十分重要的地位，而机器视觉技术的不断创新，也推动了工业自动化、智慧安防及人工智能等行业的进步，也为各个行业领域的应用带来了更多发展潜力与机会。

　　机器视觉是人工智能的一个正在快速发展的分支。简单来说，机器视觉是用机器代替人眼来进行测量和判断的，它的特点是能增强生产的柔性和提高自动化程度。在一些不适合人工作业的危险工作环境或人工视觉难以满足要求的场合，常用机器视觉来代替人工视觉。机器视觉的应用相当普及，主要集中在电子、汽车、冶金、食品、零配件装配及制造等行业，在质量检测的各个方面也已经得到广泛应用。

　　目前，现有的机器视觉的书籍主要侧重于机器视觉技术理论、算法和图像处理等方面，有关实际视觉应用的书籍较少。本书从应用角度出发，全面系统地介绍了机器视觉发展、视觉系统组成和 In-Sight Explorer 视觉软件；通过大量的实例，全面阐述了 In-Sight Explorer 视觉系统的检测、识别、定位、测量四大功能和使用方法，以及视觉相机通过与机器人的连接通信，实现机器人自动分拣搬运的原理。

　　本书各章节之间既相互联系又相对独立，读者可根据自己需要选择阅读。

　　由于编写时间仓促，书中难免存在疏漏和不足之处，敬请广大读者批评指正。

编　者
2021 年 5 月

目 录

第1章 机器视觉概述 1
  1.1 机器视觉的定义 1
  1.2 机器视觉的发展 4
    1.2.1 机器视觉的发展历程 4
    1.2.2 中国机器视觉系统的研究现状 5
    1.2.3 机器视觉的发展趋势 7
  1.3 机器视觉的应用 8
  课后习题1 12

第2章 机器视觉系统组成和核心部件 14
  2.1 机器视觉系统的组成 14
  2.2 机器视觉系统的核心部件 17
    2.2.1 光源 17
    2.2.2 镜头 33
    2.2.3 工业相机 43
    2.2.4 图像采集卡 44
    2.2.5 机器视觉软件 45
  课后习题2 45

第3章 机器视觉图像处理 47
  3.1 图像预处理 47
  3.2 频率图像增强 48
    3.2.1 频率图像增强的基本步骤 48
    3.2.2 傅里叶变换 49
    3.2.3 频率域滤波 51
  3.3 灰度均衡的原理与方法 56
    3.3.1 图像灰度直方图 57
    3.3.2 直方图均衡化 59
    3.3.3 直方图规定化（匹配化） 62
  3.4 边缘检测算法及其应用 63
    3.4.1 边缘检测 63

3.4.2 几种算子的比较 ... 70
3.4.3 阈值分割的原理与方法汇总 ... 70
3.5 图像分割 ... 71
3.5.1 阈值分割的基本概念 ... 74
3.5.2 基于点的全局阈值选取方法 ... 75
3.5.3 基于区域的全局阈值选取方法 ... 77
3.5.4 局部阈值法和多阈值法 ... 79
3.5.5 分割图像的结构 ... 81
3.6 几何变换 ... 83
3.6.1 图像的缩放 ... 83
3.6.2 图像的平移 ... 83
3.6.3 图像的转置 ... 84
3.6.4 图像的旋转 ... 85
3.6.5 图像的复杂变形 ... 87
课后习题 3 ... 88

第 4 章 In-Sight Explorer 视觉软件——EasyBuilder 功能 ... 89

4.1 In-Sight Explorer 软件安装 ... 89
4.2 EasyBuilder 界面介绍 ... 94
4.3 EasyBuilder 视觉功能应用 ... 96
4.3.1 定位功能 ... 97
4.3.2 识别功能 ... 101
4.3.3 检测功能 ... 106
4.3.4 测量功能 ... 115
4.3.5 综合应用 ... 116
课后习题 4 ... 123

第 5 章 In-Sight Explorer 电子表格功能 ... 125

5.1 电子表格界面介绍 ... 126
5.2 电子表格视觉功能应用 ... 127
5.2.1 图案匹配功能 ... 127
5.2.2 ID 功能 ... 130
5.2.3 OCV/OCR 功能 ... 133
5.2.4 瑕疵检测 ... 138
5.2.5 综合应用 ... 141
课后习题 5 ... 152

第6章 视觉相机的硬件与连接 153

6.1 视觉相机的硬件组成 153
6.1.1 标准组件 153
6.1.2 电缆 153
6.2 视觉相机与组件连接 156
6.2.1 接口和指示灯 156
6.2.2 视觉相机的固定 157
6.2.3 In-Sight 软件联机 158
课后习题 6 160

第7章 机器视觉工程应用 161

7.1 快速实时视觉检测系统的设计 161
7.1.1 重要概念 161
7.1.2 基本设计参数 162
7.1.3 光照技术的设计 168
7.1.4 设计图像处理算法的步骤 169
7.1.5 可行性证明 169
7.2 机器人视觉分拣系统搭建 171
7.3 机器人——视觉相机通信 173
7.3.1 EtherNet/IP 功能 173
7.3.2 扫描仪设定 173
7.3.3 FANUC 机器人 I/O 配置 175
7.4 视觉软件分拣作业 177
7.5 机器人程序编写 181
课后习题 7 184

附录 康耐视 In-Sight Explorer 库函数 186

参考文献 206

第 1 章 机器视觉概述

人类感知外界信息的 80%是通过眼睛获得的，图像包含的信息量是巨大的。同样，我们也需要为工业机器人安装一双"火眼金睛"来代替人眼进行测量和判断。机器视觉被称为机器人的"眼睛"，为机器设备感知外界提供便利，使机器人具有像人一样的视觉功能，如图 1-1 所示。特别是近些年，工业机器人市场呈爆炸式增长趋势，配备机器视觉的工业机器人在代替或者协助人类工作时，呈现更智能化的特点，智能制造升级转型大趋势也把工业机器人与机器视觉更紧密结合起来。

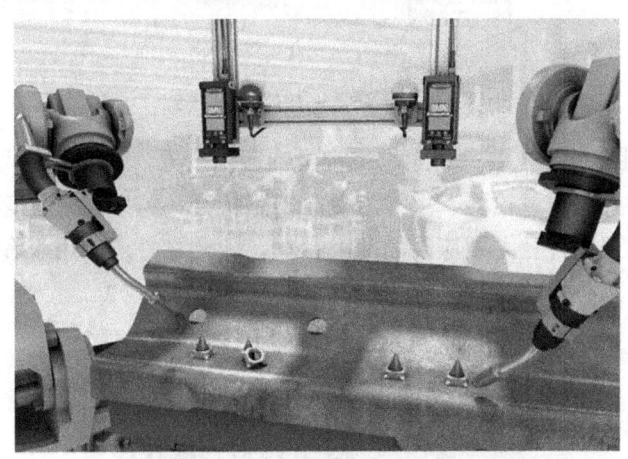

图 1-1 工业机器人视觉

1.1 机器视觉的定义

机器视觉是人工智能正在快速发展的一个分支，涉及神经生物学、心理物理学、计算机科学、图像处理、模式识别等诸多领域。由于涉及的领域非常广泛且非常复杂，因此目前还没有明确的定义。美国制造工程师协会（Society of Manufacturing Engineers，SME）机器视觉分会和美国机器人工业协会（Robotic Industries Association，RIA）的自动化视觉分会对机器视觉下的定义："机器视觉是研究如何通过光学装置和非接触式传感器自动地接收、处理真实场景的图像，以获得所需信息或用于控制机器人运动的学科"。通俗地来说，机器视觉是通过相机或摄像机等传感器将被摄取目标转换成图像信号的，并传送给专用的图像处理系统。图像处理系统对这些信号进行各种运算来抽取目标的特征，得到被摄取目标的形态信息，根据像素分布、亮度和颜色等信息，转变成数字化信号，从而进行物体的识别、检测和测量等。

机器视觉技术最大的特点是速度快、信息量大、功能多，可以分为工业视觉和计算机视觉两类。计算机视觉是指用计算机实现人的视觉功能，包括对客观世界三维场景的感知、识别和理解。计算机视觉借助于几何、物理和学习技术来构筑模型，从而用统计的方法来处理数据，使用几何信息或概率统计技术来识别物体，在很大程度上是针对图像内容的视觉理论研究。计算机视觉的流程框架如图 1-2 所示，即将待处理的图像或者视频输入设计好的算法，通过计算输出结果。研究计算机视觉方向有成百上千种，如图像分割、目标跟踪、人脸识别、行为分析等。

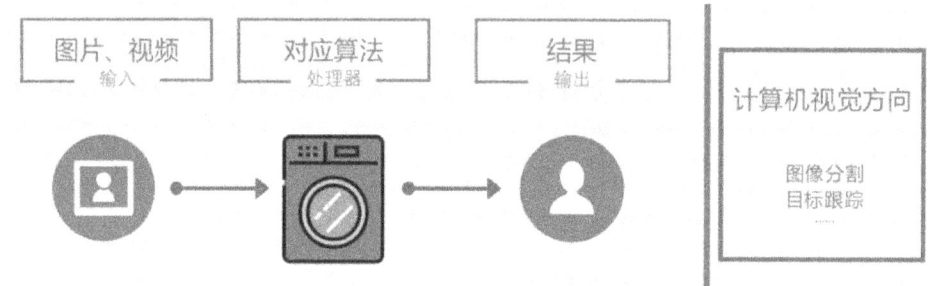

图 1-2　计算机视觉的流程框架

工业视觉（见图 1-3）主要是工业领域视觉的应用研究，采用机器代替人眼来进行测量和判断，用途主要有质量检测、尺寸测量、缺陷检查、识别和定位等。电子制造业和汽车制造业是目前工业视觉主要应用的两大行业，除此之外还应用于食品、化妆品、建材、化工、金属加工、包装等行业。

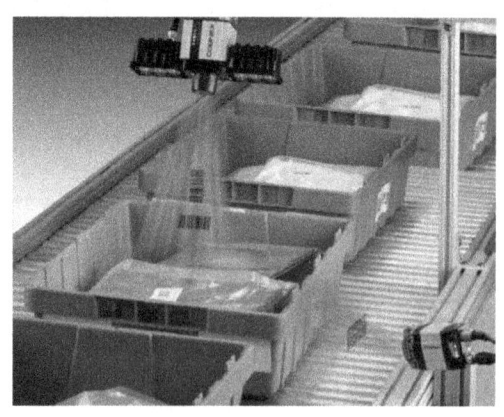

图 1-3　工业视觉

工业视觉与计算机视觉的对比如表 1-1 所示。两者本质上都是视觉，都是一门交叉学科。计算机视觉侧重计算机处理；工业视觉更侧重机器设备，相机选择比较重要，一般所说的机器视觉指工业视觉。

表 1-1　工业视觉与计算机视觉的对比

机 器 视 觉	工 业 视 觉	计算机视觉
应用领域	智能制造	未来消费、服务等智能生活领域
功能目标	主要解决需要人眼进行工件的定位、测量、检测等重复性劳动	赋予智能机器人视觉，实现对于外界位置信息、图像信息的识别与判断
硬件需求	要求较高，需要对工业相机的帧频、分辨率等指标依据要求进行筛选	除特殊情况外，大部分对于相机或摄像头的要求并不高

续表

机器视觉	工业视觉	计算机视觉
算法需求	往往侧重于精确度的提高	更加复杂，侧重于采用数学逻辑或深度学习进行物体的标定与识别
产业成熟度	较高，在半导体、包装等行业的测量、检测已有较为广泛的应用	总体上还处于初步探索阶段，初创企业层出不穷

机器视觉具有高效率、高度自动化的特点，可以实现很高的分辨率、精度和速度，在实际应用中可增强生产的柔性和提高自动化程度。人工视觉与机器视觉检测的区别如表 1-2 所示。

表 1-2　人工视觉与机器视觉检测的区别

类　别	人　工　视　觉	机　器　视　觉
工作时间	工作时间有限	可 24 小时不停息工作
成本	人力和管理成本不断上升	成本不断降低，一次性投入
信息集成	不易信息集成	方便信息集成
灰度分辨力	灰度分辨力差，一般只能分辨 64 个灰度级	强，一般为 256 个灰度级，采集系统可具有 10bit、12bit、16bit 等灰度级
空间分辨力	分辨力较差，不能观看微小的目标	目前有 4K×4K 的面阵摄像机和 12K 的线阵摄像机，通过备置各种光学镜头，可以观测小到微米，大到天体的目标
彩色识别能力	分辨能力强，易受人的心理影响，不能量化	受硬件条件的制约，分辨能力较差，可量化
感光范围	400～750nm 的可见光	从紫外到红外的较宽光谱范围，另外有 X 光等特殊摄像机
速度	0.1s 的视觉暂留，使人眼无法看清较快速运动的目标	快门时间可达到 10μs 左右，高速相机帧率可达到 1000 以上，处理器的速度越来越快
观测精度	精度低，无法量化	精度高，可到微米级，易量化
环境要求	对环境温度、湿度的适应性差，另外有许多场合对人有损害	对环境适应性强，另外可加防护装置
其他	主观性，受心理影响，易疲劳	客观性，可靠性高，可连续工作

通过对比我们可以总结出机器视觉系统的特点如下。

- 非接触测量：对于观测者与被观测者的脆弱部件都不会产生任何损伤，从而提高系统的可靠性；在一些不适合人工操作的危险工作环境或人工视觉难以满足需求的场合，常用机器视觉来代替人工视觉。
- 具有较宽的光谱响应范围：如使用人眼看不到的红外测量，扩充了人眼视觉的范围。
- 连续性：机器视觉能够长时间稳定工作，使人们免除疲劳之苦；人类难以长时间对同一对象进行观察，而机器视觉则可以长时间进行测量、分析和识别任务。
- 成本较低，效率很高：随着计算机处理器价格的急剧下降，机器视觉系统的性价比也变得越来越高；而且，视觉系统的操作和维护费用非常低，在大批量工业生产过程中，用人工视觉检查产品质量效率低且精度不高，用机器视觉检测方法可以大大提高生产效率和生产的自动化程度。

- 机器视觉易于实现信息集成：机器视觉是实现计算机集成制造的基础技术，这是由于机器视觉系统可以快速获取大量信息，而且易于自动处理，也易于同设计信息及加工控制信息集成，因此，在自动化生产过程中，人们将机器视觉系统广泛用于工况监视、成品检验和质量控制等领域。
- 精度高：人眼在连续目测产品时，能发现的最小瑕疵为0.3mm，而机器视觉的检测精度可达到千分之一英寸（1英寸=25.4mm）。
- 灵活性：视觉系统能够进行各种测量。当应用对象发生变化以后，只需要软件进行相应的变化或者升级以适应新的需求即可。

1.2 机器视觉的发展

1.2.1 机器视觉的发展历程

机器视觉技术是计算机学科的一个重要分支，自起步发展至今，机器视觉已经有20多年的历史，其功能及应用范围随着工业自动化的发展逐渐完善和推广。20世纪50年代，国外机器视觉的研究开始起步，而我国机器视觉研发和应用都相对较晚，研究起步于20世纪80年代，具体发展历程如图1-4所示。

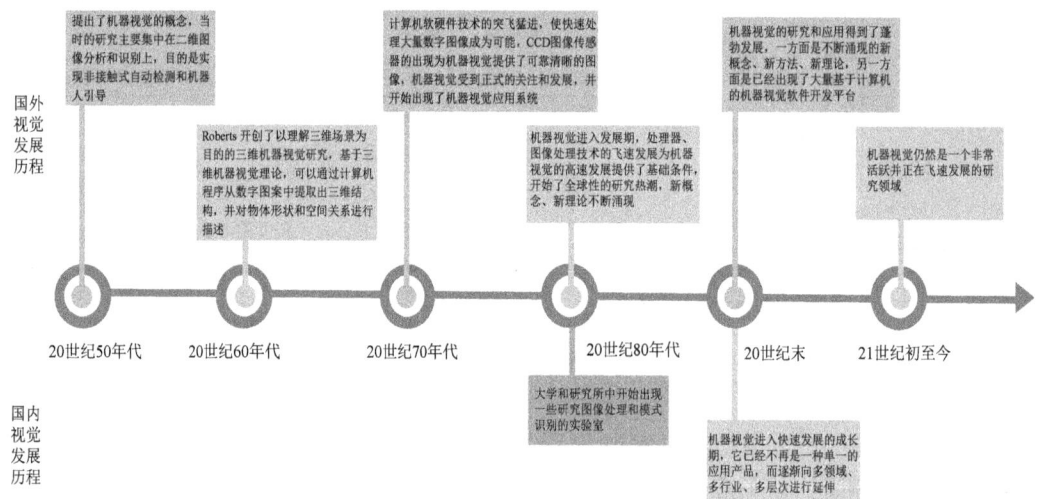

图1-4 机器视觉发展时间轴

在中国，机器视觉技术应用开始于20世纪80年代，因为行业本身就属于新兴的领域，再加之机器视觉产品技术的普及不够，导致以上各行业的应用几乎空白。到21世纪，大批海外从事视觉行业技术人员回国创业，视觉技术开始在自动化行业成熟应用，如华中科技大学印刷在线检测设备和浮法玻璃缺陷在线监测设备研发的成功，打破了欧美在该行业的垄断地位。虽然我国的机器视觉技术正在走向市场，但是由于国外先进国家起步早，技术成熟，两者之间的发展差距和进程快慢有明显的变化。2014年随着全球机器视觉市场规模持续走高，机器视觉产业主要分布在北美、德国、英国、日本、中国等地区和国家,其中北美占全球机器视觉产业规模的 61.3%,德国占全球机器视觉产业规模的 3.5%,日本占全球机器视觉产业规模的 9.5%,后面依次是中国、英国等其他国家。到了 2017 年北美的机器视觉的市场占有率有所下降,达到了 30%。这其中就涌现出许多机器视觉的主流供应商,目前市场上机器视觉的品牌,主要为康耐视(Cognex)、基恩士(KEYENCE)、欧姆龙、迈思肯(Micronscan)、达尔萨等,国际品牌占据着全球大部分的市场份额,此外还有 ABB、发那科等机器人生产厂家。

全球机器视觉系统及部件市场规模如图 1-5 所示,2011—2016 年复合增长率是 10%,2014 年,全球机器视觉系统及部件市场规模是 36.7 亿美元。2015 年,全球机器视觉系统及部件市场规模是 42 亿美元,预计 2025 年将超过 192 亿美元。从产业地区分布来看,2016 年全球机器视觉产业主要分布于德国、美国和日本,占比分别是 30%、24%和 14%。虽然中国机器视觉起步较晚,但随着全球制造中心向国内转移,市场发展迅猛,已成为继美国和日本之后的全球第三大机器视觉市场。

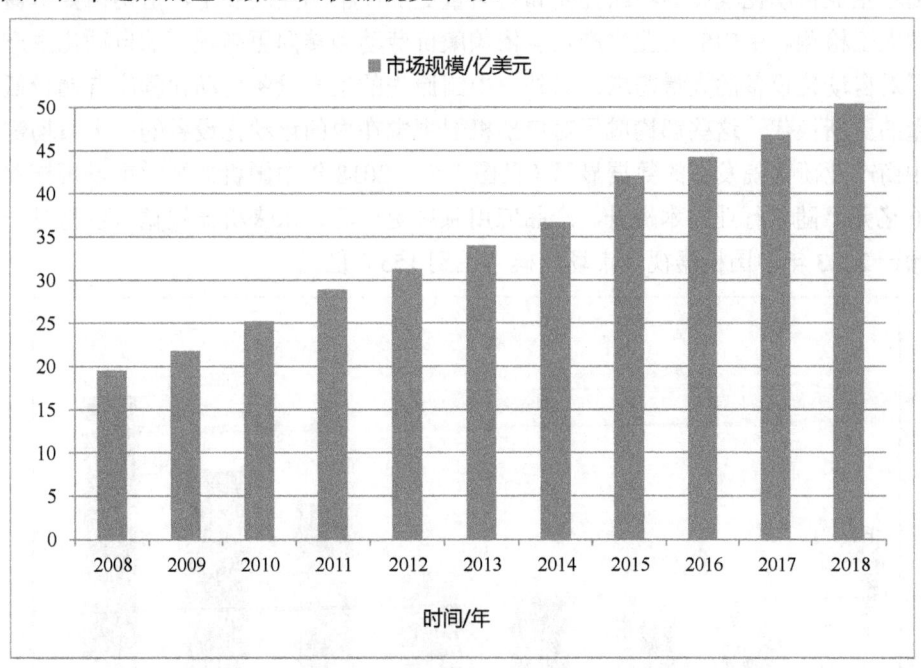

图 1-5 2008—2018 年全球机器视觉系统及部件市场规模

1.2.2 中国机器视觉系统的研究现状

近几年来机器视觉的长足发展得益于以下的事实:
- 计算机工业水平飞速提高,以及人工智能、并行处理和神经元网络等学科的发展,使得机器视觉系统的实用化程度得到了进一步提高,同时促进了许多复杂视觉过程的研究。
- 摄像机技术的发展使得高速和高精度应用场合的视觉系统成为可能。
- 光源的发展,尤其高亮度专用 LED 照明光源的使用使得视觉系统的稳定性得到很大的提高,同时降低了算法的复杂程度。
- 许多专业传感器的发展使得视觉系统在定位采集和控制输出上的能力进一步提高。

随着中国企业发展自动化程度的提高,近四五年来,机器视觉在国内开始快速发展,中国国际机器视觉展览会年年举办,得到了行业极大的关注。近年来,国内机器视觉领域的研究机构和厂商纷纷加大投入,一致看好这一自动化领域的新市场。

(1)机器视觉市场庞大。

采用机器视觉可以完成人工很难实现的任务,特别是在需要高速、高精度要求的系统中。例如,电子制造业、汽车制造业、包装与印刷业、化工、能源、加工机械等行业都是机器视觉的用户或者潜在用户。从国际市场来看,机器视觉目前最大的应用领域是半导体电子制造业。而中国目前已经成为全球主要的生产制造基地,全球一半以上的手机都是由中国制造的,许多半导体公司都在中国设有生产工厂,这些企业需要大量的机器视觉系统。

随着企业自动化程度的不断提高和对质量更加严格的控制要求,迫切需要机器视觉来代替人工检测。中国的工业生产正从依赖廉价劳动力转向更高程度的自动化生产,这带来了对自动化设备的大量需求。另外,中国原先的生产设备自动化程度普遍较低,需要大量的更新换代,这些都构成了对包括机器视觉在内的自动化设备的庞大市场需求。根据中商产业研究院发布的数据显示(见图1-6),2018年中国机器视觉市场规模首次超过100亿元。随着行业技术提升、产品应用领域更广泛,未来机器视觉市场将进一步扩大,预计2023年中国机器视觉市场规模将达到155.6亿元。

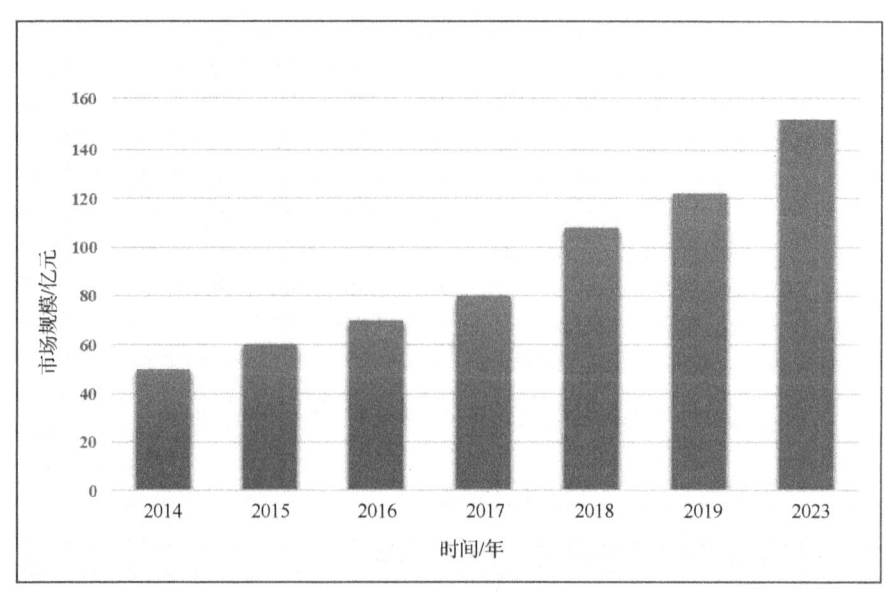

图1-6 中国机器视觉市场规模及预测

(2)机器视觉系统核心技术逐步被国人掌握。

机器视觉领域的厂商包括设备提供商和系统集成商。要将机器视觉系统中多个部件整合在一起,能在自动化生产线上发挥作用,还需要一个系统集成的过程。现场环境的适应性、安装调试是否到位，甚至使用人员的技术水平，都会影响到机器视觉产品的最终应用。因此，系统集成商与设备提供商一样重要。2000年以前，国内系统集成商主要以代理国外产品为主，自主知识产权的图像算法研究是一片空白，国内企业的技术水平与国际先进水平有很大的差距，以至于之前出现国外视觉系统以高价位占领中国整个自动化行业市场的局面。到2003年，国内开始陆续出现机器视觉软件包，其性能和速度能与国外软件相媲美，甚至有些图像处理工具在应用方面已大大超过了国内产品。

（3）机器视觉在国内外的应用现状。

在国外，机器视觉的应用普及主要体现在半导体行业及电子行业，其中半导体行业的应用比例为40%~50%。例如，各类生产印刷电路板组装设备；电子封装技术与设备；丝网印刷设备等；表面贴装设备及自动化生产线设备；电子元件在质量检测的各个方面已经得到广泛的应用，并且其产品在应用中占据着举足轻重的地位。国内主要应用于制药、印刷、包装等领域，真正高端的应用也正在逐步发展。

1.2.3 机器视觉的发展趋势

未来机器视觉的发展将呈现下列趋势。

（1）视觉技术数字化、实时化、智能化。

图像采集与传输的数字化是机器视觉在技术方面发展的必然趋势，更多的数字摄像机、更宽的图像数据传输带宽、更高的图像处理速度，以及更先进的图像处理算法将会得到更广泛的应用。机器视觉系统向着实时性更好、智能程度更高的方向不断发展。

（2）智能摄像机将会占据市场主要地位。

智能摄像机具有体积小、价格低、使用安装方便、用户二次开发周期短的优点，非常适合生产线安装使用，越来越受到用户的青睐，智能摄像机所采用的许多部件与技术都来自IT行业，其价格会不断降低，会逐渐被用户接受。因此，在众多的机器视觉产品中，智能摄像机在未来会占据主要地位。

另外，机器视觉传感器会逐渐发展成为光电传感器中的重要产品。目前许多国际著名的光电传感器生产企业，如KEYENCE、OMRON、BANNER等都将机器视觉传感器作为光电传感器中新型的传感器来发展与推广。

（3）功能逐渐增多。

更多功能的实现主要是来自计算能力的增强、更高分辨率的传感器、更快的扫描率（500次/s）和软件功能的提高。计算机处理器的速度在得到稳步提升的同时，其价格也在下降，这推动了更快的总线的出现，而总线又反过来允许具有更多数据的更大图像，以更快的速度进行传输和处理。

（4）产品的小型化。

产品的小型化趋势实现了小空间封装多部件的突破，这意味着机器视觉产品变得更小，有利于用户在狭小空间的应用。例如，在工业配件上，LED已经成为主导光源，它的小尺寸使成像参数的测定变得容易，它们的耐用性和稳定性非常适用于工厂设备。

（5）集成产品增多。

智能相机的发展预示了集成产品增多的趋势。智能相机是在一个单独的盒内集成了处理器、镜头、光源、输入/输出装置及以太网。电话和 PDA 推动了更快、更便宜的精简指令集计算机（RISC）的发展，这使智能相机和嵌入式处理器的出现成为可能。同样，现场可编程门列阵（FPGA）技术的进步为智能相机增添了计算功能，并为计算机嵌入了处理器和高性能帧采集器。智能相机结合处理大多数计算任务的 FPGA、DSP 和微处理器则会更具有智能性。小型化与集成产品结合终将实现"芯片上的视觉系统"的目标。尺寸更小、更密集的存储卡及成像器分辨率的提高，有助于智能相机的开发和拓展。

1.3　机器视觉的应用

机器视觉的应用领域可以分为两部分，科学研究和工业应用。其中，科学研究方面主要对运动和变化的规律进行分析；而工业方面的应用主要是产品的在线检测。机器视觉所能提供的标准检测功能主要有：有/无判断（Presence Check）、面积检测（Size Inspection）、方向检测（Direction Inspection）、角度检测（Angle Inspection）、尺寸测量（Dimension Measurement）、位置检测（Position Detection）、数量检测（Quantity Count）、图形匹配（Image Matching）、条形码识别（Bar-code Reading）、字符识别（OCR）、颜色识别（Color Verification）等。

机器视觉具有广阔的应用前景，可以在社会生产和人们生活的各个方面使用，在代替人的劳动方面，所有需要人眼观察、判断的事物，都可以用机器视觉来完成，最适合用于大量重复动作（如工件质量检测）和人眼容易疲劳的判断（如电路板检查）。对于人眼不能做到的准确测量、精细判断、微观识别等，机器视觉也能实现。表 1-3 是机器视觉的应用领域及应用实例。

表 1-3　机器视觉的应用领域及应用实例

应用领域	应用实例
医学	基于 X 射线图像、超声波图像、显微镜图像、核磁共振图像、CT 图像、红外线图像、人体器官三维影像等的病情诊断和治疗，病人监测与看护
遥感	利用卫星图像进行地球资源调查、地形测量、地图绘制、天气预报，以及农业、渔业、环境污染调查、城市规划等
宇宙探测	海量宇宙图像的压缩、传输、恢复与处理
军事	运动目标跟踪、精确定位与制导、警戒系统、自动火控、反伪装、无人机侦查
公安、交通	监控、人脸识别、指纹识别、车流量监测、车辆违规判断及车牌照识别、车辆尺寸检测、汽车自动导航
工业	电路板检测、计算机辅助设计、计算机辅助制造、产品质量在线检测、装配机器人视觉检测、搬运机器人视觉导航、生产过程控制

续表

应用领域	应用实例
农业、林业、生物	果蔬采摘、果蔬分级、农田导航、作物生长监测及3D建模、病虫害检测、森林火灾检测、微生物检测、动物行为分析
邮电、通信、网络	邮件自动分拣、图像数据的压缩、传输及恢复、电视电话、视频聊天,手机图像的无线网络传输与分析
体育	人体动作测量、球类轨迹跟踪测量
影视、娱乐	3D电影、虚拟现实、广告设计、电影特技设计、网络游戏
办公	文字识别、文本扫描输入、手写输入、指纹密码
服务	看护机器人、清洁机器人

下面简单介绍机器视觉在几个典型行业的应用。

1. 医药食品加工行业

在现代包装工业自动化生产中,需要对产品进行质量检验、包装检验、装配验证、过敏原管理、可追溯性和食品安全等方面的检测,如饮料瓶盖的印刷质量检查,产品包装上的条码和字符识别等。这类应用的共同特点是连续大批量生产、对外观质量的要求非常高。通常这种带有高度重复性和智能性的工作只能靠人工检测来完成,我们经常在一些工厂的现代化流水线后面看到数以百计甚至逾千的检测工人来执行这道工序,在给工厂增加巨大的人工成本和管理成本的同时,仍然不能保证100%的检验合格率(零缺陷)。而当今企业之间的竞争,已经不允许哪怕是0.1%的缺陷存在。有些时候,如微小尺寸精确快速测量、形状匹配、颜色辨识等,用人眼根本无法连续稳定地进行,其他物理量传感器也难有用武之地。这时,人们开始考虑把计算机的快速性、可靠性、结果的可重复性引入机器人视觉技术。它可以提供强大的解决方案,可保护产品质量和安全性、确保包装完整性、管理过敏原和保持可追溯性,以较大限度地减少停机时间并提供始终如一的高质量安全产品,并能达到较少的缺陷和浪费的目的。

(1)机器视觉缺药或者缺瓶检测。

由于医药行业的严格规范,对制药包装的质量也越来越苛刻,当药粒被包装进泡罩后,生产商必须保证所有泡罩内的药粒都是完好无损的;在药品出厂时,一般瓶装药都是若干瓶药品装在一个较大的包装内,生产商必须保证每个包装内不缺少药瓶,以避免对药品生产厂家信誉产生影响。解决方案:利用机器视觉的方法,可以快速、准确地检测到对象是否完好无缺,通过设定图像传感器,获取包装后的对象图片信息,通过预先设定的面积参数对每个药粒或者药瓶进行检测比对,这样,破损的药粒或者缺瓶的包装都将被检测出来,保证正常通过检测。药粒泡罩检测如图1-7所示,缺瓶检测如图1-8所示。

(2)机器视觉瓶口破损检测。

液态药瓶经罐装后要判断瓶口是否有破损,这关系到药液中是否会混入玻璃碎屑。解决方案:将图像传感器进行药液罐装工序后,通过图形匹配工具来判断瓶口是否有破损。在检测之前，图像传感器记录下正常的瓶口特征，当罐装好的药瓶经过传感器镜头前面时，传感器会捕捉当前的瓶口特征，与其所记忆的原瓶口特征进行比较，看是否一致，如果不同，传感器会发出信号让剔除机构将此瓶剔除，如图1-9和图1-10所示。用户可通过视觉软件根据瓶口的特征来设定相似程度，假设设定为90%，也就是说当被检测瓶口的特征与传感器记忆的瓶口特征相似度达90%及以上时，传感器才认定这个瓶子的瓶口是完好的。经过这道检测，就可以把所有瓶口破损的药瓶剔除出去。

图 1-7 药粒泡罩检测

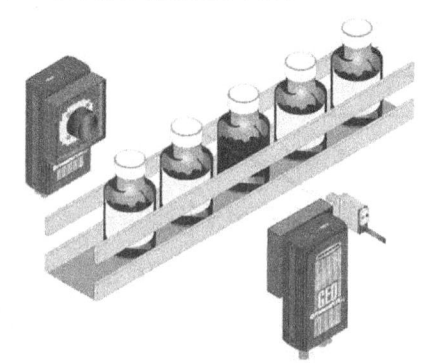
图 1-8 缺瓶检测

图 1-9 瓶口图像传感器安装图

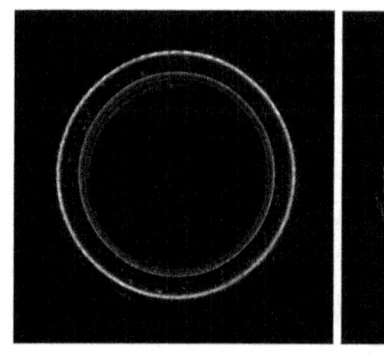

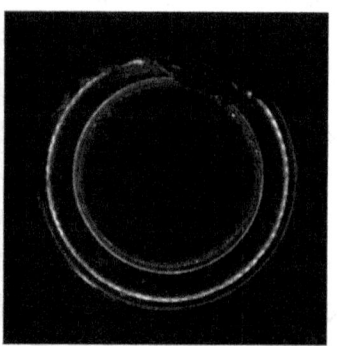

图 1-10 瓶口良好与瓶口破碎示意图

（3）机器视觉灌装质量检测。

在药品灌装生产线上，需要关心的问题是压盖后盖子是否压装到位，药液灌装的是否够量，以确保瓶子封装完好，保证瓶内的真空度。另外，需要确保药量准确。解决方案：将图像传感器进行压盖工艺后，通过线性工具来测量瓶盖及液位在 Y 轴方向上的变化来判断瓶盖是否安装到位，以及药量是否准确，如图 1-11 和图 1-12 所示。通过测量瓶盖与瓶口之间的缝隙来判断瓶盖是否安装到位；通过测量液面与瓶口的距离来判断液位的高低。这两个测量均是相对位置的测量，因而不会受瓶子在传送带上微弱跳动的影响，经过此检测，能确保瓶盖未安装到位和药液不够的药瓶全部被剔除出去。

图 1-11　灌装检测图像传感器安装图

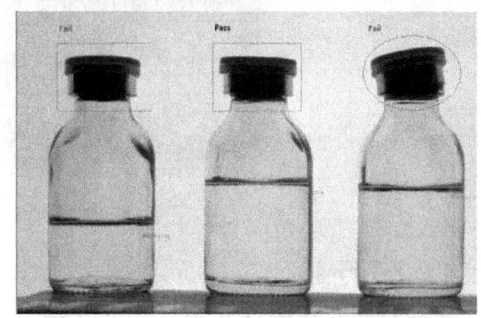

图 1-12　瓶盖及药液高度检测

2．制造行业

机器视觉在制造行业的应用（见图 1-13）与食品加工行业相似，在工厂生产线借助机器视觉技术代替人工检测，对产品实时状态进行全天候核对，防止因人为疲劳等造成的不合格产品出库，同时为制造行业企业节省人力成本，提高了生产效率。目前机器视觉检测主要应用于在线表面检测范畴，通过机器视觉图像采集系统进行数据获取，借助机器视觉软件对数据进行缺陷分析并进行参数存储等。除了缺陷检测还可以进行视觉引导定位、颜色识别、尺寸测量等。

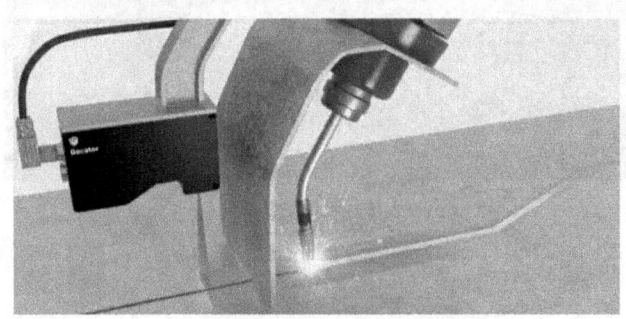

图 1-13　机器视觉的应用——制造行业

3．电子行业

随着互联网、移动通信和数字电视的商用，电子整机产业的升级换代将为电子材料和元器件产业的发展带来巨大的市场机遇。电子元器件及设备行业占较大比重的是由计算机、通信和消费性电子（3C 行业）三大科技产品整合应用的资讯家电产业。机器视觉在电子元器件行业中（见图 1-14），往往起到辅助自动化作业生产和质检的作用，主要是半导体、印刷电路板组装和其他成品设备的校准、检测和识别。

图 1-14 机器视觉的应用——电子行业

4. 化工行业

化工行业包括石油化工、农业化工、化学医药、高分子、涂料、油脂等。广义地说，凡运用化学方法改变物质组成、结构或合成新物质的，都属于化学生产技术，也就是化学工艺，所得的产品被称为化学品或化工产品。机器视觉主要应用于化工过程液位的检测、化工罐缺陷检测等方面，其中药品和医疗器材提供检验和读码检测，如图 1-15 所示。

图 1-15 机器视觉的应用——化工行业（药品检验）

课后习题 1

一、填空题

1．机器视觉技术最大的特点是速度快、信息量大、功能多，可以分为_____和_____两类。

2．工业视觉主要是工业领域视觉的应用研究，采用机器代替人眼来进行测量和判断，用途主要包括_____、_____、_____、_____等。

3．机器视觉发展早期，供应商主要集中在_____和_____。

4．机器视觉的主流供应商有_____、_____、_____和_____。

5．机器视觉是通过_____、_____等传感器将被摄取目标转换成图像信号的，并传送给专用的图像处理系统。图像处理系统对这些信号进行各种运算来抽取目标的特征，得到被摄取目标的形态信息，根据像素分布、亮度和颜色等信息，转变成_____，从而进行物体的识别、检测、测量等功能。

二、简答题

1．简述机器视觉的概念和特点。
2．简述人眼视觉检测和机器视觉的区别。
3．简述影响机器视觉发展的客观因素和机器视觉的发展趋势。
4．简述主流机器视觉品牌，通过上网查询这几种机器视觉品牌的典型产品型号。
5．简述机器视觉所能提供的标准检测功能。

第 2 章　机器视觉系统组成和核心部件

机器视觉是通过程序实现对目标物体分析判断的，可以检测目标的缺陷，测量尺寸、颜色、识别字符，也可以为机器的指定动作提供特定的精确信息。机器视觉的构成可以简单地说是由相机和计算机组成的，但是作为图像采集分析设备，除了这两个核心部件，还由一些其他的硬件构成，本章就主要介绍一些机器视觉系统的组成和核心部件。

2.1　机器视觉系统的组成

机器视觉技术通过处理器分析图像，并根据分析得到结论。现今机器视觉有两种典型应用：机器视觉系统一方面可以探测部件，有光学器件精确的观察目标，并有处理器对部件的合格与否做出有效的决定；另一方面，机器视觉系统也可以用来创造部件，即运动复杂光学器件和软件相结合直接指导制造过程。

机器视觉系统可以通过机器视觉产品，即图像摄取装置，将被摄取目标转换成图像信号，传送给专用的图像处理系统，得到被摄取目标的形态信息，根据像素分布、亮度和颜色等信息，转变成数字化信号，然后图像系统对这些信号进行各种运算来抽取目标的特征，进而根据判别的结果来控制现场的设备动作。

典型的机器视觉系统如图 2-1 所示，一般包括以下几部分：光源、镜头、工业相机、图像采集卡（或图像捕获卡）、视觉处理软件、传感器、计算机平台、控制单元等。从机器视觉系统的运行环境来看，可以分为 PC-BASED 系统和嵌入式系统。PC-BASED 系统利用了其开放性、高度的灵活性和良好的 Windows 界面，同时系统总成本较低。一个完善的系统内应含高性能图像采集卡，可以接多个摄像镜头，配套软件方面有多个层次，如 Windows 环境下 C/C++编程用的 DLL，可视化控件 activeX 提供 VB 和 VC++下的图形化编程环境，甚至 Windows 下的面向对象的机器视觉组态软件，用户可以使用这些组件快速开发复杂高级的应用。

在嵌入式系统中，视觉的作用更像一个智能化的传感器，图像处理单元独立于系统，通过串行总线和 I/O 与 PLC 交换数据。系统硬件一般利用高速专用 ASIC 或嵌入式计算机进行图像处理，系统软件固化在图像处理器中，通过操作面板对显示在监视器中的菜单进行配置，或在计算机上开发软件然后下载。嵌入式系统具有可靠性高、集成化、小型化、高速化、低成本的特点。

（1）工业相机与镜头：属于成像器件，通常的视觉系统都是由一套或者多套这样的成像系统组成的。按照不同标准可以分为标准分辨率数字相机和模拟相机等。要根据不同的实际应用场合选不同的相机和高分辨率相机，如线扫描 CCD 和面扫描 CCD；单色相机和彩色相机。如果有多路相机，则可能由图像采集卡切换来获取图像数据，也可能由同步控制同时获取多相机通道的数据。根据应用的需要，相机可能是输出标准的单色视频、复合信号、RGB 信号，也可能是非标准的逐行扫描信号、线扫描信号、高分辨率信号等。镜头选择应注意焦距、目标高度、影像高度、放大倍数、影像至目标的距离、畸变等。

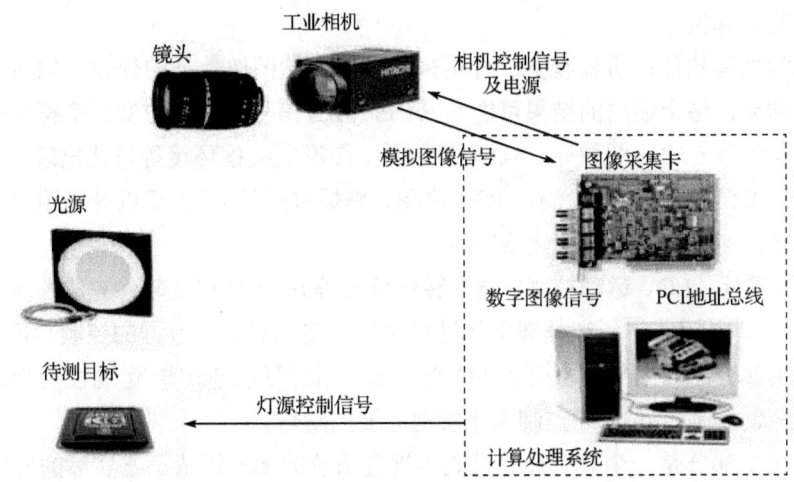

图 2-1　典型的机器视觉系统

（2）光源：作为辅助成像器件，对成像质量的好坏往往能起到至关重要的作用，各种形状的 LED 灯、高频荧光灯、光纤卤素灯等都容易得到。照明是影响机器视觉系统输入的重要因素，它直接影响输入数据的质量和应用效果。由于没有通用的机器视觉照明设备，所以针对每个特定应用实例要选择相应的照明装置，以达到最佳效果。光源可分为可见光和不可见光。常用的几种可见光是白炽灯、日光灯、水银灯和钠光。光源系统按其照射方法可分为背向照明、前向照明、结构光照明和频闪光照明灯。其中，背向照明是将被测物体放在光源和相机之间，它的优点是获得高对比度的图像；前向照明是光源和相机位于被测物体的同侧，这种方式便于安装；结构光照明是将光栅或线光源等投射到被测物体上，根据它们产生畸变，解调出被测物体的三维信息；频闪光照明是将高频率的光脉冲照射到物体上，可获得瞬间高强度照明，但相机拍摄要求与光源同步。

（3）传感器：通常以光电开关、接近开关等的形式出现，用以判断被测物体的位置和状态，告知图像传感器进行正确的采集。

（4）图像采集卡：通常以插入卡的形式安装在计算机中，图像采集卡的主要工作是把相机输出的图像输送给计算机主机。它将来自相机的模拟或数字信号转换成一定格式的图像数据流，同时它可以控制相机的一些参数，如触发信号、曝光/积分时间、快门速度等。图像采集卡通常由不同的硬件结构以针对不同类型的相机，同时也有不同的总线形式，如 PCI、PCI64、Compact PCI、PCI04、ISA 等。图像采集卡直接决定了镜头的接口为黑白、彩色、模拟、数字等。比较典型的是 PCI 或 AGP 兼容的捕获卡，可以将图像迅速地传送到计算机存储器进行处理。有些图像采集卡有内置的多路开关。例如，可以连接 8 个不同的相机，然后告诉图像采集卡是采用哪一个相机抓拍到的信息。有些图像采集卡有内置的数字输入以触发采集卡进行捕捉，当采集卡抓拍图像时，数字输出口就触发闸门。

（5）计算机平台：计算机是 PC-BASED 视觉系统的核心，在这里完成图像数据的处理和绝大部分的控制逻辑。对于检测类型的应用，通常都需要较高频率的 CPU，这样可以减少处理的时间。同时，为了减少工业现场电磁、振动、灰尘、温度等的干扰，必须选择工业级的计算机。

（6）视觉处理软件：机器视觉软件用来完成输入的图像数据的处理，然后通过一定的运算得出结果，这个输出的结果可能是 PASS/FAIL 信号、坐标位置、字符串等。常见的机器视觉软件以 C/C++图像库、ActiveX 控件、图形式编程环境等形式出现，可以是专用功能的（如仅仅用于 LCD 检测、BGA 检测、模板对准等），也可以是通用目的的（定位、测量、条码/字符识别、斑点检测等）。

（7）控制单元（I/O、运动控制、电平转化单元等）：一旦视觉软件完成图像分析（除非仅用于监控），紧接着需要和外部单元进行通信以完成对生产过程的控制。简单地控制可以直接利用部分图像采集卡自带的 I/O 来实现，相对复杂地逻辑/运动控制则必须依靠附加可编程逻辑控制单元/运动控制卡来实现必要的动作。

以上的 7 个部分是一个基于计算机式的视觉系统的基本组成，在实际的应用中针对不同的场合可能会有不同的增减。

机器视觉系统工作流程如图 2-2 所示。

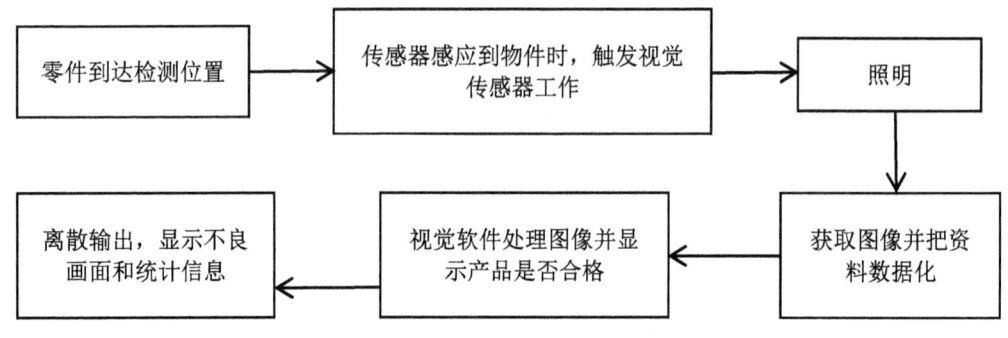

图 2-2　机器视觉系统工作流程

① 工件定位传感器探测到物体已经运动至接近摄像系统的视野中心，向图像采集单元发送触发脉冲；

② 图像采集单元按照事先设定的程序和延时，分别向相机和照明系统发送触发脉冲；

③ 相机停止目前的扫描，重新开始新的一帧扫描，或者相机在触发脉冲来到之前处于等待状态，触发脉冲到来后启动一帧扫描；

④ 相机开始新的一帧扫描之前打开电子快门，曝光时间可以事先设定；

⑤ 另一个触发脉冲打开灯光照明，灯光的开启时间应该与相机的曝光时间相匹配；

⑥ 相机曝光后，正式开始一帧图像的扫描和输出；

⑦ 图像采集单元接收模拟视频信号，通过 A/D 将其数字化，或者是直接接收相机数字化的数字视频数据；

⑧ 图像采集单元将数字图像存放在处理器或计算机的内存中；

⑨ 处理器对图像进行处理、分析、识别，获得测量结果或逻辑控制值；

⑩ 处理结果控制生产流水线的动作、动作定位、纠正运动的误差等。

从上述的工作流程可以看出,机器视觉系统是一种相对复杂的系统,大多监控对象都是运动物体,系统与运动物体的匹配和协调动作尤为重要,所以给系统各部分的动作时间和处理速度带来了严格的要求。在某些应用领域,如机器人、飞行物体制导等,对整个系统或者系统的一部分的重量、体积和功耗都会有严格的要求。

尽管机器视觉应用各异,归纳一下,都包括以下几个过程。

① 图像采集:光学系统采集图像,图像转换成数字格式并传入计算机存储器。

② 图像处理:处理器运用不同的算法来提高对检测有重要影响的图像像素。

③ 特征提取:处理器识别并量化图像的关键特征,如位置、数量、面积等,然后这些数据传送到控制程序。

④ 判决和控制:处理器的控制程序根据接收到的数据做出结论,如位置是否合乎规格,或者执行机构如何处理某个部件。

在流水线上,零件经过输送带到达触发器时,摄像单元立即打开照明,拍摄零件图像,随机图像数据被传送到处理器,处理器根据像素分布、亮度和颜色等信息,进行运算来抽取目标的特征,如面积、长度、数量、位置等;再根据预设的判据来输出结果,如尺寸、角度、偏移量、个数合格或不合格、有无等;通过现场总线与PLC通信,指挥执行机构,弹出不合格产品。

2.2 机器视觉系统的核心部件

机器视觉系统中还有许多的核心部件,包括光源、镜头、工业相机、图像采集卡、机器视觉软件。

2.2.1 光源

在机器视觉系统中,获得一张高质量的可处理的图像至关重要,镜头采集是通过分析从物品上反射过来的光线而不是分析物品本身来创建图像的,所以图像质量好,特征明显很重要。而光源除了可以用于对检测的元件进行照明,还可以使相机捕捉到对比鲜明的图像。光源的作用具体来说:能够通过与元件和相机的相对位置,将部分特征弱化,其他特征增强,将感兴趣部分和其他部分的灰度值差异加大,使元件的关键特征能够突显出来;尽量消隐不感兴趣部分;提高信噪比,利于图像处理;减少因材质、照射角度对成像的影响。例如,需要视觉系统检测一个元件的轮廓边线是否完整时,我们可以通过照明将元件的轮廓突显出来,同时将表面细节遮挡住,以确保能够测出元件的边线。

合适的照明设计,能使图像中的目标信息与背景信息得到最佳分离,以降低图像处理算法的难度,提高系统的可靠性和综合性能;优质的设计能够改善整个系统的分辨率,简化软件的运算,它直接关系整个系统的成败。不合适的照明设计,则会引起很多问题。例如,花点和过度曝光会隐藏很多重要信息;阴影会引起边缘的误检;而信噪比的降低及不均匀的照明会导致图像处理阈值选择的困难。对于每种不同的检测对象，必须采用不同的照明方式才能突出被检测对象的特征，有时可能需要采取几种方式的结合，而最佳的照明方法和光源的选择往往需要大量的试验才能找到。除了要求有很强的综合知识，还需要有一定的创造性。

2.2.1.1 光源的分类

光源分类主要有以下四种分类方式。

- 颜色：常用光源颜色集中在可见光范围，主要有白色（复合光）、红色、蓝色、绿色，另外红外光也比较普及，而紫外光应用较少。
- 外形：各厂家会根据不同光源外形特性进行分类，也是目前的主流分类，如环形光源、环形低角度光源、条形光源、圆顶光源（碗光源/穹顶光源）、面光源等。
- 工作原理/特性：按照不同的应用方式或者原理进行分类，主要有无影光源、同轴光源、点光源、线光源、背光源、组合光源及结构光源等。
- 产生源：光源可分为自然光源与人造光源。自然光源即太阳光源，根据光的照射情况，又可分为直射光和漫射光。人造光源即灯光光源，人造光源的最大优点是可以随意控制光源的强度，根据创作目的任意调节光比，调节光的性质和光源的位置。人造光源的种类繁多，发光强度不等，色温不同。根据发光原理的不同，比较常见的人造光源有荧光灯、卤素灯、氙气灯和发光二极管（LED），而在机器视觉中所使用的光源为人造光源。

1. 荧光灯

荧光灯是一种低气压汞蒸汽弧光放电灯，通常为长管状，两端各有一个电极。灯内包含有低气压的汞蒸汽和少量惰性气体，灯管内表面涂有荧光粉层，如图 2-3 所示。荧光灯的工作原理：电极释放出电子，电子与灯内的汞原子碰撞放电，将 60%左右的输入电能转变成波长为 253.7nm 的紫外线，紫外线辐射被灯管内壁的荧光粉涂层吸收，化为可见光释放出来。作为气体放电灯，荧光灯必须与镇流器一起工作。

图 2-3 荧光灯

荧光灯分为直管型荧光灯和紧凑型荧光灯。直管型荧光灯按启动方式可分为预热启动、快速启动和瞬时启动，按灯管类型可分为 T12、T8、T5。紧凑型荧光灯是为了代替耗电严重的白炽灯开发的，具有能耗低、寿命长的特点。普通白炽灯的寿命只有 1000h，紧凑型荧光灯的典型寿命为 8000~10000h。

荧光灯的主要优点是发光效能高，一个典型的荧光灯所发出的可见光大约相当于输入电能的 28%，灯管的几何尺寸、填充气体和压强、荧光粉涂层、制作工艺，以及环境温度和电源频率都会对荧光灯的发光效能产生影响。

荧光灯发出的光的颜色很大程度上由涂在灯管内表面的荧光粉决定。不同荧光灯的色温变化范围很大，从 2900K 到 10000K 都有。根据颜色可以大致分为暖白色（WW）荧光灯、白色（W）荧光灯、冷白色（CW）荧光灯、日光色（D）荧光灯。通常情况下，暖白色（WW）荧光灯、白色（W）荧光灯、日光色（D）荧光灯显色性一般，冷白色（CW）荧光灯、柔白色荧光灯和高级暖白色（WWX）荧光灯可以提供较好的显色性，高级冷白色（CWX）荧光灯可具有极佳的显色性。

荧光灯发出的光线比较分散，不容易聚焦，因此广泛用于比较柔和的照明，如工作照明等。

2．卤素灯

卤素灯又称石英灯，是白炽灯的一个变种。与传统白炽灯比较，它在同样的功率下发光亮度比一般前照灯高出 50%。因此，卤素灯成为取代传统白炽灯的新一代产品。图 2-4 所示为卤素灯。

图 2-4　卤素灯

金属卤素灯最大的优点是发光效能高、寿命长。由于灯体的结构形式及所填充的金属卤化物的不同，金属卤素灯的发光效能、光线的色温及显色性的变化很大。质量差的金属卤素灯虽然发光效能高，但是显色性差；质量好的金属卤素灯发出的光色接近自然光的白色，视觉感受舒适，显色性也比较好。

金属卤素灯的工作特点是不能立即点亮，大约需要 5min 升温以达到全亮度输出。供电中断后，重新启动前需要 5~20min 时间来冷却灯泡。金属卤素灯对电源电压的波动敏感，电源电压在额定值上下变化大于 10%时就会造成光色的变化，而且不同的工作位置也会影响光线的颜色和灯的寿命。

卤素灯的光线可以通过光纤传输，适合小范围的高亮度照明。它真正发光的是卤素灯泡，功率很大，可达 100 多瓦。高亮度卤素灯泡，通过光学反射和一个专门的透镜系统聚焦提高光源亮度。卤素灯又名冷光源，因为通过光纤传输之后，出光端不发热。适合对环境温度比较敏感的场合，如二次元量测仪的照明。但卤素灯的缺点是寿命只有 2000h。

3. 氙气灯

氙气灯是指内部充满包括氙气在内的惰性气体混合体,没有卤素灯所具有的灯丝的高压气体放电灯,简称 HID 氙气灯(见图 2-5),也可称为金属卤化物灯或氙气灯,分为汽车用氙气灯和户外照明用氙气灯。

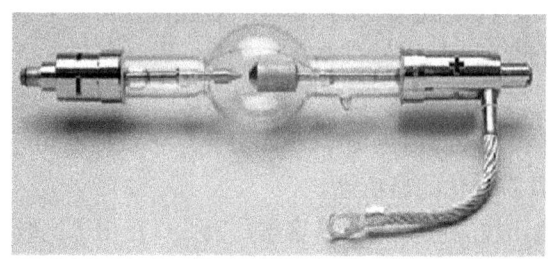

图 2-5 氙气灯

氙气灯的发光原理是在 UV-cut 抗紫外线水晶石英玻璃管内,以多种化学气体填充的,其中大部分为氙气与碘化物等,然后透过增压器将车上 12V 的直流电压瞬间增压至 23000V,经过高压振幅激发石英管内的氙气电子游离,在两电极之间产生光源,这就是气体放电。而由氙气所产生的白色超强电弧光,可提高光线色温值,类似白昼的太阳光芒,HID 工作时所需要的电流量仅为 3.5A,亮度是传统卤素灯的三倍,使用寿命比传统卤素灯长 10 倍。

氙气灯在汽车灯领域也叫 HID 气体放电式头灯。它是用包裹在石英管内的高压氙气代替传统的钨丝,提供更高色温、更聚集的照明。由于氙气灯是采用高压电流激活氙气而形成的一束电弧光,可在两电极之间持续放电发光。普通汽车钨丝灯泡的功率达到 55W,而氙气灯仅需 35W,降低近一半。氙气灯可明显减轻车辆电力系统的负担。汽车氙气灯的色温为 4000～6000K,远远高于普通车大灯灯泡。氙气灯亮度高,4300K 的氙气灯的光色为白色偏黄,由于色温较低,视觉效果偏黄,光线的穿透力强于高色温的灯,可以提高夜间和大雾天气的行车安全性。

氙气灯最早应用于航空运输上。市面上应用比较广泛的氙气灯有两个类目,一个是汽车照明,一个是摩托车照明。但被大批量使用到汽车上则是十多年以来的事情,它由海拉公司在 20 世纪 90 年代初开发而来。氙气灯由于技术含量较高,所以在价格上比普通的卤素灯和白炽灯都贵。

氙气灯的优点是,它的色温为 3000～12000K,其中 6000K 的色温与太阳光相似,高出卤素灯三倍的亮度效率,而耗电量仅为卤素灯的一半,卤素灯耗费 60W 以上的电力,氙气灯只需要 35W 的电力。由于氙气灯没有灯丝,所以就不会产生因灯丝断而报废的问题,使用寿命比卤素灯长得多。但是氙气灯聚光性差,因为氙气灯的工作原理,点亮它需要 2～4s,有延迟效应。

4. 发光二极管(LED)

发光二极管简称 LED,是半导体二极管通过电子与空穴复合释放能量而发光的,如

图 2-6 所示。可高效地将电能转化为光能,在现代社会具有广泛用途,如照明、平板显示等。

图 2-6　LED 灯

发光二极管作为新型的半导体光源与传统光源相比具有以下优点:寿命长,发光时间长达 10000h;启动时间短,响应时间仅有几十纳秒;结构牢固,作为一种实心全固体结构,能够经受较强的振荡和冲击;发光效能高,能耗小,它是一种节能光源;发光体接近点光源,光源辐射模型简单,有利于灯具设计;发光的方向性很强,不需要使用反射器控制光线的照射方向,可以做成薄灯具,适用于没有太多安装空间的场合。

普遍认为,发光二极管是继白炽灯、荧光灯、高压放电灯之后的第四代光源。随着新材料和制作工艺的进步,发光二极管的性能正在大幅度提高,应用范围越来越广。

通过表 2-1 对常见机器视觉光源特点的对比分析,我们可以发现 LED 灯具有最高的性价比,它除了可以制成各种形状、尺寸、颜色,还可以随时调节亮度,光的亮度更稳定,显色性好,光谱范围广,可在 $10\mu s$ 或更短的时间内达到最大亮度,因此 LED 灯是机器视觉上使用最为广泛的光源。

表 2-1　常见机器视觉光源特点的对比分析

光源	荧光灯	卤素灯	氙气灯	LED
颜色	白色,偏绿色	白色,偏黄色	白色,偏蓝色	红色、黄色、绿色、白色、蓝色
寿命/h	5000~7000	5000~7000	3000~7000	60000~100000
发光亮度	亮	很亮	亮	较亮
响应速度	慢	慢	慢	快
特点	发热少,扩散性好,适合大面积均匀照射,较便宜	发热多,几乎没有光亮度和色温变化,较便宜	发热多,持续光亮	发热少,波长可以根据用途选择,也可以根据需要制成各种形状,运行成本低,耗电少

LED 光源按形状通常可分为以下几类。

1)环形光源

环形光源(见图 2-7)是一种不会看到影子的光源方式,提供不同照射角度、不同颜色组合,更能突出物体的三维信息;高密度 LED 阵列,高亮度;多种紧凑设计,节省安装空间;解决对角照射阴影问题;可选配漫反射板导光,光线均匀扩散。环形光源采用 LED 按圆周排列,发出的光线向内汇聚,多用于金属工件刻印字符、光滑表面划痕、瓶口尺寸或裂纹、平面工件表面质量等的检测。光源发出的光不直接进入相机，瑕疵等表面的变化引起光线改变方向进入镜头，从而实现了高对比度，一般黑背景均用此类光源实现。光源的尺寸和光线角度等选择直接依赖被测工件的光学性质。

应用领域：PCB 基板检测，IC 元件检测，显微镜照明，液晶校正，塑胶容器检测，集成电路印字检查。

图 2-7　环形光源

2）背光源

用高密度 LED 阵列面提供高强度背光源（见图 2-8），能突出物体的外形轮廓特征，尤其适合作为显微镜的载物台。红白两用背光源、红蓝多用背光源，能调配出不同颜色，满足不同被测物体多色要求。

应用领域：机械零件尺寸的测量，电子元件、IC 的外观检测，胶片污点检测，透明物体划痕检测等。

图 2-8　背光源

3）条形光源

条形光源（见图 2-9）是较大方形结构被测物体的首选光源；颜色可根据需求搭配，自由组合；照射角度与安装随意可调。

应用领域：金属表面检查，图像扫描，表面裂缝检测，LED 面板检测等。

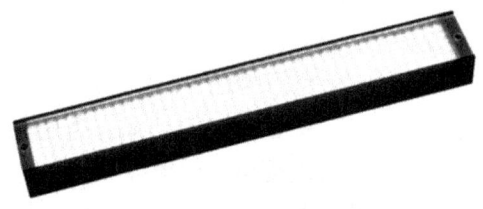

图 2-9　条形光源

4）同轴光源

同轴光源（见图 2-10）可以消除物体表面不平整引起的阴影，从而减少干扰；部分采用分光镜设计，减少光损失，提高成像清晰度，均匀照射物体表面。

应用领域：系列光源最适宜用于反射度极高的物体，如金属、玻璃、胶片、晶片等表面的划伤检测，芯片和硅晶片的破损检测，Mark 点定位，包装条码识别。

图 2-10　同轴光源

5）AOI 专用光源

AOI 专用光源是不同角度的三色光照明（见图 2-11），照射凸显焊锡三维信息；外加漫反射板导光，减少反光；不同角度组合。

应用领域：用于电路板焊锡检测。

图 2-11　AOI 专用光源

6）球积分光源

球积分光源（见图 2-12）具有积分效果的半球面内壁，均匀反射从底部 360°发射出的光线，使整个图像的照度十分均匀。

应用领域：适合于曲面、表面凹凸，用于弧形表面检测或金属、玻璃表面反光较强的物体表面检测。

图 2-12 球积分光源

7）线形光源

线形光源（见图 2-13）具有超高亮度，采用柱面透镜聚光，适用于各种流水线连续检测场合。

应用领域：阵相机照明专用，AOI 专用。

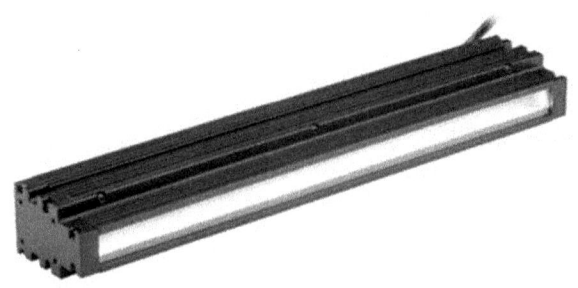

图 2-13 线形光源

8）点光源

点光源（见图 2-14）是大功率 LED，体积小，发光强度高；光纤卤素灯的替代品，尤其适合作为镜头的同轴光源等；高效散热装置，大大提高光源的使用寿命。

应用领域：适合远心镜头使用，用于芯片检测、Mark 点定位、晶片及液晶玻璃底基校正。

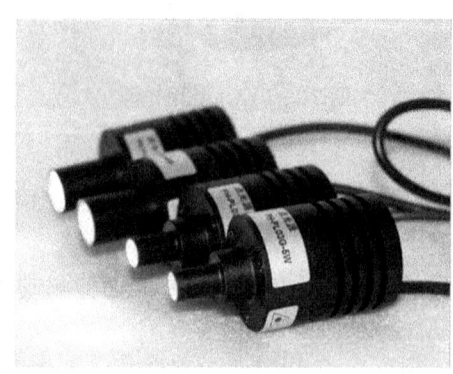

图 2-14 点光源

9）组合条形光源

组合条形光源（见图2-15）四边配置条形光，每边照明独立可控；可根据被测物体要求调整所需照明角度，适用性广。

应用领域：CB基板检测，IC元件检测，焊锡检查，Mark点定位，显微镜照明，包装条码照明，球形物体照明等。

图2-15　组合条形光源

10）对位光源

对位光源（见图2-16）对位速度快、视场大、精度高、体积小，便于检测集成；亮度高，可选配辅助环形光源。

应用领域：VA系列光源是全自动电路板印刷机对位的专用光源。

图2-16　对位光源

2.2.1.2　选择光源应考虑的系统特性

光源是影响机器视觉系统输入的重要因素，它直接影响输入数据的质量和至少30%的应用效果。有时候，一个完整的机器视觉系统无法支持工作，但是仅仅优化一下光源就可以使系统正常工作。现在许多工业用的机器视觉系统采用可见光作为光源，这主要是因为可见光容易获得、价格低，并且便于操作。在选择机器视觉光源时，应该考虑如下系统特性。

1）亮度

当光源不够亮时，可能有三种不好的情况出现：第一，相机的信噪比不够，由于光源的亮度不够，图像的对比度必然不够，在图像上出现噪声的可能性也随即增大；第二，光源的亮度不够，必然要加大光圈，从而减小了景深；第三，当光源的亮度不够时，自然光等随机光对系统的影响会增大。因此当选择两种光源的时候，亮度更好的光源是最佳的选择。

2）光源均匀性

不均匀的光会造成不均匀的反射。均匀关系到三个方面：第一，对于视野，在镜头视野范围部分应该是均匀的。简单地说，图像中暗的区域就是缺少反射光，而亮点就是此处反射太强了；第二，不均匀的光会使视野范围内部分区域的光比其他区域多。从而造成物体表面反射不均匀（假设物体表面对光的反射是相同的）；第三，均匀的光源会补偿物体表面的角度变化，即使物体表面的几何形状不同，光源在各部分的反射也是均匀的。

3）对比度

对比度对机器视觉来说非常重要。机器视觉应用照明最重要的任务就是使需要被观察的特征与需要被忽略的图像特征之间产生最大的对比度，从而易于特征的区分。对比度定义为在特征与其周围的区域之间有足够的灰度量区别。好的照明应该能够保证需要检测的特征突出其他背景。

光源的位置对获取高对比度的图像很重要。光源的目标是要达到使感兴趣的特征与其周围的背景对光源的反射不同，预测光源如何在物体表面反射就可以决定出光源的位置。

4）光谱特征

光源的颜色及测量物体表面的颜色决定了反射到镜头的光能的大小及波长。白光或某种特殊的光谱在提取其他颜色的特征信息时，可能是比较重要的因素。当分析多颜色特征，选择光源的时候，色温是一个比较重要的因素。

5）表面纹理

物体表面可能高度镜面反射或者高度漫反射。决定物体是镜面反射还是漫反射的主要因素是物体表面的光滑度。如图 2-17 所示，一个漫反射的表面，如一张不光滑的纸张，有着复杂的表面角度，用显微镜观看时显得很明亮，这是物体表面角度的变化造成了光源照射到物体表面而被分散开；一张光滑的纸张，有光滑的表面而减小了物体表面的角度，光源照射到表面并按照入射角反射。

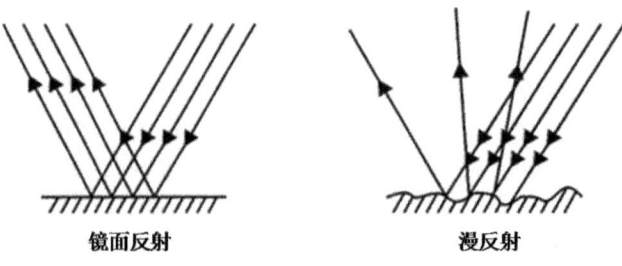

图 2-17 工件表面反射的两种形式

- 镜面反射：对于光滑的工件表面，光线的反射角等于入射角，发生镜面反射。

镜面反射有时用途很大，有时又可能产生极强的光。在大多数情况下应避免镜面反射。
- 漫反射：对于粗糙的工件表面，照射到物体上的光从各个方向漫散出去，发生漫反射。在大多数实际情况下，漫散光在某个角度范围内形成，并取决于入射光的角度。

6）表面形状

一个球形表面反射光源的方式与平面物体是不相同的。物体表面的形状越复杂，其表面的光源变化也随之复杂。对应一个抛光的镜面表面，光源需要在不同的角度照射。从不同角度照射可以减小光影。

7）寿命特性

光源一般需要持续使用。为使图像处理保持一致的精确性，视觉系统必须保证长时间获得稳定一致的图像。

8）光源技术的应用

光源技术是设计光源的几何及位置，以使图像有对比度。光源会使那些人们感兴趣的，并需要机器视觉分析的区域更加突出。通过选择光源技术，应该关心物体如何被照明，以及光源是如何反射及散射的。

2.2.1.3 光源的选型

1）选择光源的角度

根据期望的图像效果，选择不同入射角度的光源。当高角度照射时，图像整体较亮，适合表面不反光物体；当低角度照射时，图像背景为黑，特征为白，可以突出被测物体轮廓及表面凹凸化；当多角度照射时，图像整体效果较柔和，适合曲面物体检测；当背光照射时，图像效果为黑白分明的被测物体轮廓，常用于尺寸测量；当同轴光照射时，图像效果为明亮背景上的黑色特征，用反光强烈的平面物体检测。不同角度光源的示意图如图 2-18 所示。

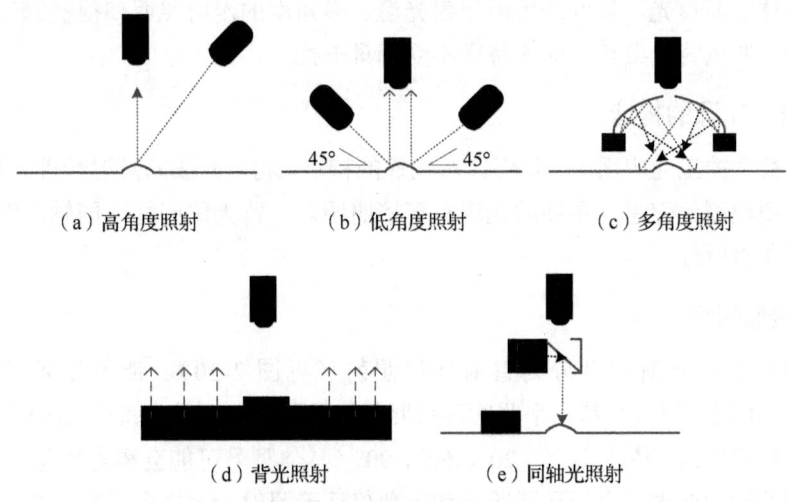

图 2-18　不同角度光源的示意图

2）选择光源的颜色

考虑光源颜色和背景颜色，使用与被测物体同色系的光会使图像变亮（如红光使红色物体更亮）；使用与被测物体相反色系的光会使图像变暗（如红光使蓝色物体更暗）。例如，不同颜色光源效果示例图如图 2-19 所示。波长越长，穿透能力越强；波长越短，扩散能力越强。红外的穿透能力强，适合验光性差的物体，如棕色玻璃瓶杂质检测。紫外对表面的细微特征敏感，适合检测对比不够明显的地方，如食用油瓶上的文字检测。

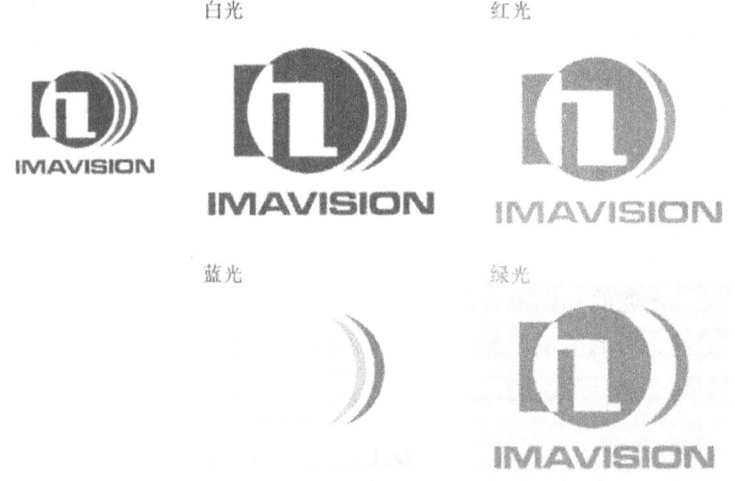

图 2-19　不同颜色光源效果示例图

3）选择光源的形状和尺寸

光源的形状主要分为圆形、方形和条形。通常情况下选用与被测物体形状相同的光源，最终光源形状以测试效果为准。光源的尺寸选择，要求保障整个视野内光线均匀，略大于视野为佳。

4）选择是否用漫射光源

被测物体表面反光，最好选用漫反射光源。多角度的漫射照明使得被测物体表面整体亮度均匀，图像背景柔和，检测特征不受背景干扰。

2.2.1.4　光源的构造

在机器视觉的工业应用中，我们针对工件的特点，利用光线的发射特性来构造光源，便于获取所要检测的信息，主要的光源有直接照明灯、背光照明灯、同轴照明灯、圆顶照明灯、持续漫射灯。

1．直接照明灯

直接照明灯按照射角度分为直射环形照射（见图 2-20）、带角度环形照射（见图 2-21）、低角度环形照射和水平照射环形照射（见图 2-23）等。每个 LED 的光轴和环形灯外壳之间的夹角，依次为 0°、20°、60°、90°（具体型号可能会稍有变化）。不同的角度适合不同的检测要求。直射环形照射和带角度环形照射为明视野照明，也就是被测物体表面大部分反光都能进入镜头,故背景呈白色,如物体表面突出特征的检测;低角度环形照射为暗视野照明,也就是被测物体表面大部分反光都不进入镜头,故背景呈黑色,只有物体高低不平之处的反光进入镜头,如金属表面划痕的检测,背景呈黑色,划痕呈白色。同时,直射环形照射(垂直照射)和带角度环形照射的区别在于:前面一种的照射距离较远,后者较近。

1)直射环形照射

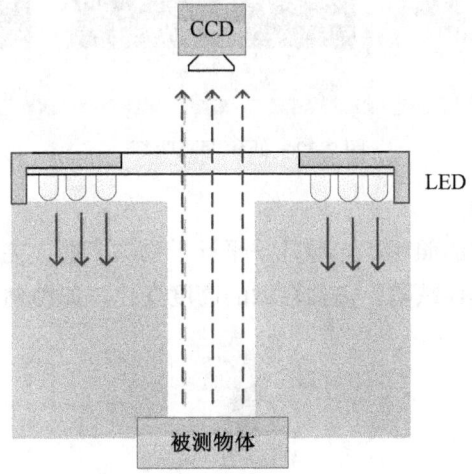

图 2-20 直射环形照射

2)带角度环形照射

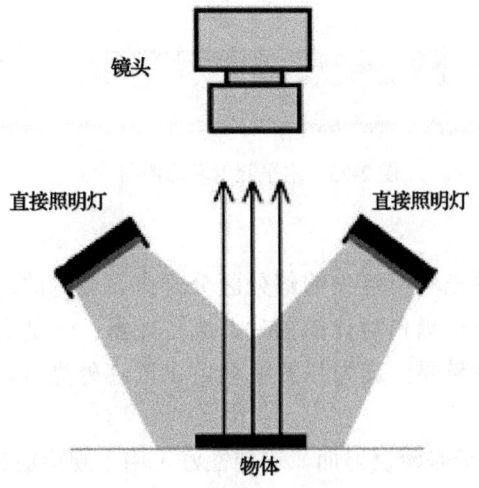

图 2-21 带角度环形照射

3)低角度环形照射

照射角度很低,有利于突出边缘轮廓。多应用于晶片或玻璃底基上的划痕检测;刻印文字的读取;工作边缘轮廓抽取检查等,照明方式如图 2-22 左侧所示。例如,采用低角度环形照射,可实现电池底部刻印的检测,如图 2-22 右侧所示。

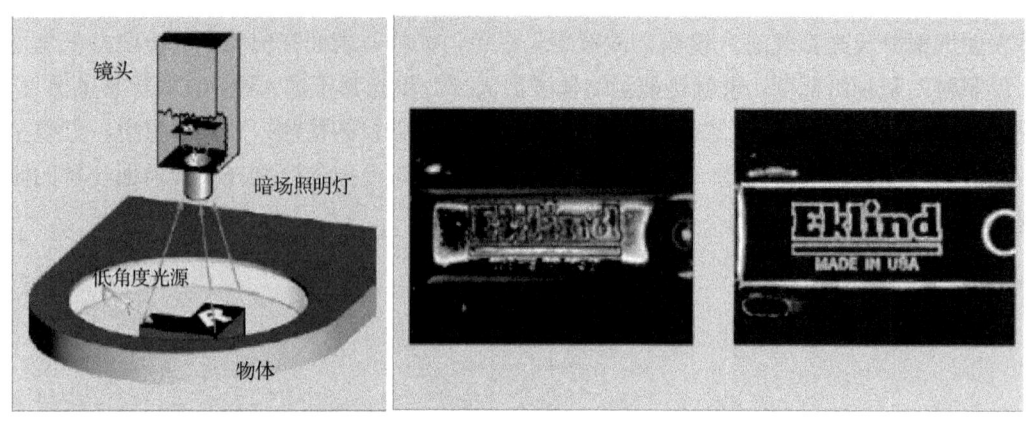

图 2-22 低角度照明灯

4）水平照射环形照射

光线垂直于检测方向的照明，光源几乎平行于物体表面。突出物体表面细微特征，如灰尘、凸凹、划痕等其他缺陷。突显轻微的高度变化，如蚀刻、焊缝、压花等。

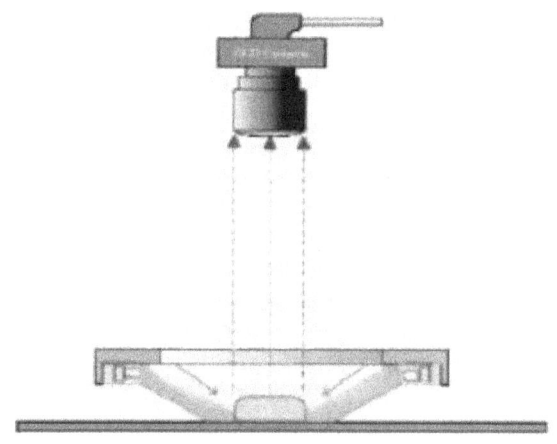

图 2-23 水平照射环形照射

2. 背光照明灯

背光的作用就是让透光和不透光的部分区分开来，透光的地方呈白色，不透光的地方呈黑色，这样取得一个黑白对比的图片。选择光源：一是选型，一般需要均匀性好；二是看穿透力，如果需要穿透力强的话就可以选红外光源，因为波长较长，穿透力更强。

背光照明灯其发光部分是漫反射面，均匀性好，用于观察放在镜头和光源之间的被检查对象的形状，透明物体的伤痕，异物混入等情况。可以得到对比强、稳定的成像。但是在安装时，需要比物体更大的光源发光面，物体的后方设置光源空间等。背光照明灯如图 2-24 所示。

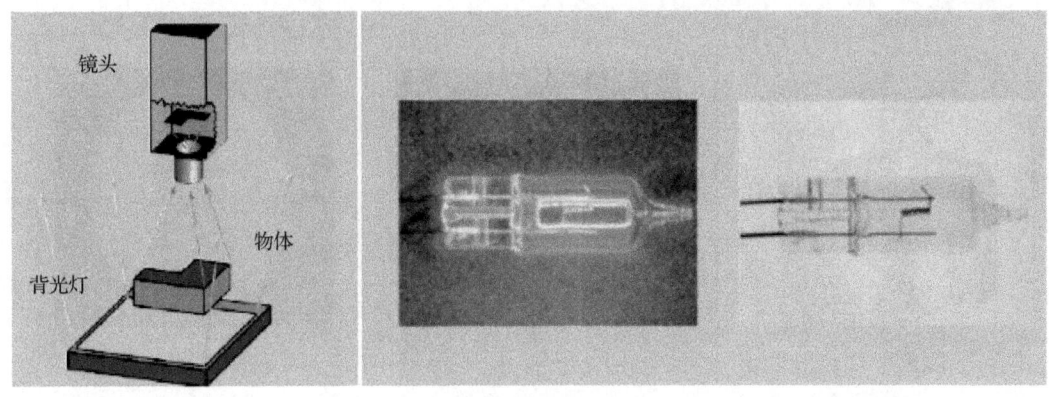

图 2-24　背光照明灯

3．同轴照明灯

同轴照明灯光源所在的位置，与镜头和物体的连线平行，通过垂直墙壁出来的发散光，射到一个使光向下的分光镜上，形成同轴光，镜头通过分光镜看物体，这种类型的光源对检测高度反射的物体特别有帮助，还适合受周围环境产生阴影影响的物体。对于观察非常平整的表面是非常理想的，如图 2-25 所示。从图 2-25 中可以看出，高亮度均匀的光线通过半透明半反射镜后成为与镜头同轴的光线，用于均匀照射具有反射性的工作界面，对光洁表面上的异常特征成像突出，表现力好，主要用于金属玻璃等光洁表面的划痕检测、芯片和硅片的破损检测；同轴光的光源位于照明光路的侧面，这样的照射方式可以减少光路的复杂性，避免光源的放置给光路带来不必要的麻烦。光源前面带漫反射板，形成二次光源，光源主要方向趋于平行，但是有少量非平行光成分。需要注意：同轴照明灯可以消除反光，但只适合检测平面的物体，而不适合检测有弧度的物体。

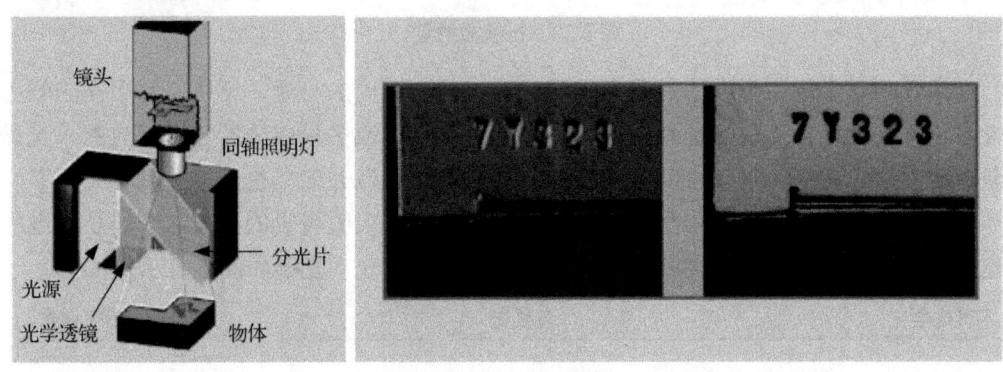

图 2-25　同轴照明灯

4．圆顶照明灯

当光线照射到粗糙的圆顶遮盖物上时，产生无方向反射光，形成整个区域的均匀反射照明，适合于检测凹凸不平的物体表面，如圆弧表面。圆顶照明灯如图 2-26 所示。

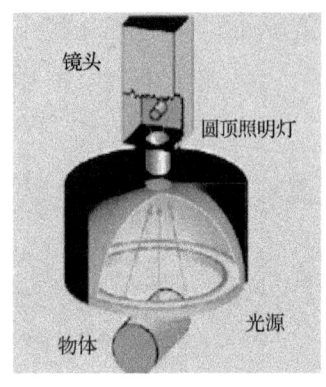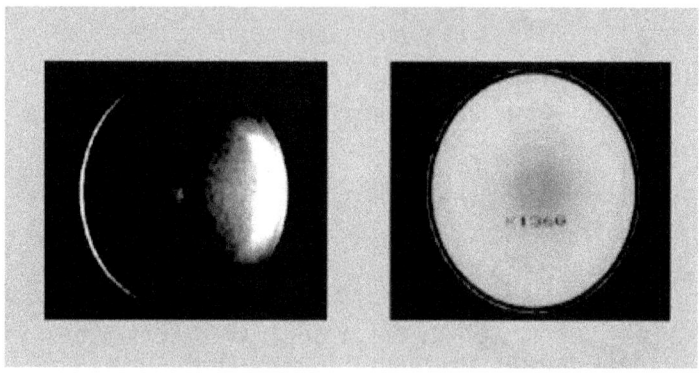

图 2-26 圆顶照明灯

5. 持续漫射灯

持续漫射灯是在圆顶照明灯的基础上,增加了一个同轴光源,镜头通过分光镜看物体,这种照明应用于物体表面的反射性或者表面有复杂的角度,如检测锡纸表面的字体。持续漫射灯如图 2-27 所示。

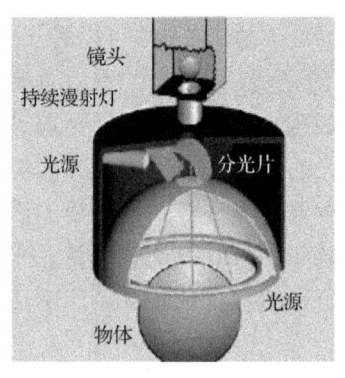

图 2-27 持续漫射灯

在视觉系统中除了可以通过调整光源位置,构造不同的光源,还可以利用光的颜色特性来选择光源,从而更好地获取信息。光是由单一的或多种成分的光谱组成的,光谱是复色光经过色散系统(如棱镜、光栅)分光后,被色散开的单色光按波长(或频率)大小依次排列的图案,光谱中很大的一部分电磁波谱是人眼可见的,在这个波长范围内的电磁辐射被称为可见光,肉眼不可见的称之为不可见光。光谱如图 2-28 所示。

不可见光	可见光									不可见光
紫外光	紫	蓝	绿蓝	蓝绿	绿	黄绿		橙	红	红外光
	380	430	480	490	500	560	580	595	650	780

(单位:nm)

图 2-28 光谱

光源一般有红色、绿色、蓝色、白色、红外和紫外等颜色。红色用得最多，因为红色 LED 成本低，并且黑白 CCD 芯片对 660nm 红色光线最敏感；蓝色波长短，适合检测金属物体表面质量；紫外的波长更短，其散射性更好；白色是中性颜色，适合拍彩色图片，或者被测物体的颜色是变化的；绿色的亮度很高，且波长和蓝色接近，所以有时可用绿色代替蓝色；红外用于半透明等的物体检测。使用相同颜色或相近颜色的光源照射可以使被照射部分变亮，使用相反颜色的光照射可以使被照射部分变暗。不同的波长对物质的穿透力（穿透率）不同，波长越长，对物体的穿透力越强，波长越短，对物体表面的扩散率越大。

选择光源的一些技巧：

① 当需要前景与背景更大的对比度时，可以考虑用黑白相机与彩色光源；

② 对于环境光的问题，可以尝试用单色光源，再搭配一个滤镜；

③ 对于闪光的曲面物体，可以用散射圆顶光源；

④ 对于闪光的平的物体，但是有粗糙的表面，可以用同轴散射光源；

⑤ 如果检测物体表面的形状，或者需要通过反射的表面看物体特征时，可以用暗视场（低角度光源）；

⑥ 检测塑料的时候，可以用紫外或红外光源；

⑦ 频闪能够产生比常亮照明强 20 倍的光；

⑧ 当单个光源不能有效解决问题时，可以用组合光源。

2.2.2 镜头

镜头相当于人类眼球的存在，它在机器视觉系统中主要负责光束调制，采集到清晰的影像，并将图像发送至相机中的图像传感器，合适的镜头选择对于机器视觉能否发挥应有的作用是非常重要的。光学镜头是机器视觉系统中必不可少的部件，直接影响成像质量的优劣，并影响算法的实现和效果。在机器视觉系统中，镜头的主要作用是将成像目标聚焦在图像传感器的光敏面上。镜头对成像质量有着关键性的作用，它对成像质量的几个主要指标都有影响，包括分辨率、对比度、景深及各种像差。

2.2.2.1 镜头的分类

镜头种类繁多，一般情况下，机器视觉系统中的镜头可以进行如下分类。

1. 根据有效像场的大小划分

把摄像镜头安装在一个很大的伸缩暗箱前端，并在该暗箱后端安装一块很大的磨砂玻璃。当将镜头光圈开至最大，并对准无限远景物调焦时，在磨砂玻璃上呈现出的影像均位于一个圆形面积内，而圆形外则漆黑，无影像。有影像的圆形面积称为该镜头的最大像场，这个最大像场范围的中心部位有一个能使无限远处的景物结成清晰影像的区域，这个区域称为清晰像场。相机或摄影机的靶面一般都位于清晰像场之内，这一限定范围称为有效像场。由于视觉系统中所用的相机的靶面尺寸有各种型号，所以在选择镜头时一定要注意镜头的有效像场，应该大于或等于相机的面尺寸，否则成像的边角部分会模糊至没有影像。根据有效像场的大小，一般可分为如表 2-2 所示的几类。

表 2-2 根据有效像场的大小光学镜头的分类

镜 头 类 型		有效像场尺寸
电视摄像镜头	1/4in 摄像镜头	3.2mm×2.4mm（对角线 4mm）
	1/3in 摄像镜头	4.8mm×3.6mm（对角线 6mm）
	1/2in 摄像镜头	6.4mm×4.8mm（对角线 8mm）
	2/3in 摄像镜头	8.8mm×6.6mm（对角线 11mm）
	1in 摄像镜头	12.8mm×9.6mm（对角线 16mm）
电影摄像镜头	35mm 电影摄像镜头	21.95mm×16mm（对角线 27.16mm）
	16mm 电影摄像镜头	10.05mm×7.42mm（对角线 12.49mm）
相机镜头	135 型摄像镜头	36mm×24mm
	127 型摄像镜头	40mm×40mm
	120 型摄像镜头	80mm×60mm
	中型摄像镜头	82mm×56mm
	大型摄像镜头	240mm×180mm

2. 根据焦距划分

根据焦距能否调节，可分为定焦距镜头和变焦距镜头两大类。依据焦距的长短，定焦距镜头又可分为鱼眼镜头、短焦镜头、标准镜头和长焦镜头。需要注意的是，焦距的长短划分并不是以焦距的绝对值为首要标准的，而是以像场角（构成清晰影像的圆形范围称为镜头的像场，像场直径对镜头中心的张角称为像场角）的大小为主要区分依据的，所以当靶面的大小不等时，其标准镜头的焦距大小也不同。变焦镜头上都有变焦环，调节该环可以使镜头的焦距值在预定范围内灵活改变。变焦镜头最长焦距值和最短焦距值的比值称为该镜头的变焦倍率。变焦镜头又可分为手动变焦和电动变焦两大类。

变焦镜头通过镜头镜片之间的相互位移，使镜头的焦距可在一定范围内连续变化，从而在不需要更换镜头的条件下，通过 CCD 相机既可以获得成像目标的全景图像，又可获得局部细节的图像。变焦镜头的变焦范围一般有 6 倍、8 倍、10 倍、12 倍、16 倍、20 倍、50 倍等。变焦镜头由于具有可连续改变焦距值的特点，在需要经常改变摄影视场的情况下非常方便使用，所以在摄影领域应用非常广泛。但由于变焦镜头的透镜片数多、结构复杂，所以最大相对孔径不能做得太大，致使图像亮度较低、图像质量变差，同时在设计中也很难针对各种焦距进行像差校正，所以其成像质量无法和同档次的定焦镜头相比。

变焦镜头一般由几片透镜组成。两个焦距分别为 f_1、f_2，且相距为 d 的透镜组成的复合透镜的焦距为

$$f = \frac{1}{f_1} + \frac{1}{f_2} - \frac{1}{f_1 f_2} \tag{2-1}$$

由式（2-1）可以看出：通过改变两个透镜间的距离 d 可使镜头的焦距 f 连续可调。

变焦镜头一般由焦距组、变倍组、补偿组、固定组等构成。其中焦距组的主要作用是通过小范围内的轴向移动，实现镜头焦距调整的；变倍组主要通过轴向移动，达到焦距连续可调的目的。当变倍组前后移动进行焦距调整时，镜头的成像面将随之发生变化；补偿组可随变倍组的移动而进行相应的移动，使成像面保持在图像传感器的光敏面上；固定组的主要作用是保持有一定的装座距离。

实际常用镜头的焦距是在 4～300mm 有很多的等级，如何选择合适焦距的镜头是在机器视觉系统设计时要考虑的一个主要问题。光学镜头的成像规律可以根据两个基本成像公式——牛顿公式和高斯公式来推导，对于机器视觉系统的常见设计模型，一般根据成像的放大率和物距这两个条件来选择合适焦距的镜头，相关计算公式如表 2-3 所示。

表 2-3 相关计算公式

放大率	$m=h'/h=L'/L$	焦距	$f=L/(1+1/m)$
物距	$L=f/(1+1/m)$	物高	$h=h'/m=h'(L-f)/f$
像距	$L'=f(1+m)$	像高	$h'=mh=h(L'-f)/f$

3. 根据光圈类型划分

镜头有手动光圈（Manual Iris）和自动光圈（Auto Iris）之分，配合相机使用，手动光圈镜头适用于亮度不变的应用场合，自动光圈镜头因亮度变更时其光圈也进行自动调整，故适用于亮度变化的场合。自动光圈镜头有两类：一类是将一个视频信号及电源从相机输送到透镜来控制镜头上的光圈，称为视频输入型；另一类则利用相机上的直流电压来直接控制光圈，称为 DC 输入型。自动光圈镜头上的 ALC（自动镜头控制）调整用于设定测光系统，可以调整整个画面的平均亮度，也可以根据画面中最亮部分（峰值）来设定基准信号强度，供给自动光圈调整使用。一般而言，ALC 已在出厂时经过设定，可不进行调整，但是对于拍摄景物中包含有一个亮度极高的目标时，明亮目标物的影像可能会造成"白电平削波"现象，而使得全部屏幕变成白色，此时可以调节 ALC 来变换画面。

另外，自动光圈镜头装有光圈环，转动光圈环时，通过镜头的光通量会发生变化，光通量即光圈，一般用 f 表示，f 值越小，则光圈越大。

采用自动光圈镜头，对于下列应用情况是理想的选择，在诸如太阳光直射等非常亮的情况下，用自动光圈镜头可有较宽的动态范围。要求在整个视野有良好的聚焦时，用自动光圈镜头比用固定光圈镜头有更大的景深。要求在亮光上因光信号导致的模糊最小时，应使用自动光圈镜头。

4. 根据镜头接口类型划分

镜头和相机之间的接口有许多不同的类型，工业相机常用的包括 C 接口、CS 接口、F 接口、V 接口、T2 接口、M42 接口、M50 接口等。接口类型的不同和镜头性能及质量并无直接关系，只是接口方式的不同，一般也可以找到各种常用接口之间的转接口。

C 接口和 CS 接口是工业相机最常见的国际标准接口，为 1in-32UN 英制螺纹连接口，C 接口和 CS 接口的螺纹连接是一样的，区别在于 C 接口的法兰焦距为 17.526mm，CS 接口的法兰焦距为 12.5mm。同时镜头的接口也有 C 与 CS 之分。一般来说，C 接口的镜头只能用于 C 接口的相机，CS 接口的镜头只能应用于 CS 接口的相机，但 CS 接口的相机也可以和 C 接口镜头连接使用，只是使用 C 接口镜头时需要加一个 5mm 的接圈。需要注意的是，C 接口的相机不能用 CS 接口的镜头。

F 接口镜头是尼康镜头的接口标准，所以又称尼康口，也是工业相机中常用的类型，一般相机靶面大于 1in（1in=2.54cm）时需要用 F 接口的镜头。

V 接口镜头是著名的专业镜头品牌施奈德镜头主要使用的标准，一般也用于相机靶面大或特殊用途的镜头。

5. 特殊用途的镜头

① 显微镜头（Micro）：一般是指被成像比例大于 10∶1 的拍摄系统使用，但由于现在相机的像元尺寸已经做到 3μm 以内，所以一般成像比例大于 2∶1 时也会选用显微镜头。

② 微距镜头（Macro）：一般是指成像比例为 2∶1~1∶4 的特殊设计的镜头。

在对图像质量要求不是很高的情况下，一般可采用在镜头和相机之间加近摄接圈的方式或在镜头前加近拍镜的方式达到放大成像的效果。

③ 远心镜头（Telecentric）：主要是为纠正传统镜头的视差而特殊设计的镜头，它可以在一定的物距范围内，使得到的图像放大倍率不会随物距的变化而变化，这对被测物体不在同一物面上的情况是非常重要的应用。

④ 紫外镜头（Ultraviolet）和红外镜头（Infrared）：一般镜头是针对可见光范围内的使用而设计的，由于同一光学系统对不同波长的光线折射率不同，所以同一点发出的不同波长的光成像时不能会聚成一点，而产生色差；常用镜头的消色差设计也是针对可见光范围的，紫外镜头和红外镜头即专门针对紫外线和红外线进行设计的镜头。

2.2.2.2 镜头的基本结构

机器视觉中的镜头一般由一组透镜和光阑组成，图 2-29 所示为镜头上的光学路线图。

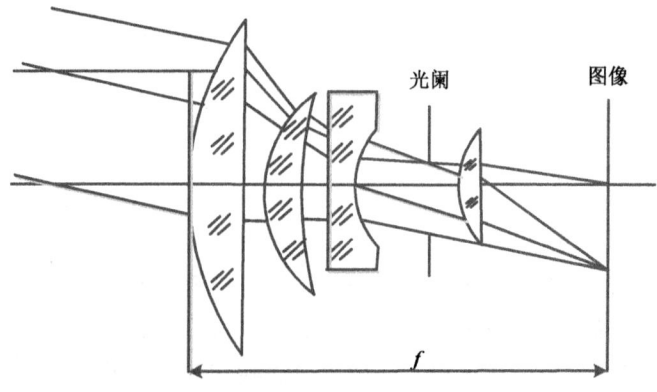

图 2-29　镜头上的光学路线图

1. 透镜

透镜是指用透明物质制成的表面为球面一部分的光学元件，是进行光束变换的基本单元。透镜有塑胶透镜（plastic）和玻璃透镜（glass）两种。通常摄像头用的镜头构造有 1P、2P、1G1P、1G2P、2G2P、4G 等，透镜越多，成本越高，玻璃透镜比塑胶透镜贵。因此一个品质好的摄像头应该是采用玻璃透镜的，其成像效果要比塑胶透镜好。

透镜一般分为凸透镜和凹透镜。其中，凸透镜是中央较厚，边缘较薄的透镜。凸透镜具有会聚光线的作用，所以也叫"会聚透镜""正透镜"；凹透镜也称为负球透镜，镜片的中央薄，周边厚，呈凹形，凹透镜对光有发散作用。由于正、负透镜具有相反的作用（如像差或者色散等），所以在透镜设计中常常将二者配合使用，以校正像差和其他各类失真。由于变焦镜头既要使镜头的焦距在较大范围内可调，又要保证能将成像目标聚焦在图像传感器的光敏面上，因而变焦镜头一般由多组正、负透镜组成。

2. 光阑

光阑是指在光学系统中对光束起着限制作用的实体，它可以是透镜的边缘、框架或特别设置的带孔屏。光阑的作用就是约束进入镜头的光束成分，它多为圆形、正方形、长方形。使有益的光束进入镜头成像，而有害的光束不能进入镜头。根据光阑设置的目的不同，光阑又可以进一步细分为以下几种。

1）孔径光阑

孔径光阑也称有效光阑，它是指限制进入系统的成像光束口径的光阑，其大小和位置对镜头成像的分辨率、亮度和景深都有影响。孔径光阑变小，亮度和分辨率就变低，景深则变大，而图像大小不变，如相机镜头上的圆形光阑（俗称光圈）。光圈转动时带动镜头内的黑色叶片以光轴为中心进行伸缩运动，调节入光孔的大小。如图 2-30 所示，由于不同镜头的光阑位置不同，焦距不同，入射直径也不相同，用孔径来描述镜头的通光能力，无法实现不同镜头的比较。为了方便在取像时，计算曝光量和用统一的标准来衡量不同镜头孔径光阑的实际作用，通常采用"相对孔径"的概念来衡量镜头通光能力的大小。

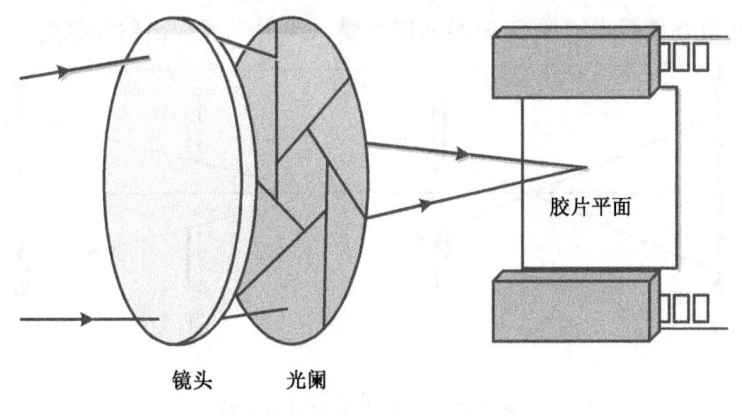

图 2-30　光阑示意图

在机器视觉中，自动光圈的主要作用是通过自动调整光圈来控制射入光通量大小的，从而使相机获得理想的曝光量，为机器视觉提供理想的图像。光圈位置图如图 2-31 所示。镜头的光圈是通过开口大小来控制曝光量的。光圈的大小可用光圈系数（f）来表示，光圈系数越大，光孔直径越小，入射光通量越小。在机器视觉系统中，当外部环境光照度存在变化较大时，一般采用自动光圈镜头；当光照度基本保持恒定时，可采用手动光圈镜头。为使 CCD 相机获得更为理想的曝光率，可相应增加光圈的级数。

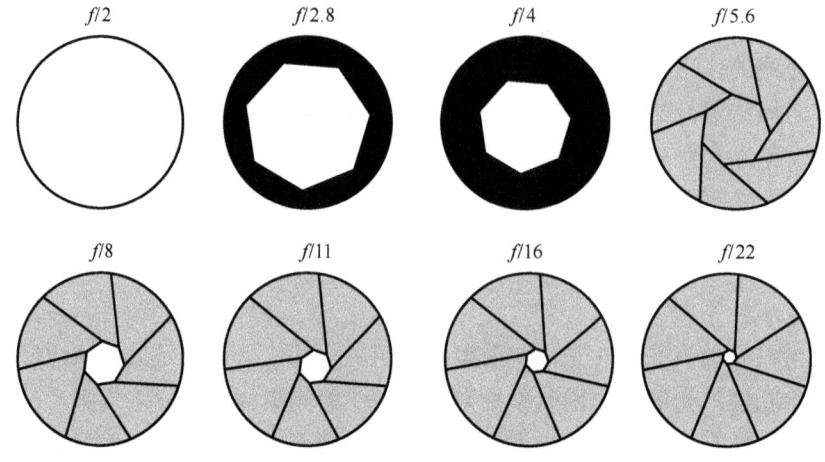

图 2-31　光圈位置图

孔径光阑前方光学系统所成的像，称为入射光瞳，它决定了物方最大孔径角的大小，是所有入射光的入口；孔径光阑后方光学系统所成的像，称为出射光瞳，它决定了像方孔径角的大小，是所有出射光的出口。孔径光阑可与入射光瞳或出射光瞳重合，也可不重合。对单个透镜来说，透镜边框是孔径光阑，由于其前方和后方均无其他光学系统，故透镜边框既是入射光瞳也是出射光瞳。

图 2-32 所示为入射光瞳和出射光瞳。图 2-32（a）中孔径光阑 D 位于透镜 L 之前，在其前方无别的光学系统，故孔径光阑本身就是入射光瞳；孔径光阑 D 由后方透镜 L 所成的像 D' 就是出射光瞳。图 2-32（b）中孔径光阑 D 位于透镜的后方，D 本身就是出射光瞳；D 由其前方透镜成的像 D' 就是入射光瞳。入射光瞳和出射光瞳为一对共轭面。

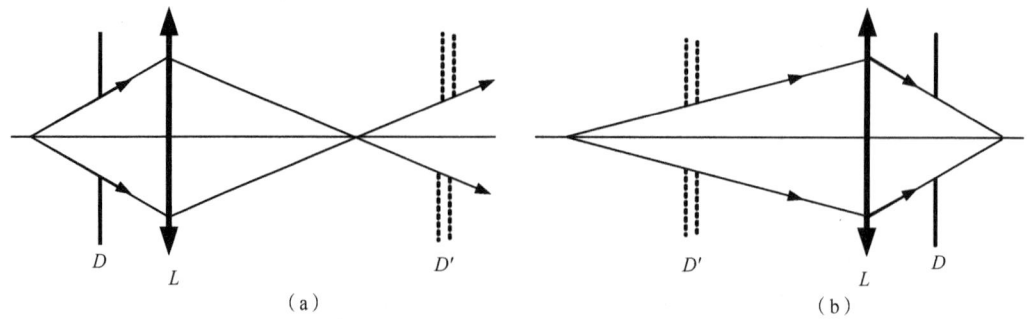

图 2-32　入射光瞳和出射光瞳

2）视场光阑

限制物体成像范围的光阑，称为视场光阑。它的作用是限制物面上成像的范围，也就是视场的大小。视场光阑经前面的光组在物空间所成的像，称之为入射窗；经后面的光组在像空间所成的像，称之为出射窗。入射窗和出射窗之间是共轭的，也可以将出射窗看作是入射窗经系统所成的像。

3）渐晕光阑

轴外点发出的充满入瞳的光被透镜的通光口径拦截的现象，称为"渐晕"，用以产生渐晕效果的光阑，称之为渐晕光阑。只要入射窗与物平面重合，出射窗与像平面重合就可以消除渐晕。

4）消杂光光阑

镜头成像的过程中，除了正常的成像光束能到达像面，仍有一部分非成像光束也到达像面，它们被统称为杂散光。杂散光对成像来说是非常有害的，相对于成像光束，杂散光就是干扰、噪声，它们的存在降低了成像面的对比度。为了减少杂散光的影响，可以在设计过程中设置光阑来吸收阳光到达像面，为此目的而引入的光阑，都称为消杂光光阑，它是为限制杂散光到达像面而设置的光阑。

可以这样理解，透镜和光阑都是镜头的重要光学功能单元，透镜侧重于光束的变换（如实现一定的组合焦距、减少像差等），光阑侧重于光束的取舍约束。

2.2.2.3 镜头的主要参数

镜头的主要参数有视野、工作距离、焦距、视场、物距、像距、光圈、景深、镜头放大倍数、像质等，下面我们就重点讲其中的几个概念。图 2-33 所示为镜头成像示意图。

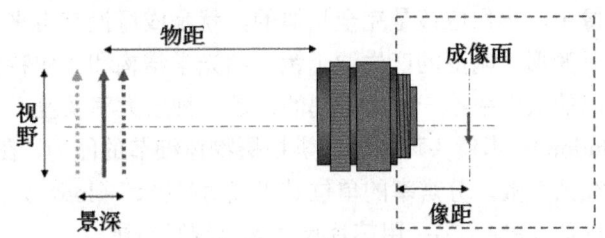

图 2-33 镜头成像示意图

（1）视野（Field of View，FOV）：也称视场，是指成像系统中图像传感器可以检测到的最大区域。视野范围和视场角都是用来衡量镜头成像范围的。视野范围是相机实际拍到区域的尺寸。在远距离成像中，如望远镜、航拍镜头等场合，镜头的成像范围常用视场角来衡量，用成像最大范围构成的张角表示（2ω）。

（2）工作距离（Work Distance，WD）：被测物体到物镜的距离，指镜头第一个工作面到被测物体的距离称为镜头的工作距离。需要注意的是，镜头并不是对任何物距下的目标都能清晰成像（即使调焦也做不到），所以它允许的工作距离是一个有限范围。

（3）焦距（Focal Length）：焦距 f 是镜头的重要性能指标，是光学系统中衡量光的聚集或发散的度量方式，指平行光入射时从透镜光心到光聚集焦点的距离，也就是从镜头的中心点到焦平面上所形成的清晰影像之间的距离。镜头焦距的长短决定着拍摄的成像大小、视场角大小、景深大小和画面的透视强弱。焦距数值小，视角大，所观察的范围也大；焦距数值大，视角小，所观察的范围也小。当对同一距离同一个被摄目标拍摄时，镜头焦距长的所成的像大，镜头焦距短的所成的像小。观察范围根据焦距能否调节，可分为定焦镜头和变焦镜头两大类。

（4）光圈（Aperture）：它是一个用来控制光线透过镜头，进入机身内感光面的光量的装置，它通常是在镜头内。表达光圈大小用 F 值，其中，F=镜头的焦距/镜头的有效口径的直径。一般通过调整通光孔径大小来调节光圈，完整的光圈数值系列有 $F1$、$F1.4$、$F2$、$F2.8$、$F4$、$F5.6$、$F8$、$F11$、$F16$、$F22$、$F32$、$F44$、$F64$。F 后面的数值越小、光圈越大。光圈的作用在于决定镜头的进光量，光圈越大，进光量越多；反之，则越小。简单地说，在快门不变的情况下，光圈越大，进光量越多，画面比较亮；光圈越小，画面比较暗。光圈 F 值每升高一个等级，意味着通光孔径的面积即进光量降低一半。

（5）景深（Depth of Field）：在景物空间中，位于调焦平面前后一定距离内还能够清晰成像的纵深距离，也就是在实际像平面上获得相对清晰影像的景物空间深度范围。景深随镜头的光圈值、焦距、拍摄距离而变化。光圈越大，景深越小；光圈越小、景深越大。焦距越长，景深越小；焦距越短，景深越大。距离拍摄体越近时，景深越小；距离拍摄体越远时，景深越大。

（6）像质：指镜头的成像质量，用于评价一个镜头的成像优劣。传函（调制传递函数的简称，用 MTF 表示）和畸变就是用于评价像质的两个重要参数。

MTF：在成像过程中的对比度衰减因子。实际镜头成像，得到的像与实物相比，成像出现"模糊化"，对比度下降，通常用 MTF 来衡量成像优劣。

畸变：理想成像中，物像应该是完全相似的，就是成像没有带来局部变形，但是实际成像中，往往有所变形。畸变的产生源于镜头的光学结构和成像特性，畸变可以看作是因像面上不同局部的放大率不一致而引起的，是一种放大率像差。

分辨率（Resolution）：指镜头可清晰分辨拍摄物体细节的能力，在像平面 1mm 内可以分辨黑白相间的线条对数，分辨率的单位是"线对/毫米"（lp/mm）。

（7）镜头放大倍数（PMAG）：用芯片尺寸除以视野范围。

透镜成像几何关系示意图如图 2-34 所示，其中，H_o 表示视野的高度；H_i 表示相机有效成像面的高度，L_E 表示镜头像平面的扩充距离。

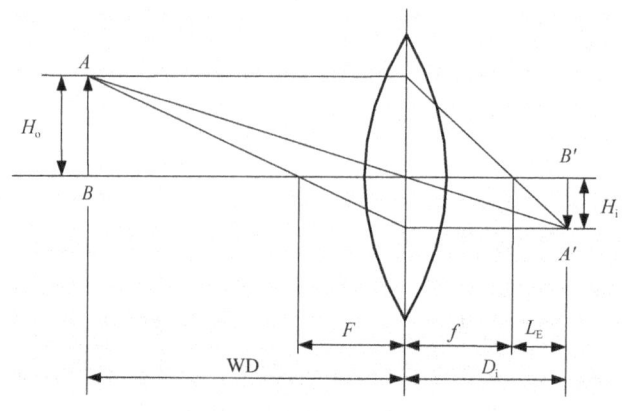

图 2-34　透镜成像几何关系示意图

根据成像几何关系可以得到：

$$\text{PMAG} = \frac{\text{SensorSise}}{\text{FieldofView}} = \frac{H_o}{H_i} = \frac{D_i}{\text{WD}} \quad (2\text{-}2)$$

$$L_E = D_i = \text{PMAG} \times f \quad (2\text{-}3)$$

$$\text{焦距} f = \frac{\text{WD} \times \text{PMAG}}{1 + \text{PMAG}} \quad (2\text{-}4)$$

利用上面的公式通过被测物体尺寸（H_o）、物距（WD）和像平面高度（H_i）计算出所需要镜头的焦距 f。

2.2.2.4 镜头的选择

合适的镜头选择对于机器视觉能否发挥应有的作用是非常重要的。镜头的选择过程，是将镜头各项参数逐步明确化的过程。作为成像器件，镜头通常与光源、相机一起构成一个完整的图像采集系统，因此镜头的选择受到整个系统要求的制约。一般可以按以下几个方面来进行分析考虑。

系统若想完全发挥其功能，镜头必须要能够满足要求才行。当为控制系统选择镜头的时候，机器视觉集成商应该考虑四个主要因素：可以检测物体类别和特性；景深或者焦距；加载和检测距离；运行环境。分析这四个主要因素，可以针对具体应用确定合适的镜头选择。

1）波长、变焦与否

镜头的工作波长和是否需要变焦是比较容易先确定下来的，成像过程中如果需要改变放大的倍率，可以采用变焦镜头，否则采用定焦镜头。

关于镜头的工作波长，常见的是可见光波段，也有其他波段。是否需要另外采取滤光措施，单色光还是多色光，能否有效避开杂散光的影响，把这几个问题考虑清楚，综合衡量后再确定镜头的工作波长。

2）特殊要求优先考虑

结合实际的应用特点，可能会有特殊的要求，应该先予明确下来。例如，是否有测量功能，是否需要使用远心镜头，成像的景深是否很大等。景深往往不被重视，但是它却是任何成像系统都必须考虑的。

景深是指由探测器移动引起的可以接受的模范范围。光学系统的性能取决于允许的图像模糊程度，模糊可能源于物体平面或者图像平面的位置漂移。景深效果（DOF）是指由于物体移动导致的模糊。DOF 是完全在焦距范围内最大的物体深度，它也是保持理想对焦状态物体允许的移动量。当物体的放置位置比工作距离近或者远的时候，它就位于焦外了，这样解析度和对比度都会受到不好的影响。出于这个原因，DOF 同指定分辨率和对比度相配合。当景深一定的情况下，DOF 可以通过缩小镜头孔径来变大，同时也需要光线增强。

在很多情况下，如管道检测，可以使用变焦镜头获得较大的景深。变焦镜头和缩放镜头很类似，应用在需要经常变换焦距的场合。这些镜头经常是电机驱动的，可以保证在对焦平面上平滑移动。使用这样的镜头，整个管道、每一个环节都可以扫描到，通过调整焦距来发现每个缺陷。然而，与缩放镜头不同，变焦镜头的工作距离也可以变化，可以根据需要进行重新定位。

3）工作距离、焦距

工作距离和焦距往往结合起来考虑。一般地，可以采用这个思路：先明确系统的分辨率结合 CCD 像素尺寸就能知道放大倍率，再结合空间结构约束就能知道大概的物像距离，进一步估算镜头的焦距。所以镜头的焦距是与镜头的工作距离、系统分辨率（CCD像素尺寸）相关的。

4）像面大小和像质

所选镜头的像面大小要与相机感光面大小兼容，遵循"大的兼容小的"原则，相机感光面不能超出镜头标示的像面尺寸，否则边缘视场的像质不保。像质的要求主要关注MTF 和畸变两项。在测量应用中，尤其应该重视畸变。

5）光圈和接口

镜头的光圈主要影响像面的亮度。但是现在的机器视觉系统中，最终的图像亮度是由多因素共同决定的：光圈、相机增益、积分时间、光源等。所以，为了获得必要的图像亮度有比较多的环节供调整。镜头的接口指它与相机的连接接口，它们两者需要匹配，不能直接匹配就需要考虑转接。

6）成本和技术成熟度

如果以上因素考虑完之后，有多项方案都能满足要求，则可以考虑成本和技术成熟度，进行权衡择优选取。

【例 2-1】要给硬币检测成像系统选配镜头，约束条件为相机 CCD 2/3in（1in=2.54cm），C 接口。物体至镜头的距离为 10~30cm，视场高度为 6cm，传感器成像面高度为 6.6mm，光源采用白色 LED 光源，选择合适的镜头。

基本分析如下。

① 与白色 LED 光源配合使用的镜头应该是可见光波段；没有变焦要求，选择定焦镜头就可以了。

② 用于工业检测，其中带有测量功能，所以，所选镜头的畸变要求小。

③ 工作距离和焦距。

因为物体至镜头的距离为 10~30cm，取 WD=20cm：

$$\text{放大倍数 PMAG} = \frac{\text{Sensor Size}}{\text{Field of View}} = \frac{H_i}{H_o} = \frac{D_i}{\text{WD}} = \frac{6.6}{60} = 0.11$$

$$\text{镜头焦距 } f = \frac{\text{WD} \times \text{PMAG}}{1+\text{PMAG}} = \frac{200 \times 0.11}{1+0.11} = 19.82\text{mm}$$

标准镜头焦距为 8mm、12.5mm、16mm、25mm 和 50mm，所以 16mm 镜头的焦距最接近计算值，使用该值重新计算 WD：

$$\text{WD} = f \times \frac{1+\text{PMAG}}{\text{PMAG}} = 16 \times \frac{(1+0.11)}{0.11} = 16.1 \text{cm}$$

镜头的扩充距离 $L_E = f \times \text{PMAG} = 16 \times 0.11 = 1.76\text{mm}$，如果镜头扩充距离不够，则可以通过垫圈（1mm 或 0.5mm）调节聚焦机构获得所需要扩充的距离。

④ 选择镜头的像面应该不小于 CCD 尺寸，即至少 2/3 in。

⑤ 镜头的接口要求是 C 接口，能配合相机使用；光圈暂无要求。

从以上几方面的分析计算可以初步得出这个镜头的"轮廓"：焦距 16mm，定焦，可见光波段，C 接口，至少能配合 CCD 2/3in 使用，而且成像畸变要小。按照这些要求，可以进行挑选，如果多款镜头都能符合这些要求，可以择优选用。

目前市面上大多数的镜头都能够满足机器视觉应用的需求，但是更专业的机器视觉系统可能需要定制的镜头和涂层。幸运的是，许多具有内部生产能力的镜头制造商，已经准备好定制镜头来满足这些应用需求了。

2.2.3 工业相机

工业相机作为机器视觉系统中的核心部件，是机器视觉系统的硬件构成中重要环节之一，对于机器视觉系统的重要性是不言而喻的。在选择一款工业数字相机时，物体成像的速度必须充分考虑好。例如，针对没有移动、静止或缓慢移动、快速移动等不同模式下的物体，对象的移动速度不同，在选取工业相机时，就需要考虑除了在曝光时间中处于工业相机当中的运动对象数量，还需要考虑物体上能用一个像素表征的最小特征，也就是对象分辨率。采集运动物体图像的拇指规则就是曝光必须发生在采集物体移动量小于一个像素的时间内。

在机器视觉应用中，相机普遍采用的两种图像工艺技术分别是 CCD（Charge Coupled Device）和 CMOS（Complementary Metal Oxide Semiconductor）。CCD 是由一行光线敏感的光电探测器组成的，光电探测器一般为光栅晶体管或光电二极管。CMOS 通常采用光电二极管作为光电探测器，与 CCD 不同，光电二极管中的电荷不是顺序地转移到读出寄存器，而是每一行都可以通过行和列选择电路并读出。表 2-4 所示为 CCD 和 CMOS 图像传感器比较。

表 2-4 CCD 和 CMOS 图像传感器比较

特 点	CCD	CMOS	性 能	CCD	CMOS
像素输出信号	电荷	电压	制造工艺	复杂	简单
芯片输出信号	模拟	数字	动态范围	高	中
填充因子	高	中	像素一致性	高	低
噪声	低	中高	光灵敏度	高	中
分辨率	低	高	低对比度适应性	强	弱
功耗	中高	低	输出速度	中高	高
成本	中	中低			

概括起来，两者的性能有以下一些要点：

- CCD 芯片将电荷转换成模拟信号,再经放大、A/D 转换后才以数字信号形式输出。
- CMOS 芯片中每个像素都有各自的信号放大器,直接将每个电荷放大后转换为数字信号输出,往往成像一致性差。
- CCD 在电荷转移过程中不会失真,且信号统一放大后才输出,因此成像质量高、一致性好。
- CCD 有更大的填充因子和更高的信噪比,对光更加不敏感,更适应低对比度的场合。
- CMOS 可以获得比 CCD 高很多的图像传输速度,更适应于高速场合。
- CMOS 的信号可以通过放大后才进行转移,所以它的功耗要比 CCD 低,更适用于便携设备。
- CCD 制造工艺相对复杂,目前只有 Teledyne DALSA、Sony、Panasonic 等厂商掌握核心技术,所以它的价格一般较高。

2.2.4 图像采集卡

图像采集卡(Image Grabber)又称为图像卡,它将相机的图像视频信号,以帧为单位,送到计算机的内存和 VGA 帧存,供计算机处理、存储、显示和传输等使用。在机器视觉系统中,图像采集卡采集到的图像,供处理器进行工件是否合格、运动物体的运动偏差量、缺陷所在的位置等处理。图像采集卡是机器视觉系统的重要组成部分,如图 2-35 所示。图像经过采样、量化以后转换为数字图像并输入、存储到存储器的过程,就称为采集、数字化。由于图像视频信号所带有的信息量非常大,所以图像无论是采集、传输、转换还是存储,都要求速度快的图像信号,通用的传输接口不能满足要求,因此需要图像采集卡。

图 2-35 图像采集卡

与用于多媒体领域的图像采集卡不同,用于机器视觉系统的图像采集卡需要实时完成高速、大数据量的图像数据处理,因而具有完全不同的结构。在机器视觉系统中,图像采集卡必须与相机协调工作,才能完成特定的图像采集任务。除完成常规的 A/D 转换任务以外，应用于机器视觉系统的图像采集卡还应具备以下功能：

① 接收来自数字相机的高速数据流，并通过计算机总线高速传输至机器视觉系统的内存；

② 为了提高数据率，许多相机具有多个输出信道，使几个像素可以并行输出。此时，需要图像采集卡对多个信道输出的信号进行重新构造，恢复原始图像；

③ 对相机及机器视觉系统中的其他模块（如光源等）进行功能控制。

图像采集卡是图像采集部分和图像处理部分的接口。图像采集卡种类繁多，它按照不同特征可以分为不同的种类：

- 按照视频信号源，可以分为数字采集卡（使用数字接口）和模拟采集卡。
- 按照安装连接方式，可以分为外置采集卡（盒）和内置式板卡。
- 按照视频压缩方式，可以分为软压卡（消耗 CPU 资源）和硬压卡。
- 按照视频信号输入/输出接口，可以分为 1394 采集卡、USB 采集卡、HDMI 采集卡、DVI/VGA 视频采集卡、PCI 视频卡。
- 按照其性能作用，可以分为电视卡、图像采集卡、DV 采集卡、计算机视频卡、监控采集卡、多屏卡、流媒体采集卡、分量采集卡、高清采集卡、笔记本采集卡、DVR 卡、VCD 卡、非线性编辑卡（简称为非编卡）。

机器视觉应用中所使用的图像采集卡与多媒体视频捕捉卡在本质上有很大的区别，在使用时应加以区分。多媒体视频捕捉卡获取图像的目的是进行视频和音频编辑、显示、存储和传输，因此通常用低分辨率图像及压缩技术即可。而用于机器视觉的图像必须尽可能精确地表示检测目标，因此对图像的分辨率要求也较高。从驱动软件的角度看，多媒体图像采集卡多采用现存的标准接口，如 MCI 或 TWAIN，而机器视觉领域的图像采集卡，常通过驱动对硬件资源直接存取。

2.2.5 机器视觉软件

机器视觉软件是机器视觉系统中自动化处理的关键部件，根据具体应用需求，对软件包进行二次开发，可自动完成对图像采集、显示、存储和处理。通过前期传送给专用的图像处理软件，根据像素分布、亮度和颜色等信息，转变成数字化信号；机器视觉软件再对这些信号进行各种运算来抽取目标的特征，进而根据判别的结果来控制现场的设备动作。这里要说的机器视觉的软件是指机器视觉的软件开发和开发出的图像处理应用软件。目前的图像处理与分析的算法程序多采用 C 和 C++两种编程语言。

课后习题 2

一、填空题

1. 机器视觉系统的光源主要有＿＿＿＿、＿＿＿＿、＿＿＿＿、＿＿＿＿、＿＿＿＿。
2. 光源系统按其照射方法可分为＿＿＿＿、＿＿＿＿、＿＿＿＿和＿＿＿＿。

3. 根据发光原理的不同，比较常见的人造光源有_____、_____、_____和_____，而在机器视觉中所使用的光源为人造光源。

4. 圆弧面工件光源构造选择_____。

5. 被测物体到物镜的距离称之为_____。

6. 图像采集卡按照视频信号源，可以分为_____和_____。

7. 135型摄像镜头的有效像场尺寸为_____。

8. 系统若想完全发挥其功能，镜头必须要能够满足要求才行。当为控制系统选择镜头的时候，机器视觉集成商应该考虑四个主要因素：_____、_____、_____和_____。

二、简答题

1. 简述机器视觉系统的工作流程。

2. 简述光源的分类。

3. 简述光圈大小与成像画面之间的关系。

4. 简述选择光源应考虑的系统特性。

5. 简述镜面反射和漫反射的区别。

第 3 章 机器视觉图像处理

机器视觉与人类的视觉过程相似，没有眼睛看不见的东西。但是，即使有了眼睛，没有大脑，我们也不能看到任何事物。人眼像一个传感器，负责将数据传递到大脑，而大脑负责解读数据。进一步扩展这一类比，对于机器视觉来说，在传感器将图像数据传送到计算机后，对这些图像数据的处理是机器视觉真正的关键。图像处理的基本算法包括：图像增强、去噪声处理、图像分割、边缘检测、特征提取等，它的难点在于，没有任何一种算法能够独立完成千差万别的图像处理，针对不同的处理对象，需要对多种图像处理算法进行组合修改。

3.1 图像预处理

图像分析中，图像质量的好坏直接影响识别算法的设计与效果的精度，但由于噪声、光照等外界环境或设备本身，通常所获取的原始数字图像质量不是非常高，因此在对图像进行特征提取、边缘检测、图像分割等操作之前，一般都需要对原始数字图像进行预处理。图像预处理是将每一个文字图像分检出来交给识别模块识别的过程，其主要目的是消除图像中无关的信息，恢复有用的真实信息，增强有关信息的可检测性和最大限度地简化数据，从而改进特征提取、图像分割、匹配和识别的可靠性。一般的预处理流程：灰度化→几何变换→图像增强。

图像增强（Image enhancement）是数字图像处理技术中最基本的内容之一，也是图像预处理的方法之一。图像增强主要有两方面应用，一方面是改善图像的视觉效果，另一方面也能提高边缘检测或图像分割的质量，突出图像的特征，便于计算机更有效地对图像进行识别和分析。增强图像中的有用信息，可以是一个失真的过程，其目的是要改善图像的视觉效果，针对给定图像的应用场合，有目的地强调图像的整体或局部特性，将原来不清晰的图像变得清晰或强调某些感兴趣的特征，扩大图像中不同物体特征之间的差别，抑制不感兴趣的特征，使之改善图像质量、丰富信息量，加强图像判读和识别效果，满足某些特殊分析的需要。

根据图像增强处理所在的空间不同，可分为基于空间域的增强方法和基于频率域的增强方法两类。空间域是指图像平面自身，这类方法是以对图像的像素直接处理为基础的。频率域处理技术是以修改图像的傅里叶变换为基础的。空间域处理方法是在图像像素组成的二维空间里，直接对每一像素的灰度值进行处理，它可以是在一幅图像内的像素点之间的运算处理，也可以是数幅图像间的相应像素点之间的运算处理。频率域处理方法是在图像的变换域，对图像进行间接处理。

基于空间域的增强方法是一种直接图像增强算法，分为点运算算法和邻域去噪算法。点运算算法即灰度变换（伽马变换、对数增强）和直方图修正等。邻域去噪算法分为图像平滑和锐化两种。平滑常用算法有均值滤波、中值滤波。锐化常用算法有梯度法（如 Roberts 梯度法）、算子法（Sobel 算子和拉普拉斯算子等）、掩模匹配法、统计差值法等。

频率域是指从函数的频率角度出发分析函数，与频率域相对的是时间域。简单地说，如果从时间域分析信号时，时间是横坐标，振幅是纵坐标。而在频率域分析的时候则频率是横坐标，振幅是纵坐标。例如，我们认为音乐是一个随着时间变化的振动，但是如果站在频率域的角度上来讲，音乐是一个随着频率变化的振动，这样站在时间域的角度去观察就会发现音乐是静止的。同理，如果站在时间域的角度观察频率域的世界，就会发现世界是静止的，也是永恒的。这是因为在频率域是没有时间概念的，所以也就没有了随着时间变化着的世界了。

为什么要在频率域中进行图像处理呢？
- 可以利用频率成分和图像外表之间的对应关系，一些在空间域表述困难的任务，在频率域中变得非常普通。
- 滤波在频率域更为直观，它可以解释空间域滤波的某些性质。
- 可以在频率域指定滤波器，进行傅里叶逆变换，然后在空间域使用结果滤波器，作为空间域滤波器的指导。

3.2 频率图像增强

3.2.1 频率图像增强的基本步骤

频率域处理是在图像的频率范围内，对图像的变换系数进行运算，然后通过逆变换获得图像处理的效果。频率域处理把图像看成一种二维信号，对其进行基于二维傅里叶变换的信号增强，采用低通滤波法，可去掉图中的噪声；采用高通滤波法，则可增强边缘等高频信号，使模糊的图片变得清晰。以提高图像质量为目的的图像增强和复原，对于一些难以得到的图片或者在拍摄条件十分恶劣情况下得到的图片都有广泛的应用。例如，从太空中拍摄到的地球或其他星球的照片，用电子显微镜或 X 光拍摄的生物医疗图片等。无论是何种类型、何种目的的频率图像增强，处理的过程都是基本一致的，如图 3-1 所示。

在图 3-1 中，在具体进行频率域的各种处理滤波前后，进行了傅里叶变换及傅里叶逆变换。这两个变换的过程就是将空间的信息分解为在频率上的表示，或者将频率上的表示转化为在空间上的表示，两种变换是互为逆变换的。正是通过傅里叶正、逆变换的处理，才使得频率域上的处理可以用于图像的增强。

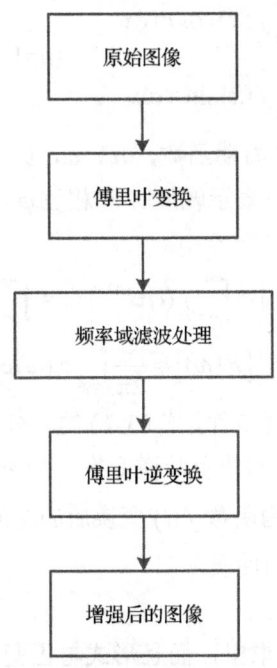

图 3-1 频率域图像增强的基本处理过程

3.2.2 傅里叶变换

傅里叶变换是实现线性系统分析的一个有力工具,无论在空间域中多么复杂的波形都可以变换到频率域中,能从空间域和频率域两个角度来考虑问题并来回切换,用适当的方法解决问题,如式(3-1)所示。傅里叶变换的应用非常广泛,在图像滤波、复原等都有应用。

傅里叶级数:

$$f(t) \xleftarrow[\text{傅里叶逆变换}]{\text{傅里叶变换}} A(f)\varphi(f) \tag{3-1}$$

在自然科学和工程技术中,时常会遇到各种周期现象,在数学上都可以用周期函数来描述。正弦函数或余弦函数是周期函数中最简单的,对其比较容易处理,如果可以将复杂的周期函数表示成简单的正弦/余弦周期函数的形式,将会给处理问题带来很大的方便。

数学家傅里叶提出了将复杂的周期函数表示为简单的正弦/余弦周期函数,即傅里叶级数。

$$f(x) = \frac{a_0}{2} + \sum_{k=1}^{\infty}(a_k \cos kx + b_k \sin kx)$$
$$a = \frac{1}{\pi}\int_{-\pi}^{\pi} f(x)\mathrm{d}x \tag{3-2}$$

$$a_n = \frac{1}{\pi}\int_{-\pi}^{\pi} f(x)\cos nx \mathrm{d}x$$
$$b_n = \frac{1}{\pi}\int_{-\pi}^{\pi} f(x)\sin nx \mathrm{d}x \quad (n=1,2,3\cdots) \quad (3\text{-}3)$$

式中，函数 $f(x)$ 是以 2π 为周期的周期函数，a_0，a_1，b_1⋯称为 $f(x)$ 的傅里叶系数。

一般在傅里叶变换中为了同时表示幅度 A 和相位 φ，可采用复数形式，则式（3-1）的傅里叶变换可以表示为

$$F(\omega)=F[f(t)]=\int_{-\infty}^{\infty}f(t)\mathrm{e}^{-\mathrm{j}2\pi ft}\mathrm{d}t=\int_{-\infty}^{\infty}f(t)\mathrm{e}^{-\mathrm{j}\omega t}\mathrm{d}t \quad (3\text{-}4)$$

$$f(t)=F^{-1}[F(\omega)]=\frac{1}{2\pi}\int_{-\infty}^{\infty}F(\omega)\mathrm{e}^{\mathrm{j}\omega t}\mathrm{d}\omega \quad (3\text{-}5)$$

如果 $f(t)$ 满足傅里叶积分定理条件，式（3-4）的积分运算则称为 $f(t)$ 的傅里叶变换，式（3-5）的积分运算则称为 $F(\omega)$ 的傅里叶逆变换。$F(\omega)$ 称为 $f(t)$ 的像函数，$f(t)$ 称为 $F(\omega)$ 的像原函数，$\mathrm{j}=\sqrt{-1}$，ω 为函数 $f(t)$ 变换后的空间频率。

傅里叶变换具有以下的特点和性质。

① 傅里叶变换属于谐波分析。

② 傅里叶变换的逆变换容易求出，而且形式与正变换非常类似。

③ 正弦基函数是微分运算的本征函数，从而使得线性微分方程的求解可以转化为常系数的代数方程的求解，在线性时不变的物理系统内，频率是一个不变的性质，从而系统对于复杂激励的响应可以通过组合其对不同频率正弦信号的响应来获取。

④ 卷积定理指出：傅里叶变换可以简化复杂的卷积运算为简单的乘积运算，从而提供了计算卷积的一种简单手段。

⑤ 离散形式的傅里叶变换可以利用数学计算机快速的算出（其算法称为快速傅里叶变换算法 FFT）。

⑥ 线性性质。两函数之和的傅里叶变换等于各自变换之和。数学描述：若函数 $f(x,y)$ 和 $g(x,y)$ 的傅里叶变换 $F(u,v)$ 和 $G(u,v)$ 都存在，α 和 β 为任意常系数，则 $F[\alpha f(x,y)+\beta g(x,y)]=\alpha F(u,v)+\beta G(u,v)$。

⑦ 频移性质。若函数 $f(x,y)$ 存在傅里叶变换，则对任意实数 ω_0，函数 $f(x,y)\mathrm{e}^{\omega_0}$ 也存在傅里叶变换，且有 $F[f(x,y)\mathrm{e}^{\omega_0}]=F[\omega_0]$。

⑧ 微分关系。函数 $f(x)$ 当 $|x|$ 趋于无穷时的极限为 0，而其导函数 $f(x)$ 的傅里叶变换存在，则 $F[f(x)]=-\mathrm{i}\omega F(f(x))$，即导函数的傅里叶变换等于原函数的傅里叶变换乘以因子 $-\mathrm{i}\omega$。更一般地，k 阶导数的傅里叶变换等于原函数的傅里叶变换乘以因子 $(-\mathrm{i}\omega)k$。

⑨ 卷积特性。若函数 $f(x)$ 及 $g(y)$ 都在 $(-\infty,+\infty)$ 上绝对可积，则卷积函数 $f\times g$ 的傅里叶变换存在，$F[f\times g]=F[f]F[g]$ 卷积性质的逆形式：$f[F(\omega)G(\omega)]=f[F(\omega)]\times f[G(\omega)]$，即两个函数乘积的傅里叶逆变换等于它们各自的傅里叶逆变换的卷积。

在图像处理领域中，常有的傅里叶变换是二维傅里叶变换，而在数字图像处理中，

图像的傅里叶变换可由二维离散傅里叶变换（DFT）完成。二维离散傅里叶变换分离性的基本思想是其可分离为二次一维的离散傅里叶变换。一个 M 行 N 列的二维图像 $f(x,y)$，先按行队列变量 y 进行一次长度为 N 的一维离散傅里叶变换，再将计算结果按列对变量 x 进行一次长度为 M 的傅里叶变换，就可以得到该图像的傅里叶变换结果：

$$F(u,v) = \frac{1}{MN}\sum_{x=0}^{M-1}\left[\sum_{y=0}^{N-1}f(x,y)e^{\frac{-j2\pi vy}{N}}\right]e^{\frac{-j2\pi ux}{M}} \quad (3\text{-}6)$$

将式（3-6）分解开来就是如下的两部分，先得到 $F(x,v)$，再由 $F(x,v)$ 得到 $F(u,v)$：

$$F(x,v) = \frac{1}{N}\sum_{y=0}^{N-1}f(x,y)e^{\frac{-j2\pi vy}{N}} \quad v=0,1,2,3,\cdots,N-1 \quad (3\text{-}7)$$

$$F(u,v) = \frac{1}{M}\sum_{y=0}^{N-1}f(x,v)e^{\frac{-j2\pi ux}{M}} \quad v=0,1,2,3,\cdots,N-1 \quad (3\text{-}8)$$

每一行有 N 个点，对每一行的一维 N 点序列进行离散傅里叶变换得到 $F(x,u)$，再对 $F(x,u)$ 按列进行 M 点的离散傅里叶变换，就可以得到二维图像 $f(x,y)$ 的离散傅里叶变换 $F(u,v)$。

同样，进行傅里叶逆变换时，先对列进行一维傅里叶逆变换，再对行进行一维傅里叶逆变换：

$$f(x,y) = \sum_{u=0}^{M-1}\left[\sum_{v=0}^{N-1}F(u,v)e^{\frac{j2\pi vy}{N}}\right]e^{\frac{j2\pi ux}{M}} \quad x=0,1,2,3,\cdots,M-1;\ y=0,1,2,3,\cdots,N-1 \quad (3\text{-}9)$$

3.2.3 频率域滤波

1. 滤波的基本原理

原始图像的二维函数被分解为不同频率的信号后，高频的信号携带了图像的细节部分信息（如图像的边界），低频的信号包含了图像的粗糙背景信息。对这些不同频率的信号进行处理，就可以实现相应加强图像的目的。例如，让低频信号加强，可以让图像细节对比加强达到锐化的效果，去掉低频就可以把细节部分剔除，仅仅得到大致轮廓的图像。

在图像增强问题中，待增强的图像一般是给定的，在利用傅里叶变换获取频谱函数后，关键是选取滤波器。若利用滤波器强化图像高频分量，则可使图像中物体轮廓清晰，细节明显，这就是高通滤波；若强化低频分量，则可减少图像中噪声影响，对图像平滑，这就是低通滤波。此外，还有其他滤波器。

2. 常用的基本滤波器

1）低通滤波器

低通滤波器是指使低频通过而使高频衰减的滤波器。被低通滤波的图像比原始图像少尖锐的细节部分，而突出平滑过渡部分；对比空间域滤波的平滑处理，如均值滤波器。

与低通滤波器对应的是高通滤波器，是使高频通过而使低频衰减的滤波器。被高通滤波的图像比原始图像少灰度级的平滑过渡,而突出边缘等细节部分;对比空间域的梯度算子、拉普拉斯算子。

低通滤波器又称"高阻滤波器",它指抑制图像频谱的高频信号而保留低频信号的一种模型(或器件)。低通滤波器起到突出背景或平滑图像的增强作用。常用的低通滤波器包括理想低通滤波器、梯形低通滤波器、Butterworth 低通滤波器、指数低通滤波器等。

低通滤波器的数学表达式:

$$G(u,v) = F(u,v)H(u,v) \tag{3-10}$$

式中,$F(u,v)$——含有噪声的原图像的傅里叶变换;

$H(u,v)$——传递函数,也称转移函数(低通滤波器);

$G(u,v)$——经过低通滤波后输出图像的傅里叶变换。

滤波后,经傅里叶逆变换可得平滑图像,即选择适当的传递函数 $H(u,v)$,对频率域低通滤波关系重大。

① 理想低通滤波器。

能够使得信号在规定范围内的频率成分完全通过,而在其他范围内的频率成分完全压制的(偶对称且零相位的)滤波器,称为理想低通滤波器或者门式滤波器。

一个理想二维低通滤波器的传递函数由下式表达:

$$H(u,v) = \begin{cases} 1 & D(u,v) \leq D_0 \\ 0 & D(u,v) > D_0 \end{cases} \tag{3-11}$$

式中,D_0 是一个规定的非负的量,称为理想低通滤波器的截止频率;$D(u,v)$ 是从点 (u,v) 到频率平面的原点($u=v=0$)的距离,即

$$D(u,v) = (u^2 + v^2)^{1/2} \tag{3-12}$$

$H(u,v)$ 对 u、v 来说,是一幅三维图形,如图 3-2(a)所示,二维视图如图 3-2(b)所示。

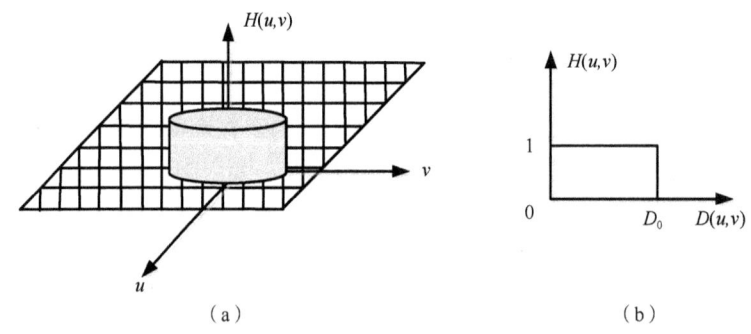

图 3-2 理想低通滤波示意图

理想滤波器是指,在以原点为圆心,截止频率 D_0 为半径的圆内的所有频率分量都能通过,而在截止频率圆外的所有频率分量完全被截止(不能通过)。

理想低通滤波器的平滑效果是明显的,但所带来的使图像模糊的现象总是存在的。

并且，随着 D_0 减小，其模糊程度将更严重。这表明，图像中的边缘信息包含在高频分量中。

② 梯形低通滤波器。

梯形低通滤波器的传递函数的表达式为

$$H(u,v) = \begin{cases} 1 & D(u,v) < D_0 \\ [D(u,v) - D_1]/(D_0 - D_1) & D_0 \leqslant D(u,v) \leqslant D_1 \\ 0 & D(u,v) > D_1 \end{cases} \quad (3\text{-}13)$$

梯度低通滤波器如图 3-3 所示，从传递函数图形可以看出，在 D_0 的尾部包含有一部分高频分量 $D_1 > D_0$。因而，结果图像的清晰度较理想低通滤波器有所改善，振铃效应也有所减弱。应用时，可调整 D_1 值，保持既能平滑噪声，又能使图像保持允许的清晰程度。

③ Butterworth 低通滤波器。

Butterworth 低通滤波器是以 Butterworth 近似函数作为滤波器的系统函数，是一种物理上可以实现的低通滤波器，简称 BW 型滤波器。Butterworth 低通滤波器的特点是通频带内的频率响应曲线最大限度平坦，没有起伏，而在阻频带则逐渐下降为零。n 阶截止频率为 D_0 的 Butterworth 低通滤波器的转移函数为

$$H(u,v) = \frac{1}{1 + [D(u,v)/D_0]^{2n}} \quad (3\text{-}14)$$

这里，D_0 的确定按如下原则：当 $H(u,v)$ 下降至原来的 1/2 时，$H(u,v)$ 值为截止频率 D_0。Butterworth 低通滤波器如图 3-4 所示。由于 $H(u,v)$ 在通过频率与滤去频率之间没有明显的不连续性（与梯形低通滤波器比较），更无阶跃或突变（与理想低通滤波器比较），而是存在一个平滑的过滤带，结果图像比梯形低通滤波器和理想低通滤波器的图像要好。

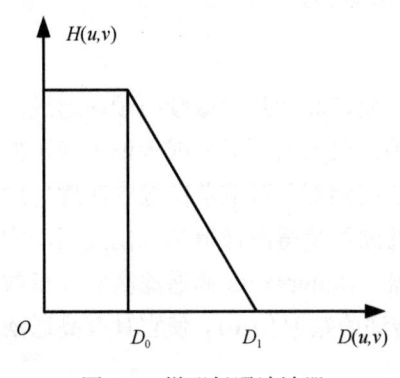

图 3-3　梯形低通滤波器

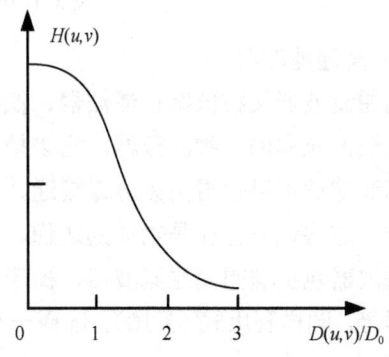

图 3-4　Butterworth 低通滤波器

④ 指数低通滤波器。

指数低通滤波器是图像处理中常用的一种平滑滤波器。其传递函数为

$$H(u,v) = e^{-\left[\frac{D(U,V)}{D_0}\right]^n} \quad (3\text{-}15)$$

指数低通滤波器如图 3-5 所示。由于它的连续性，以及从通过频率到截止频率间也

是一条光滑带，所以结果图像也无振铃效应，其平滑效果同 Butterworth 低通滤液器的平滑效果一样。

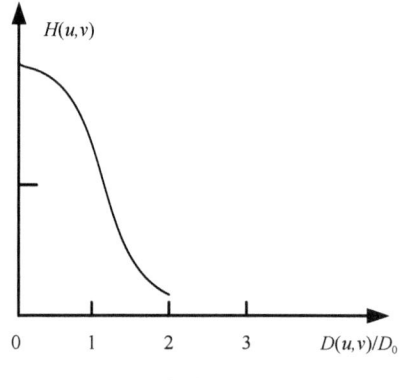

图 3-5　指数低通滤波器

图 3-6 所示为低通滤波器的效果图，图（a）为原始图像，图（b）为理想低通滤波后的图像，图（c）为 Butterworth 低通滤波后的图像。

（a）原始图像　　　　　　（b）理想低通滤波后的图像　　　　（c）Butterworth低通滤波后的图像

图 3-6　低通滤波器的效果图

2）高通滤波器

高通滤波器又称低截止滤波器、低阻滤波器，允许高于某一截频的频率通过，而大大衰减较低频率的一种滤波器。它去掉了信号中不必要的低频成分或者说去掉了低频干扰。高通滤波可以使得高频分量畅通，而频域中的高频部分对应着图像中灰度急剧变化的地方，这些地方往往是物体的边像，因此高通滤波可使得图像得到锐化处理，常用的高通滤波器包括理想高通滤波器、梯形高通滤波器、Butterworth 高通滤波器、指数高通滤波器等。同样利用式（3-10），选择一个合适的传递函数 $H(u,v)$，使它具有高通滤波特性即可。

① 理想高通滤液器。

理想高通滤波器的传递函数由下式表达：

$$H(u,v)=\begin{cases} 0 & D(u,v) \leqslant D_0 \\ 1 & D(u,v) > D_0 \end{cases} \tag{3-16}$$

式中，D_0 称为理想高通滤波器的截止频率。理想高通滤波器如图 3-7 所示，从图中可以看出，传递函数形式与低通滤波器相反，因为它把半径为 D_0 的圆域内所有低频完全衰减掉，对圆域外所有频率则无损地通过。

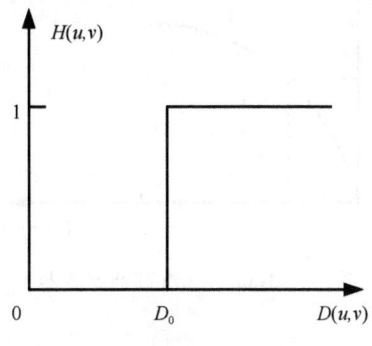

图 3-7　理想高通滤波器

② 梯形高通滤波器。

梯形高通滤波器传递函数的表达式为

$$H(u,v) = \begin{cases} 0 & D(u,v) < D_1 \\ [D(u,v) - D_1]/(D_0 - D_1) & D_1 \leqslant D(u,v) \leqslant D_0 \\ 1 & D(u,v) > D_0 \end{cases} \quad (3\text{-}17)$$

梯形高通滤波器如图 3-8 所示。D_1 和 D_0 是规定的，且假定 $D_0 > D_1$。

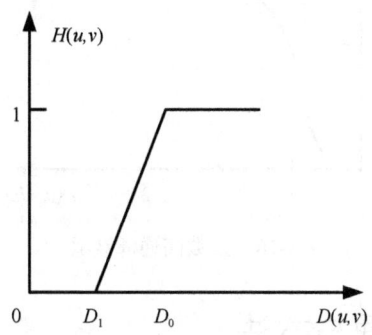

图 3-8　梯形高通滤波器

③ Butterworth 高通滤波器。

理想高通滤波器不能通过电子元器件来实现，而且存在振铃现象。在实际中最常使用的高通滤波器是 Butterworth 高通滤波器。

n 阶截止频率为 D_0 的 Butterworth 高通滤波器的转移函数为

$$H(u,v) = \frac{1}{1 + [D_0/D(u,v)]^{2n}} \quad (3\text{-}18)$$

式中，$D(u,v)$ 表示频域中点到频域平面的距离，是截止频率。当 $D(u,v)$ 大于 D_0 时，对应的 $H(u,v)$ 逐渐接近 1，从而使得高频部分得以通过；而当 $D(u,v)$ 小于 D_0 时，对应的 $H(u,v)$ 逐渐接近 0，实现低频部分过滤。Butterworth 高通滤波器如图 3-9 所示。

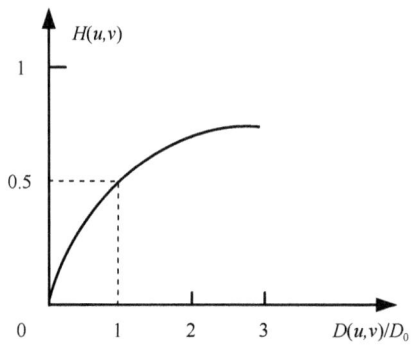

图 3-9　Butterworth 高通滤波器

④ 指数高通滤波器。

指数高通滤波器的截止频率为 D_0 的传递函数为

$$H(u,v) = e^{-\left[\frac{D_0}{D(u,v)}\right]^n} \tag{3-19}$$

指数高通滤波器如图 3-10 所示，参量 n 控制着 $H(u,v)$ 的增长率。

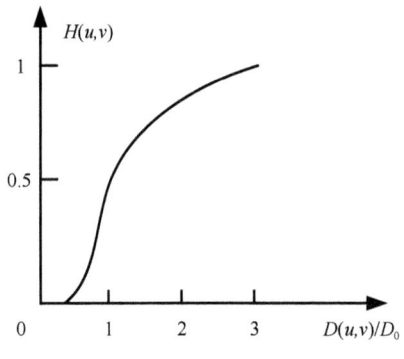

图 3-10　指数高通滤波器

3.3　灰度均衡的原理与方法

灰度均衡的目的是校正不均匀照射，通过点运算使得输入图像转化为每一灰度级上都有相同的像素点数的输出图像，即输出图像的直方图是平的。其原理为一个灰度映射函数 Gnew = F(Gold)，将原灰度直方图改造成所希望的直方图。直方图均衡化（Histogram Equalization），又称直方图平坦化，实质上是对图像进行非线性拉伸，重新分配图像象元值，使一定灰度范围内象元值的数量大致相等。这样，原来直方图中间的峰顶部分对比度得到增强，而两侧的谷底部分对比度降低，输出图像的直方图是一个较平的分段直方图。直观上可以认为，如果一幅图像其像素占有全部可能的灰度级并且分布均匀，则这样的图像有高对比度和多变的灰度色调。直方图均衡化导致图像的对比度增加。

灰度均衡的方法：

① 计算灰度直方图；
② 在直方图中找到最小和最大灰度分布 w_1、w_2；
③ 将 w_1、w_2 映射到新的灰度范围 w_3、w_4（均衡算法）。

3.3.1 图像灰度直方图

1）灰度直方图的概念

灰度直方图是关于灰度级分布的函数，是对图像中灰度级分布的统计。灰度直方图是将数字图像中的所有像素，按照灰度值的大小，统计其出现的频率。灰度直方图是灰度级的函数，它表示图像中具有某种灰度级的像素的个数，反映了图像中某种灰度出现的频率。灰度直方图是反映一幅图像中各灰度级与各灰度级像素出现的频率之间的关系，直方图操作能有效地用于图像增强，它是图像的重要特征之一，反映了图像灰度分布的情况。以灰度级为横坐标，灰度级的频率为纵坐标，绘制频率同灰度级频率的关系图就是灰度直方图。简单地说，就是把一幅图像中每一个像素出现的次数都先统计出来，然后把每一个像素出现的次数除以总像素数，得到的就是这个像素出现的频率，即 $v_i = \dfrac{n_i}{n}$（n_i 为图像中灰度为 i 的像素数，n 为图像的总像素数），把像素与该像素出现的频率用图表示出来，就是灰度直方图。

例如，如图 3-11 所示，假如说现在有一幅图像的数据为 8×8，每一个坐标点的像素值都在图中的表格中，取值为 0~7，绘制此图像的直方图。

0	1	3	2	1	3	2	1
0	5	7	6	2	5	6	7
1	6	0	6	3	5	1	2
2	6	7	5	3	2	5	0
3	2	2	7	2	4	1	6
2	2	5	6	2	7	6	0
1	2	3	2	1	2	1	2
3	1	2	3	1	2	2	1

图 3-11 图像像素分布

要画直方图的话，就需要把 0~7 中的每个数字都先统计一下，然后把每一个统计的次数都除以总像素数，也就是除以 64，得到的就是每一个像素出现的频率，即 v_0、v_1、…，然后就可以画直方图了。

$v_0 = \dfrac{5}{64}$；$v_1 = \dfrac{12}{64}$；$v_2 = \dfrac{18}{64}$；$v_3 = \dfrac{8}{64}$；$v_4 = \dfrac{1}{64}$；$v_5 = \dfrac{6}{64}$；$v_6 = \dfrac{9}{64}$；$v_7 = \dfrac{5}{64}$；

2）直方图的性质

① 灰度直方图只能反映图像的灰度分布情况，不能反映图像像素的位置信息。直方图只反映了该图像中不同灰度值出现的频率，与灰度所在的位置没有关系，即丢失了像素的位置信息。

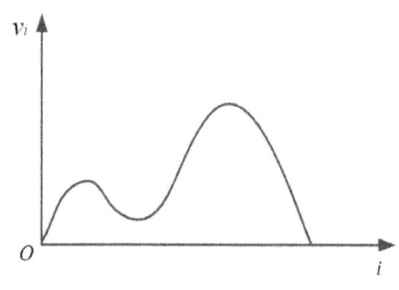

图 3-12 图像的灰度直方图

② 每一幅图像都能算出唯一一幅与之对应的直方图。但不同的图像,可能有相同的直方图。也就是说,图像和直方图之间是一种多对一的映射关系。

③ 直方图反映了图像的整体灰度分布情况。对于暗色图像,直方图的组成集中在灰度级低的一侧;相反,明亮图像的直方图则倾向于灰度级高的一侧。若一幅图像的像素占有全部可能的灰度级并且分布均匀,则这样的图像有高对比度和多变的灰度色调,对于低对比度图像,其直方图窄而集中于灰度级的中部。

④ 直方图的可叠加性。由于直方图是对具有相同灰度值的像素统计计数得到的,因此,一幅图像各子区的直方图之和等于该图全图的直方图。

⑤ 直方图具有统计特性。从直方图的定义可知,连续图像的直方图是一个连续函数,它具有可统计特性,如矩、绝对矩、中心距、绝对中心距、熵。

⑥ 直方图的动态范围。它是由计算机图像处理系统的模/数转换元件的灰度级决定的。

3)直方图的应用

(1)用于判断图像量化是否恰当。

直方图给出了一个直观的指标,用来判断数字化图像量化时是否合理地利用了全部允许的灰度范围。一般来说,数字化获取的图像应该利用全部可能的灰度级。图 3-13(a)所示为恰当量化的分布,数字化器允许的灰度许可范围[0,255]均被有效利用了;图 3-13(b)所示为未能有效利用动态范围,图中 S、E 部分的灰度级未能有效利用,灰度级数少于 256,对比度减小;图 3-13(c)中 S、E 处具有超出数字化器所能处理的范围的亮度,则这些灰度级将被简单地置为 0 或 255,亮度差别消失,相应的内容也随之失去,由此将在直方图的一端或两端产生尖峰,丢失的信息将不能恢复,除非重新数字化。可见数字化时利用直方图进行检查是一种有效的方法。直方图的快速检查可以使数字化中产生的问题及早暴露出来,以免浪费大量的时间。

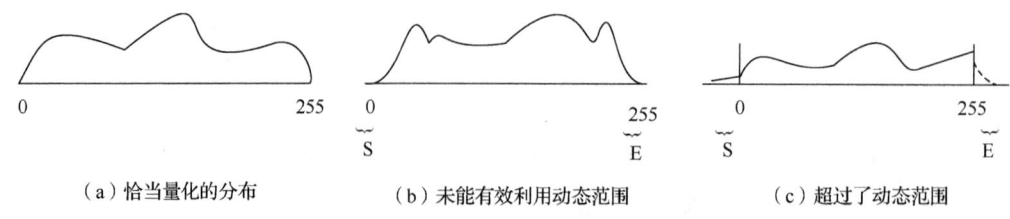

(a)恰当量化的分布　　(b)未能有效利用动态范围　　(c)超过了动态范围

图 3-13 直方图用于判断量化是否恰当

(2) 用于确定图像二值化的阈值。

选择灰度阈值对图像二值化,是图像处理中讨论较多的一个问题。假定一幅图像 $f(x,y)$ 如图 3-14 所示,其中背景为黑色,物体为灰色。背景中的黑色像素产生了直方图上的左峰,而物体中各灰度级产生了直方图上的右峰;由于物体边界像素数相对较少,从而产生了两峰之间的谷。选择谷对应的灰度作为阈值 T,利用式(3-20)对图像进行二值化处理,得到一幅二值图像 $g(x,y)$。

$$g(x,y) = \begin{cases} 0 & f(x,y) < T \\ 1 & f(x,y) \geqslant T \end{cases} \tag{3-20}$$

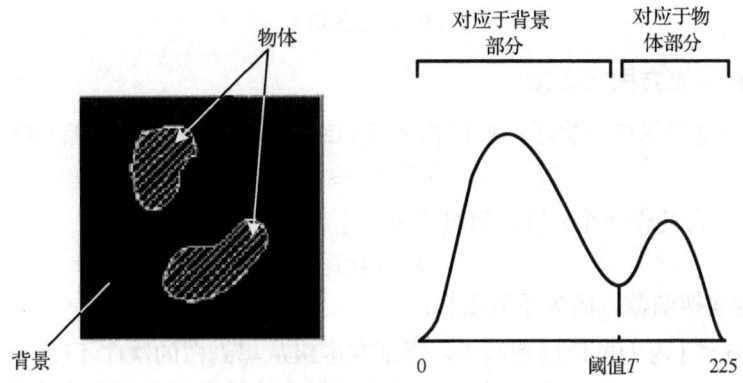

图 3-14 利用直方图选择二值化的值

(3) 用直方图统计面积。

当物体部分的灰度值比其他部分灰度值大时,可利用直方图统计图像中物体的面积。

$$A = n\sum_{i \geqslant T} v_i \tag{3-21}$$

式中,n 为图像像素总数,v_i 为图像灰度级为 i 的像素出现的频率。

(4) 计算图像信息量 H(熵)。

假设一幅数字图像的灰度范围为 $[0, L-1]$,各灰度级像素出现的概率为 P_0,P_1,P_2,…,P_{L-1},根据信息论可知,各灰度级像素具有的信息量分别为 $-\log_2 P_0$,$-\log_2 P_1$,$-\log_2 P_2$,…,$-\log_2 P_{L-1}$,则该幅图像的平均信息量(熵)为

$$H = -\sum_{i=0}^{L-1} P_i \log_2 P_i \tag{3-22}$$

熵反映了图像信息丰富的程度,它在图像编码处理中有重要意义。

3.3.2 直方图均衡化

灰度直方图反映了数字图像中每一个灰度级与其出现频率间的关系,它能描述该图像的概貌。通过修改直方图的方法增强图像是一种实用而有效的处理技术。直方图修整法包括直方图均衡化(Histogram Equalization)及直方图规定化(匹配化)(Histogram Specification)两类。

直方图均衡化（见图 3-15）是将原图像通过某种变换，得到一幅灰度直方图为均匀分布的新图像的方法。

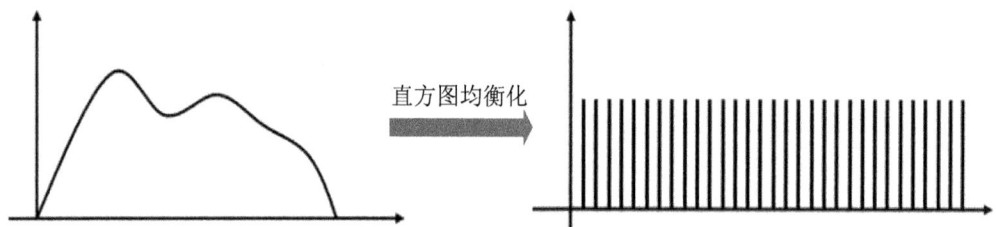

图 3-15 直方图均衡化

1. 连续图像直方图均衡化

设 r 和 s 分别表示归一化了的原图像灰度和经直方图修正后的图像灰度。即
$$0 \leqslant r, s \leqslant 1$$

在 [0,1] 区间内的任一个 r 值，都可产生一个 s 值，且
$$s = T(r)$$

$T(r)$ 作为变换函数，满足下列条件：
- 在 $0 \leqslant r \leqslant 1$ 内为单调递增函数，保证灰度级从黑到白的次序不变。
- 在 $0 \leqslant r \leqslant 1$ 内，有 $0 \leqslant T(r) \leqslant 1$，确保映射后的像素灰度在允许的范围内。

傅里叶逆变换关系为
$$r = T^{-1}(s)$$

$T^{-1}(s)$ 对 s 同样满足上述两个条件。

令 $p_r(r)$ 和 $p_s(s)$ 分别代表变换前后图像灰度级的概率密度函数，由基本概率理论得到一个基本结果。如果 $p_r(r)$ 和 $T(r)$ 已知，且 $T^{-1}(s)$ 满足上述两个条件，那么变换变量 s 的概率密度函数 $p_s(s)$ 可由以下简单公式得到：

$$p_s(s) = \frac{d}{d_s}\left[\int_{-\infty}^{r} p_r(r) \mathrm{d}r\right] = p_r \frac{d_r}{d_s} = p_r \frac{d}{d_s}\left[T^{-1}(s)\right] \tag{3-23}$$

可见，输出图像的概率密度函数可以通过变换函数 $T(r)$ 控制原图像灰度级的概率密度函数得到，因而改善原图像的灰度层次，这就是直方图修改技术的基础。

从人眼视觉特性来考虑，一幅图像的直方图如果是均匀分布的，即 $p_s(s) = k$（归一化时 $k=1$）时，则该图像色调给人的感觉比较协调。因此将原图像直方图通过 $T(r)$ 调整为均匀分布的直方图，这样修正后的图像能满足人眼视觉要求。

因为归一化假定
$$p_s(s) = 1$$

则有
$$d_s = p_r(r) d_r$$

两边积分得到
$$s = T(r) = \int_0^r p_r(r)\,\mathrm{d}r \tag{3-24}$$

式（3-24）表明，当累积直方图函数的变换函数为 r 时，能达到直方图均衡化的目的。

2. 离散图像直方图均衡化

对于离散的数字图像，用频率来代替概率，则变换函数 $T(r_k)$ 的离散形式可表示为

$$s_k = T(r_k) = \sum_{j=0}^{k} p_r(r_j) = \sum_{j=0}^{k} \frac{n_j}{n} \tag{3-25}$$

式（3-25）表明，均衡后各像素的灰度值 s_k 可直接由原图像的直方图算出，一幅图像的 s_k 与 r_k 之间的关系称为该图像的累积灰度直方图。

直方图均衡化过程（算法）：
- 列出原始直方图灰度级 r_k。
- 统计原始直方图各灰度级像素数 n_k。
- 计算原始直方图各概率为 $p_k = n_k / N$。
- 计算累计直方图为 $s_k = \sum p_k$。
- 取整 $s_k = \text{int}[(L-1)s_k + 0.5]$。
- 确定映射对应关系为 $r_k \rightarrow s_k$。
- 统计新直方图各灰度级像素 n_k'。
- 用 $p_k(s_k) = n_k' / N$ 计算新直方图。

其中 L 是灰度层次数，N 是图幅总像素数。图 3-16 所示为直方图均衡化前后对比图。

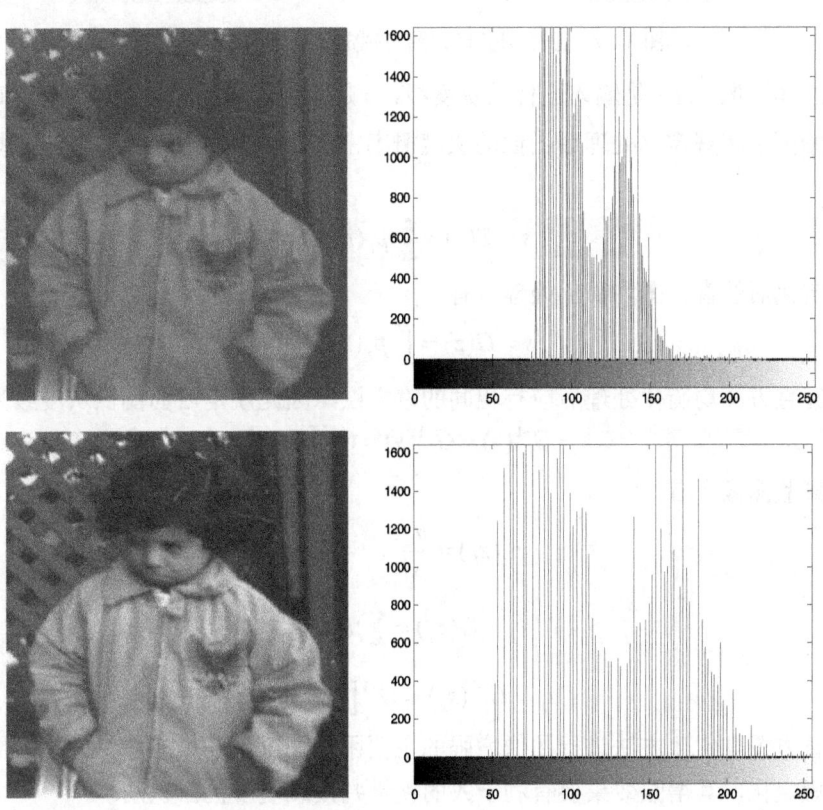

图 3-16　直方图均衡化前后对比图

3.3.3 直方图规定化（匹配化）

直方图均衡化的优点是能自动增强整个图像的对比度，但它的具体增强效果不易控制，处理的结果总是得到全局均衡化的直方图。在某些情况下，并不一定需要具有均匀直方图的图像，有时需要具有特定的直方图的图像，以便能够增强图像中某些灰度级。直方图规定化方法就是针对上述思想提出来的。直方图规定化是使原图像灰度直方图变成规定形状的直方图而对图像进行修正的增强方法。图 3-17 所示为原始图像直方图与规定化直方图的对比。

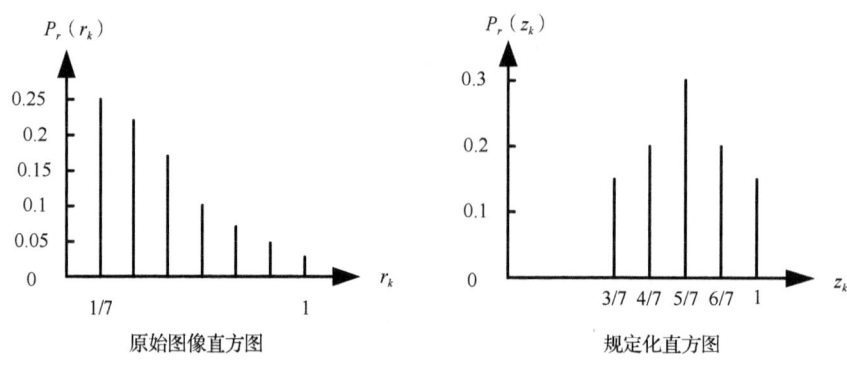

图 3-17　原始图像直方图与规定化直方图的对比

对于连续图像，设 r 是输入图像的灰度级，z 是输出图像的灰度级，$p_r(r)$ 和 $p_z(z)$ 分别代表原始图像和规定化处理后图像的灰度概率密度函数。对原始直方图进行均衡化处理，有

$$s = T(r) = \int_0^r p_r(r)\mathrm{d}r$$

对规定化后的直方图均衡化处理，有

$$s = G(z) = \int_0^r p_z(z)\mathrm{d}z$$

两者经直方图均衡化处理后应有相同的直方图，因此规定后的图像灰度级为

$$z = G^{-1}(v) = G^{-1}(s) = G^{-1}[T(r)] \tag{3-26}$$

对于离散图像，有

$$\begin{cases} p_z(z_k) = \dfrac{n_k}{N} \\ v_k = G(z_k) = \sum_{i=0}^{k} P(z_i) \end{cases}$$

$$z_k = G^{-1}(s_k) = G^{-1}[T(r_k)] \tag{3-27}$$

利用直方图规定化方法进行图像增强的主要困难在于要构成有意义的直方图。图像经直方图规定化，其增强效果要有利于人的视觉判读或便于机器识别。

3.4 边缘检测算法及其应用

人类视觉系统认识目标的过程分为两步：首先，把图像边缘与背景分离出来；其次，才能知道图像的细节，并认出图像的轮廓。计算机视觉正是模仿人类视觉的这个过程，因此在检测物体边缘时，先对其轮廓点进行粗略检测，然后通过链接规则把原来检测到的轮廓点连接起来，同时也检测和连接遗漏的边界点及去除虚假的边界点。

两个具有不同灰度的均匀图像区域的边界称为边缘，边缘不仅仅是指标和物体边界的线，还应该包括能够描绘图像特征的线元素，这些线元素就相当于素描画中的线条，图像的边缘是图像的重要特征，是计算机视觉、模式识别等的基础，因此边缘检测是图像处理中一个重要的环节；然而，边缘检测又是图像处理中的一个难题，由于实际景物图像的边缘往往是各种类型的边缘及它们模制化后结果的组合，且实际图像信号存在着噪声；噪声和边缘都属于高频信号，很难用频带进行取舍。

边缘检测算法有如下步骤。

① 滤波：边缘检测算法主要是基于图像强度的一阶和二阶导数，但导数的计算对噪声很敏感，因此必须使用滤波器来改善与噪声有关的边缘检测器的性能。需要指出，大多数滤波器在降低噪声的同时也导致了边缘强度的损失，因此，在增强边缘和降低噪声之间需要折中。

② 增强：增强边缘的基础是确定图像各点邻域强度的变化值。增强算法可以将邻域（或局部）强度值有显著变化的点突显出来。增强边缘一般是通过计算梯度幅值来完成的。

③ 检测：在图像中有许多点的梯度幅值比较大，而这些点在特定的应用领域中并不都是边缘，所以应该用某种方法来确定哪些点是边缘点。最简单的边缘检测判据是梯度幅值阈值判据。

④ 定位：如果某一应用场合要求确定边缘的位置，则边缘的位置可在子像素分辨率上进行估计，边缘的方位也可以被估计出来。

在边缘检测算法中，前3个步骤用得十分普遍。这是因为大多数场合下，仅仅需要边缘检测器指出边缘出现在图像某一像素点的附近，而没有必要指出边缘的精确位置或方向。边缘检测误差通常是指边缘误分类误差，即把假边缘判别成是边缘而保留，把真边缘判别成假边缘而去掉。

3.4.1 边缘检测

边缘检测的基本算法有很多，常见边缘检测算子：梯度算子、Roberts算子、Sobel算子、Prewitt算子、Laplacian算子、LOG算子、Canny算子、Kirsch算子、Nevitia算子，其中Roberts算子、Sobel算子、Prewitt算子是一阶导数算子，Laplacian算子、LOG算子、Canny算子是二阶导数算子，Kirsch算子（8个3×3模板）和Nevitia算子（12个5×5模板）是利用多个方向的子模板进行分别计算的。

1）梯度算子

边缘检测是检测图像局部显著变化的最基本运算。梯度是函数变化的一种度量，而一幅图像可以看成是图像强度连续函数的取样点阵列。因此，图像灰度值的显著变化可以用函数梯度的离散逼近函数来检测。

梯度对应一阶导数，对一个连续的函数 $f(x,y)$，它在位置 (x,y) 的梯度可表示为一个矢量，如下：

$$G(x,y) = \nabla f(x,y) = \begin{bmatrix} G_x G_y \end{bmatrix}^T = \begin{bmatrix} \dfrac{\partial f}{\partial x} \times \dfrac{\partial f}{\partial y} \end{bmatrix}^T \quad (3\text{-}28)$$

有两个重要的性质与梯度有关：①矢量 $G(x,y)$ 的方向就是函数 $f(x,y)$ 增大时的最大变化率方向；②梯度的幅值由下式给出：

$$\mathrm{mag}(\nabla f) = |G(x,y)| = \sqrt{G_x^2 + G_y^2} \quad (3\text{-}29)$$

由矢量分析可知，梯度的方向定义为

$$\alpha(x,y) = \arctan\left(\dfrac{G_y}{G_x}\right) \quad (3\text{-}30)$$

式中，α 角是相对 x 轴的角度。

对于数字图像，式（3-28）的导数可用差分来近似。最简单的梯度近似表达式为

$$\begin{aligned} G_x &= \nabla_x f(x,y) = f(x,y) - f(x+1,y) \\ G_y &= \nabla_y f(x,y) = f(x,y) - f(x,y+1) \end{aligned} \quad (3\text{-}31)$$

对 G_x 和 G_y，各用一个模板，所以需要 2 个模板组合起来以构成 1 个梯度算子，如图 3-18 所示。

G_x = | -1 | 1 |

G_y = | 1 |
       | -1 |

图 3-18　梯度算子

2）Roberts 算子

Roberts 算子，又称罗伯茨算子，是一种利用局部差分算子寻找边缘的算子。它采用对角线方向相邻两像素之差近似梯度幅值检测边缘。检测垂直边缘的效果好于斜向边缘，定位精度高，对噪声敏感，无法抑制噪声的影响，对具有陡峭的低噪声的图像处理效果较好。

1963 年，Roberts 提出了这种寻找边缘的算子。Roberts 边缘算子是一个 2×2 的模板，采用的是对角方向相邻的两个像素之差。图 3-19 所示为 Roberts 算子，图像中的每一个点都用这 2 个核进行卷积。由于 Roberts 算子通常会在图像边缘附近的区域内产生较宽的响应，故采用上述算子检测的边缘图像常需要进行细化处理，且边缘定位的精度不是很高。

1	0
0	-1

0	1
-1	0

图 3-19　Roberts 算子

写成差分形式：

$$\begin{cases} \nabla_x f(x,y) = f(x,y) - f(x-1,y-1) \\ \nabla_y f(x,y) = f(x-1,y) - f(x,y-1) \end{cases} \tag{3-32}$$

3）Sobel 算子

Sobel 算子，又称索贝尔算子，主要用于获得数字图像的一阶梯度，是把图像中每个像素的上下、左右 4 个邻域的灰度值加权差，在边缘处达到极值从而检测边缘。

Sobel 算子模板如图 3-20 所示，垂直方向可以检测出图像中的水平方向的边缘，后者则可以检测图像垂直方向的边缘。实际应用中，每个像素点取模板卷积的最大值作为该像素点的输出值，运算结果是一幅边缘图像。

-1	-2	-1
0	0	0
1	2	1

垂直方向

-1	0	1
-2	0	2
-1	0	1

水平方向

图 3-20 Sobel 算子模板

Sobel 算子采用的算法是先进行加权平均，然后进行微分运算，算子的计算方法如下：

$$\begin{cases} \nabla_x f(x,y) = [f(x-1,y+1) + 2f(x,y+1) + f(x+1,y+1)] - [f(x-1,y-1) + 2f(x,y-1) + f(x+1,y-1)] \\ \nabla_y f(x,y) = [f(x-1,y-1) + 2f(x-1,y) + f(x-1,y+1)] - [f(x+1,y-1) + 2f(x+1,y) + f(x+1,y+1)] \end{cases}$$

Sobel 算子对灰度渐变和噪声较多的图像处理得较好，是边缘检测器中最常用的算子之一。

如何计算边缘幅值与方向？以 Sobel 算子为例。3×3 Sobel 两个方向的算子在图像上滑动，模板与其覆盖的图像 3×3 区域的 9 个像素进行卷积，求和后得到此方向的边缘检测幅值。

$$G_x = \begin{bmatrix} -1 & 0 & 1 \\ -2 & 0 & 2 \\ -1 & 0 & 1 \end{bmatrix} \times f(x,y) \quad G_y = \begin{bmatrix} -1 & -2 & -1 \\ 0 & 0 & 0 \\ 1 & 2 & 1 \end{bmatrix} \times f(x,y) \tag{3-33}$$

$$G = \sqrt{G_x^2 + G_y^2} \tag{3-34}$$

$$\theta = \arctan\left(\frac{G_y}{G_x}\right) \tag{3-35}$$

式中，$f(x,y)$ 表示图像，G_x 和 G_y 分别是水平方向和竖直方向算子的卷积结果，则 G 是最终得到的边缘幅值，θ 的值则是边缘方向。当然计算有时可以简化为 $G = |G_x + G_y|$。

4）Prewitt 算子

Prewitt 算子是利用像素点上下、左右邻点的灰度差，在边缘处达到极值检测边缘，去掉部分伪边缘，对噪声具有平滑作用。其原理是在图像空间利用两个方向模板与图像进行邻域卷积来完成的,这两个方向模板一个检测水平边缘,一个检测垂直边缘。

Prewitt 算子和 Sobel 算子一样也是 3×3 算子模板,如图 3-21 所示。对于数字图像 $f(x,y)$,Prewitt 算子的定义如下:

$$\begin{cases} \nabla_x f(x,y) = \left[f(x+1,y+1) + f(x,y+1) + f(x-1,y+1) \right] - \left[f(x+1,y-1) + f(x,y-1) + f(x-1,y-1) \right] \\ \nabla_y f(x,y) = \left[f(x-1,y-1) + f(x-1,y) + f(x-1,y+1) \right] - \left[f(x+1,y-1) + f(x+1,y) + f(x+1,y+1) \right] \end{cases}$$

-1	-1	-1
0	0	0
1	1	1

1	0	-1
1	0	-1
1	0	-1

图 3-21 Prewitt 算子

5) Laplacian 算子

Laplacian 算子也就是拉普拉斯算子,它来自拉普拉斯变换,Laplacian 算子的数学公式为

$$\nabla^2 f(x,y) = \frac{\partial^2}{\partial x^2} f(x,y) + \frac{\partial^2}{\partial y^2} f(x,y) \quad (3-36)$$

写成差分形式为

$$\begin{cases} \nabla^2 f(x,y) = f(x+1,y) + f(x-1,y) + f(x,y+1) + f(x,y-1) - 4f(x,y) \\ \nabla^2 f(x,y) = f(x-1,y-1) + f(x,y-1) + f(x+1,y-1) + f(x-1,y) + f(x+1,y) + \\ \qquad\qquad f(x-1,y+1) + f(x,y+1) + f(x+1,y+1) - 8f(x,y) \end{cases}$$

拉普拉斯算子的模板里对应中心像素的系数应该是正的,而对应中心像素邻近像素的系数应该是负的,且它们的和为零。图 3-22 所示为拉普拉斯算子常用的 2 种模板。

0	-1	0
-1	4	-1
0	-1	0

-1	-1	-1
-1	8	-1
-1	-1	-1

图 3-22 拉普拉斯算子常用的 2 种模板

拉普拉斯算子的作用是可以确定一个像素是在一条边缘暗的一边还是亮的一边;但作为一个二阶导数算子,拉普拉斯算子对噪声比较敏感,所以很少用该算子检测边缘,而是用来判断边缘像素是位于图像的明区还是暗区。

6) LOG (Laplacian of Gaussian) 算子

二阶导数算子的弱点是对噪声十分敏感。针对这个问题的解决方法就是利用高斯滤波器滤除噪声,由此产生 LOG 算子,即高斯滤波+拉普拉斯边缘检测。它把高斯平滑滤

波器和拉普拉斯锐化滤波器结合了起来,先平滑掉噪声,再进行边缘检测,所以效果会更好。

$$G(x,y) = \frac{\partial^2 G}{\partial x^2} + \frac{\partial^2 G}{\partial y^2} = \frac{1}{\pi\sigma^2}\left(\frac{x^2+y^2}{\sigma^2}-1\right)\exp\left(-\frac{x^2+y^2}{2\sigma^2}\right) \quad (3-37)$$

式中,$G(x,y)$是对图像进行处理时选用的平滑函数(高斯函数);x,y为整数坐标;σ为高斯分布的均方差。对平滑后的图像$f_s[f_s = f(x,y) \times G(x,y)]$进行拉普拉斯变换,得

$$h(x,y) = \nabla^2 f_s(x,y) = \nabla^2[f(x,y) \times G(x,y)] = f(x,y) \times \nabla^2 G(x,y) \quad (3-38)$$

先对图像平滑,后进行拉氏变换求二阶微分,等效于把拉氏变化作用于平滑函数,得到一个兼有平滑和二阶微分作用的模板,再与原来的图像进行卷积;接下来的边缘检测判据是二阶导数零交点并对应一阶导数的较大估计边缘的位置值,然后使用线性内插方法在亚像素分辨率水平上估计边缘的位置。

常用的 LOG 算子是 5×5 的模板,如图 3-23 所示。

0	0	-1	0	0
0	-1	-2	-1	0
-1	-2	16	-2	-1
0	-1	-2	-1	0
0	0	-1	0	0

图 3-23 LOG 算子常用的模板

LOG 滤波器有以下特点:
- 通过图像平滑,消除了一切尺度小于 σ 的图像强度变化。
- 若用其他微分法,需要计算不同方向的微分,而它无方向性,因此可以节省计算量。
- LOG 滤波器定位精度高,边缘连续性好,可以提取对比度较弱的边缘点。
- LOG 滤波器也有它的缺点,当边缘的宽度小于算子宽度时,由于过零点的斜坡融合将会丢失细节。

7) Canny 算子

Canny 算子是 John F.Canny 于 1986 年开发出来的一个多级边缘检测算法。Canny 的目标是找到一个最优的边缘检测算法。其含义如下:
- 最优检测。该算法能够尽可能多地标识出图像中的实际边缘,漏检真实边缘的概率和误检非边缘的概率都要尽可能小。
- 最优定位准则。检测到的边缘点的位置距离实际边缘点的位置最近,或者是由于噪声影响引起检测到的边缘偏离物体的真实边缘的程度最小。
- 检测点与边缘点一一对应。算子检测的边缘点与实际边缘点应该是一一对应的。

Canny 算子检测边缘的方法是寻找图像梯度的局部极大值,该方法是使用两个阈值

来分别检测强边缘和弱边缘，它不易受噪声的干扰，能够检测到真正的弱边缘。Canny 算子边缘检测可以分为以下 5 个步骤：
- 应用高斯滤波来平滑图像，目的是去除噪声。
- 找寻图像的强度梯度。
- 应用非最大抑制技术来消除边误检。
- 应用双阈值的方法来确定可能的边界。
- 利用滞后技术来跟踪边界。

具体计算过程如下。

用一个准高斯函数进行平滑运算 $f_s = f(x,y) \times G(x,y)$，然后以带方向的一阶微分算子定位导数最大值。平滑后 $f_s(x,y)$ 的梯度可以使用 2×2 一阶有限差分近似式表示：

$$P[i,j] \approx (f_s[i,j+1] - f_s[i,j] + f_s[i+1,j+1] - f_s[i+1,j])/2$$
$$Q[i,j] \approx (f_s[i,j] - f_s[i+1,j] + f_s[i,j+1] - f_s[i+1,j+1])/2 \quad (3-39)$$

在这个 2×2 正方形内求有限差分的均值，便于在图像中的同一点计算 x 和 y 的偏导数梯度。幅值和方向角可用直角坐标到极坐标的坐标转化进行计算。

$$M[i,j] = \sqrt{P[i,j]^2 + Q[i,j]^2}$$
$$\theta[i,j] = \arctan(Q[i,j]/P[i,j]) \quad (3-40)$$

式中，$M[i,j]$ 反映了图像的边缘强度；$\theta[i,j]$ 反映了边缘的方向。使得 $M[i,j]$ 取得局部最大值的方向角 $\theta[i,j]$，就反映了边缘的方向。

接下来对梯度幅值进行非极大值抑制（Non-Maxima Suppression, NMS），提取出在各自的梯度方向上梯度最大的像素。

$$\xi[i,j] = \text{Sector}(\theta[i,j])$$
$$N[i,j] = \text{NMS}(M[i,j], \xi[i,j]) \quad (3-41)$$

式中，$\xi[i,j]$ 为对梯度方向的标定，按照方向角 $\theta[i,j]$ 的大小划分为 4 个范围，可分别标定为 0、1、2、3，然后对每种情况进行各自方向上的非极大值抑制，若在该方向上的邻近像素有比它大的梯度幅值时，则将该像素标定为零。

用双阈值算法检测和连接边缘。双阈值计算：

$$\tau_2 = 2\tau_1 \quad (3-42)$$

式中，τ_2 决定边缘，而 τ_1 追踪边缘断线。梯度幅值大于 τ_2 的肯定是边缘，小于 τ_1 肯定不是边缘，而在 τ_1 和 τ_2 之间的，则根据其邻近像素有没有大于高阈值的像素来决定。

利用 Canny 算子检测图像边缘的关键是选取适当的阈值，合理的高低阈值设定能检测出更多真实边缘，去除尽可能多的伪边缘。对于高阈值来说，设定过小会导致检测出的边缘中混有大量噪声，设定过大又会漏检真实边缘；对于低阈值来说，若设定过大会造成灰度值突变较小的边缘漏检。Canny 算子检测的结果比较好，它可以减少检测中边缘的中断，有利于得到比较完整的边缘。在有噪声的情况下，Canny 算子能够有效地去除噪声，因此被广泛用来和其他算法进行比较，以评价其他算法的性能。

8）Kirsch 算子

Kirsch 算子是 R.Kirsch 提出来的一种边缘检测新算法，利用一组模板分别计算在不同方向上的差分值，取其中最大的值作为边缘强度，而将与之对应的方向作为边缘方向。常用的 8 个方向 Kirsch（3×3）算子模板如图 3-24 所示，各方向间的夹角为 45°。

-5	3	3
-5	0	3
-5	3	3

3	3	3
-5	0	3
-5	-5	3

3	3	3
3	0	3
-5	-5	-5

3	3	3
3	0	-5
3	-5	-5

3	3	-5
3	0	-5
3	3	-5

3	-5	-5
3	0	-5
3	3	3

-5	-5	-5
3	0	3
3	3	3

-5	-5	3
-5	0	3
3	3	3

图 3-24　常用的 8 个方向 Kirsch 3×3 算子模板

设图像 f，模板为 $W_k(k=1,2,\cdots,8)$，则边缘强度在 (x,y) 处为

$$E(x,y) = \max_k \{W_k \cdot f\} \tag{3-43}$$

如果取最大值的绝对值为边缘强度，并用考虑最大值符号的方法来确定相应的边缘方向，则考虑各模板的对称性只要有前 4 个模板就可以了。

9）Nevitia 算子

另外一种有名的方向算子称为 Nevitia 算子，共有 12 个 5×5 的模板，其中前 6 个模板如图 3-25 所示，后 6 个可由对称性得到，各方向间的夹角为 30°，它是利用了各位值的权值调整边缘的方向。

-100	-100	0	100	100
-100	-100	0	100	100
-100	-100	0	100	100
-100	-100	0	100	100
-100	-100	0	100	100

-100	32	100	100	100
-100	-78	92	100	100
-100	-100	0	100	100
-100	-100	-92	78	100
-100	-100	-100	-32	100

100	100	100	100	100
-32	78	100	100	100
-100	-92	0	92	100
-100	-100	-100	-78	32
-100	-100	-100	-100	-100

100	100	100	100	100
100	100	100	100	100
0	0	0	0	0
-100	-100	-100	-100	-100
-100	-100	-100	-100	-100

100	100	100	100	100
100	100	100	78	32
100	92	0	-92	-100
-32	-78	-100	-100	-100
-100	-100	-100	-100	-100

100	100	100	32	-100
100	100	92	-78	-100
100	100	0	-100	-100
100	78	-92	-100	-100
100	-32	-100	-100	-100

图 3-25　Nevitia（5×5）算子的前 6 个模板

3.4.2 几种算子的比较

差分边缘检测方法是最原始、基本的方法。根据灰度迅速变化处一阶导数达到最大（阶跃边缘情况）原理，利用导数算子检测边缘。

梯度边缘检测方法利用梯度幅值在边缘处达到极值检测边缘。该方法不受施加运算方向限制，同时能获得边缘方向信息，定位精度高，但对噪声较为敏感。

Roberts 算子采用对角线方向相邻两像素之差近似梯度幅值检测边缘。检测水平和垂直边缘的效果好于斜向边缘，定位精度高，但由于不包括平滑，所以对于噪声比较敏感，对具有陡峭的低噪声的图像处理效果好。

Sobel 算子和 Prewitt 算子都是一阶导数算子。Sobel 算子根据像素点上下、左右邻点灰度加权差，在边缘处达到极值这一现象检测边缘。对灰度渐变和噪声较多的图像处理效果比较好，对噪声具有平滑作用，提供较为精确的边缘方向信息，边定位精度不够高。当对精度要求不是很高时，Sobel 算子是一种较为常用的边缘检测方法。

Prewitt 算子利用像素点上下、左右邻点灰度加权差，在边缘处达到极值检测边缘。对噪声具有平滑作用，对灰度渐变和噪声较多的图像处理效果好，但定位精度不够高。

LOG 滤波器方法通过检测二阶导数过零点来判断边缘点，是二阶导数算子，利用边缘点处二阶导数出现零交点原理检测边缘。LOG 滤波器中的 σ 正比于低通滤波器的宽度，σ 越大，平滑作用越显著，去除噪声越好，但图像的细节损失也越大，边缘精度也就越低；所以在边缘定位精度和消除噪声级间存在着矛盾，应该根据具体问题对噪声水平和边缘点定位精度要求适当选取；而且 LOG 滤波器方法不具方向性，对灰度突变敏感，定位精度高，同时对噪声敏感，且不能获得边缘方向等信息。

Canny 方法则以一阶导数为基础来判断边缘点，它是一阶传统导数中检测阶跃型边缘效果最好的算子之一，它比 Roberts 算子、Sobel 算子和 Prewitt 算子极小值算法的去噪能力都要强，不容易受噪声的干扰，能够检测到真正的弱边缘。

通过以上对经典边缘检测算子的分析和实际结果的验证，得出以下结论。

① Roberts 算子简单直观，Laplacian 算子利用二阶导数零交叉特性检测边缘。两种算子定位精度高，但受噪声影响大；Laplacian 算子只能获得边缘位置信息，不能得到边缘的方向等信息。

② Sobel 算子和 Prewitt 算子具有平滑作用，能滤除一些噪声，去掉部分伪边缘，但同时也平滑了真正的边缘，定位精度不高。Sobel 算子可提供最精确的边缘方向估计。

③ Sobel 算子和 Prewitt 算子检测斜向阶跃边缘效果较好，Roberts 算子检测水平和垂直边缘效果较好。

3.4.3 阈值分割的原理与方法汇总

前面介绍的图像增强是对整幅图像的质量进行改善，是输入/输出均为图像的处理方法，而图像分割则是更详细地研究并描述组成一幅图像的各个不同部分的特征及其相互关系，是输入为图像而输出为从这些图像中提取出来的属性的处理方法。

图像分割是图像处理与计算机视觉领域低层次视觉中最为基础和重要的领域，它是对图像进行视觉分析和模式识别的基本前提，图像分割的结果不是一幅完美的图像，而是用数字、文字、符号、几何图形或其组合表示图像的内容和特征，以及对图像景物的详尽描述和解释。

阈值是在分割时作为区分物体与背景像素的门限，大于或等于阈值的像素属于物体，而其他属于背景。这种方法对于在物体与背景之间存在明显差别（对比）的景物分割十分有效。实际上，在任何实际应用的图像处理系统中，都要用到阈值化技术。为了有效地分割物体与背景，人们发展了各种各样的阈值处理技术，包括全局阈值、自适应阈值、最佳阈值等。

3.5 图像分割

图像分割技术是计算机视觉领域的一个重要的研究方向，是图像语义理解的重要一环。图像分割是根据灰度、彩色、空间纹理、几何形状等特征，把图像划分成若干个互不相交的区域，使得这些特征在同一区域内，表现出一致性或相似性，而在不同区域间表现出明显的不同。从数学角度来看，图像分割是将图像划分成互不相交的区域的过程。简单地讲，就是在一幅图像中，把目标从背景中分离出来，以便进一步处理。图像分割是一个经典的难题，到目前为止既不存在一种通用的图像分割方法，也不存在一种判断是否分割成功的客观标准。图像分割是图像处理和计算机视觉领域低层次视觉中最为基础和重要的领域之一，它是对图像进行视觉分析和模式识别的基础和前提。图像分割的依据可以是像素的灰度值、颜色或多谱特性、空间特性和纹理特性等。图像分割是一种重要的图像技术，在理论研究和实际应用中都得到了人们的广泛重视，近些年来随着深度学习技术的逐步深入，图像分割技术有了突飞猛进的发展，与该技术相关的场景物体分割、人体前背景分割、人脸人体 Parsing、三维重建等技术已经在无人驾驶、增强现实、安防监控等行业得到广泛的应用。

图像分割是从图像处理到图像分析的关键步骤，可以说，图像分割结果的好坏直接影响对图像的理解。图像分割常用的方法如下。

1）基于阈值的分割方法

基于阈值的分割方法是一种最常用的并行区域技术，它是图像分割中应用数量最多的一类，已被应用于很多领域。例如，在红外技术应用中，红外无损检测中红外热图像的分割、红外成像跟踪系统中目标的分割；在工业生产中，机器视觉运用于产品质量检测等。

基于阈值的分割方法实际上是输入图像 f 到输出图像 g 的如下变换：

$$g(i,j) = \begin{cases} 1 & f(i,j) \geqslant T \\ 0 & f(i,j) < T \end{cases}$$

式中，T 为阈值。对于物体的图像元素，$g(i,j)=1$，对于背景的图像元素，$g(i,j)=0$。

由此可见,阈值分割算法的关键是确定阈值,如果能确定一个合适的阈值就可准确地将图像分割开来。阈值确定后,阈值与像素点的灰度值比较和像素分割可对各像素并行进行,分割的结果直接给出图像区域。阈值分割的优点是计算简单、运算效率较高、速度快。

2) 基于图像特征、空间的分割方法

常用的图像特征有颜色特征、纹理特征、形状特征、空间关系特征等。

① 颜色特征:它是一种全局特征,描述了图像或图像区域所对应景物的表面性质,一般颜色特征是基于像素点的特征,此时所有属于图像或图像区域的像素都有各自的贡献。由于颜色对图像或图像区域的方向、大小等变化不敏感,所以颜色特征不能很好地捕捉图像中对象的局部特征;另外,仅使用颜色特征查询时,如果数据库很大,则常会将许多不需要的图像也检索出来,颜色直方图是最常用的表达颜色特征的方法,其优点是不受图像旋转和平移变化的影响,进一步借助归一化还可不受图像尺度变化的影响,其缺点是没有表达出颜色空间分布的信息。

② 纹理特征:它也是一种全局特征,也描述了图像或图像区域所对应景物的表面性质,但由于纹理只是一种物体表面的特性,并不能完全反映出物体的本质属性,所以仅仅利用纹理特征是无法获得高层次图像内容的。与颜色特征不同,纹理特征不是基于像素点的特征,它需要在包含多个像素点的区域中进行统计计算。在模式匹配中,这种区域性的特征具有较大的优越性,不会由于局部的偏差而无法匹配成功。作为一种统计特征,纹理特征常具有旋转不变性,并且对于噪声有较强的抵抗能力。但是,纹理特征也有其缺点,一个很明显的缺点是当图像的分辨率变化的时候,所计算出来的纹理可能会有较大偏差。另外,由于有可能受到光照、反射情况的影响,从 2D 图像中反映出来的纹理不一定是 3D 物体表面真实的纹理。

③ 形状特征:各种基于形状特征的检索方法,都可以有效地利用图像中感兴趣的目标来进行检索,但它们也有一些共同的问题,包括目前基于形状的检索方法还缺乏比较完善的数学模型;如果目标有变形时,检索结果往往不太可靠;许多形状特征仅描述了目标局部的性质,要全面描述目标常对计算时间和存储量有较高的要求;许多形状特征所反映的目标形状信息与人的直观感觉不完全一致,或者说,特征空间的相似性与人视觉系统感受到的相似性有差别。另外,从 2D 图像中表现的 3D 物体实际上只是物体在空间某一平面的投影,从 2D 图像中反映出来的形状常不是 3D 物体真实的形状,由于视点的变化,可能会产生各种失真。

④ 空间关系特征:空间关系是指图像中分割出来的多个目标之间的相互空间位置或相对方向关系,这些关系也可分为邻接关系、重叠关系和包容关系等。空间关系特征的使用可加强对图像内容的描述区分能力,但空间关系特征常对图像或目标的旋转、反转、尺度变化等比较敏感;另外,实际应用中,仅仅利用空间信息往往是不够的,不能有效准确地表达场景信息。为了检索,除使用空间关系特征外,还要其他特征来配合。

3) 基于区域的方法(如区域生长分割法、分裂合并法、分水岭分割法等)

① 区域生长分割法:区域生长是指将成组的像素或区域发展成更大区域的过程。区

域生长的基本思想是将具有相似性质的像素集合起来构成区域。具体先对每个需要分割的区域找一个种子像素作为生长的起点，然后将种子像素周围邻域中与种子像素有相同或相似性质的像素（根据某种事先确定的生长或相似准则来判定）合并到种子像素所在的区域中。将这些新像素当作新的种子像素继续进行上面的过程，直到没有满足条件的像素被包括进来，这样一个区域就长成了，这些区域的边界通过闭合的多边形定义。区域生长分割法的关键是初始种子点的选取和生长规则的确定。算法的优点在于计算简单，对于均匀的连通目标有很好的分割效果；缺点是需要人为设定种子点，对噪声敏感，可能导致区域出现空洞。

② 分裂合并法：区域生长是从某个或者某些像素点出发的，最后得到整个区域，进而实现目标提取。分裂合并差不多是区域生长的逆过程，从整个图像出发，不断分裂得到各个子区域，然后把前景区域合并，实现目标提取。分裂合并的假设对于一幅图像来说，前景区域是由一些相互连通的像素组成的，因此，如果把一幅图像分裂到像素级，那么就可以判定该像素是否为前景像素。当所有像素点或者子区域完成判断以后，把前景区域或者像素合并就可得到前景目标。这种算法对复杂图像的分割效果较好，但算法复杂、计算量大，分裂可能破坏区域的边界。

③ 分水岭分割法：它是一种基于拓扑理论的数学形态学的分割方法，其基本思想是把图像看作是测地学上的拓扑地貌，图像中每一点像素的灰度值表示该点的海拔高度，每一个局部极小值及其影响区域称为集水盆，而集水盆的边界则形成分水岭。分水岭的分割法对微弱边缘具有良好的响应，且具有很强的边缘检测能力。正是由于其对微弱边缘的良好响应，此算法可以得到比较好的封闭连续边缘；但是同时对于图像中的噪声，物体表面细微的灰度变化，该算法也会产生"过度分割"的现象。

4）基于边缘的方法（边缘检测等）

图像的边缘是指图像局部区域亮度变化显著的部分，该区域的灰度剖面一般可以看成一个阶跃，即从一个灰度值在很小的缓冲区域内急剧变化到另一个灰度相差较大的灰度值。图像的边缘部分集中了图像的大部分信息，图像边缘的确定与提取对于整个图像场景的识别与理解是非常重要的，同时也是图像分割所依赖的重要特征。基于边缘的分割方法是指通过边缘检测，即检测灰度级或者结构具有突变的地方，确定一个区域的终结，即另一个区域开始的地方。不同的图像灰度不同，边界处一般有明显的边缘，利用此特征可以分割图像。

5）基于函数优化的方法（贝叶斯算法—Bayesian）

贝叶斯（1702—1763 年），英国数学家，在数学方面主要研究概率论。他首先将归纳推理法用于概率论基础理论，并创立了贝叶斯统计理论，对于统计决策函数、统计推断、统计估算等做出了贡献。贝叶斯决策理论方法是统计模式识别中的一个基本方法。贝叶斯决策判据，既考虑了各类参考总体出现的概率大小，又考虑了因误判造成的损失大小，判别能力强。

6）基于基因编码的分割方法

基于基因编码的分割方法是指把图像背景和目标像素用不同的基因编码表示，通过区域性的划分，把图像背景和目标分离出来的方法。该方法具有处理速度快的优点，但算法实现起来比较难。

7）基于小波变换的分割方法

小波变换是近年来得到广泛应用的数学工具，它在时域和频域都具有良好的局部化性质，并且小波变换具有多尺度特性，能够在不同尺度上对信号进行分析，因此在图像处理和分析等许多方面得到应用。

基于小波变换的分割方法的基本思想：首先由二进小波变换将图像的直方图分解为不同层次的小波系数；然后依据给定的分割准则和小波系数选择阈值门限；最后利用阈值标出图像分割的区域。整个分割过程从粗到细，由尺度变化来控制，即起始分割由粗略的L2（R）子空间上投影的直方图来实现。如果分割不理想，则利用直方图在精细的子空间上的小波系数逐步细化图像分割。分割方法的计算会与图像尺寸大小呈线性变化。

8）基于神经网络的分割方法

近年来，人工神经网络识别技术已经引起了广泛关注，并应用于图像分割。基于神经网络分割方法的基本思想：通过训练多层感知机来得到线性决策函数，然后用决策函数对像素进行分类来达到分割的目的。这种方法需要大量的训练数据。神经网络存在巨量的连接，容易引入空间信息，能较好地解决图像中噪声和不均匀问题。选择何种网络结构是这种方法要解决的主要问题。

3.5.1 阈值分割的基本概念

图像阈值分割是常见的直接对图像进行分割的算法，同时也是最简单的图像分割方法，根据图像像素的灰度值的不同而定。它利用图像中要提取的目标与背景在灰度上的差异，通过设置阈值来把像素级分成若干类，从而实现目标与背景的分离。对应单一目标图像，只需要选取一个阈值，即可将图像分为目标和背景两大类，这个称为单阈值分割；如果目标图像复杂，选取多个阈值，才能将图像中的目标区域和背景被分割成多个，这个称为多阈值分割，此时还需要区分检测结果中的图像目标，对各个图像目标区域唯一的标识进行区分。阈值分割的显著优点：成本低廉，实现简单，特别适用于目标和背景占据不同灰度级范围的图像。它不仅可以极大地压缩数据量，而且也大大简化了分析和处理步骤。

阈值分割是一种基于区域的图像分割技术，其基本原理：通过设定不同的特征值，把图像像素点分为若干类。常用的特征包括直接来自原始图像的灰度或彩色特征；由原始灰度或彩色值变换得到的特征。一般流程是通过判断图像中每一个像素点的特征属性是否满足阈值的要求，来确定图像中的该像素点是属于目标区域还是背景区域，从而将一幅灰度图像转换成二值图像。

用数学表达式来表示，设原始图像为$f(x,y)$，按照一定的准则在$f(x,y)$中找到特征值t，将图像分割为两个部分，分割后的图像表达式如下：

$$g(x,y) = \begin{cases} b_0 & f(x,y) < t \\ b_1 & f(x,y) \geq t \end{cases} \quad (3\text{-}44)$$

若取 $b_0=0$（黑），$b_1=1$（白），即通常所说的图像二值化，如图 3-26 所示。

灰度图像二值化的依据通常是直方图。直方图是不同灰度值对应的像素分布图，用二维坐标系表示，其横轴代表的是图像中的亮度，由左向右，从全黑逐渐过渡到全白，即从 0 到 255；纵轴代表的则是图像中处于这个亮度范围的像素的相对数量。

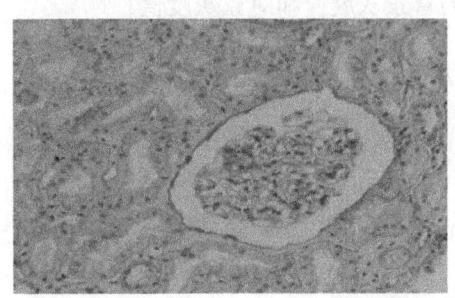 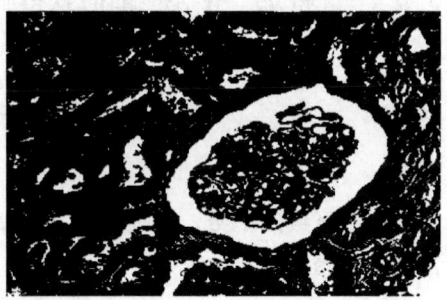

图 3-26　图像二值化

一般意义下，阈值运算可以看作是对图像中某点的灰度、该点的某种局部特性，以及该点在图像中位置的一种函数。阈值选取的依据如下。

- 仅取决于图像灰度值，与各个图像像素本身性质相关的阈值选取，称之为全局阈值，它是最简单的图像分割方法。
- 取决于图像灰度值和该点邻域的某种局部特性，即与局部区域特性相关的阈值选取，称之为局部阈值，适用于当背景不均匀或者不同区域的前景灰度有较大变化时。
- 除取决于图像灰度值和该点邻域的某种局部特性之外，还取决于空间坐标，即得到的阈值与坐标相关的阈值选取，称之为动态阈值或者自适应阈值。

3.5.2　基于点的全局阈值选取方法

全局阈值的原理是，假定物体和背景分别处于不同灰度级，图像的灰度分布曲线近似用两个正态分布概率密度函数分别代表目标和背景的直方图，出现两个分离的峰值。依据最小误差理论等准则求出两个峰间的波谷，其灰度值即分割的阈值。

1) p-tile 法

1962 年 Doyle 提出的 p-tile 法，可以说是最古老的一种阈值选取方法。一般用于灰度图像，使用条件是已知目标在背景图像中所占的面积比为 $P\%$，先得到图像的灰度直方图，然后从小到大累加，直到为 $P\%$，记录当前灰度，以它为阈值来分割图像。该方法简单高效，但是对于先验概率难以估计的图像却无能为力。

2) 迭代法

首先选取最初图像灰度值 T，把原始图像中全部像素分为前景和背景两大类，然后分别对其进行积分并将结果取平均以获取新的阈值,并按此阈值将图像分成前景和背景,如此反复迭代下去。当阈值不再发生变化,即迭代已经收敛于某个稳定的阈值时,此刻的阈值即作为最终的结果并用于图像的分割。

数学描述:

$$T_{i+1} = \frac{\mu^i_{\text{background}} + \mu^i_{\text{object}}}{2} \tag{3-45}$$

式中,$\mu^i_{\text{background}}$ 和 μ^i_{object} 分别是循环 i 次得到的背景灰度值和对象灰度值。

也可以写成

$$T_{i+1} = \frac{1}{2}\left[\frac{\sum_{k=0}^{T_i} h_k \cdot k}{\sum_{k=0}^{T_i} h_k} + \frac{\sum_{k=T_{i+1}}^{L-1} h_k \cdot k}{\sum_{k=T_{i+1}}^{L-1} h_k}\right]$$

式中,L 是灰度级的个数,h_k 是灰度值为 k 的像素点的个数,迭代一直进行到 $T_{i+1} = T_i$ 时结束,T_i 是阈值。

经试验比较,对于直方图双峰明显,谷底较深的图像,迭代方法可以较快地获得满意结果;对于直方图不明显,或图像目标和背景比例差异悬殊,迭代法所选取的阈值不如最大类间方差法。

3)直方图凹面分析法

从直观上说,图像直方图双峰之间的谷底,应该是比较合理的图像分析阈值,但是实际的直方图是离散的,往往十分粗糙、参差不齐。特别是当有噪声干扰时,有可能形成多个谷底,从而难以用既定的算法,实现对不同类型图像直方图谷底的搜索。

Rosenfeld 和 Torre 在 1983 年提出可以构造一个包含直方图 HS 的最小凸多边形 $\overline{HS}$,由集差 $HS - \overline{HS}$ 确定 HS 的凹面。若 $h(i)$ 和 $\overline{h}(i)$ 分别表示 HS 与 $\overline{HS}$ 在灰度级之处的高度,则 $\overline{h}(i) - h(i)$ 取局部极大值时所对应的灰度可以作为阈值。

但此方法仍然容易受到噪声干扰,对不同类型的图像,表现出不同的分割效果,往往容易得到假的谷底,此方法对某些只有单峰直方图的图像也可以进行分割。直方图凹面分析法示例图如图 3-27 所示。

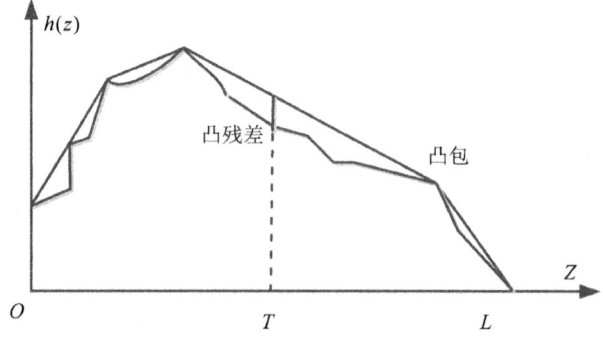

图 3-27 直方图凹面分析法示例图

4）最大类间方差法

由 Otsu 于 1978 年提出的最大类间方差法以其计算简单、稳定有效，一直被广为使用。从模式识别角度看，最佳阈值应当产生最佳的目标类与背景类的分离性能，此性能用类别方差来表征，为此引入类内方差 σ_W^2、类间方差 σ_B^2 和总体方差，并定义三个等效的测量准则如下：

$$\lambda = \frac{\sigma_B^2}{\sigma_W^2} \tag{3-46}$$

$$\kappa = \frac{\sigma_T^2}{\sigma_W^2} \tag{3-47}$$

$$\eta = \frac{\sigma_B^2}{\sigma_T^2} \tag{3-48}$$

鉴于计算量的考量，一段通过优化第三个准则获取阈值。此方法也有其缺陷，当图像中目标与背景的大小之比很小时，该方法失效。

在实际运用中，往往使用以下简化计算公式：

$$\sigma^2(T) = W_a(\mu_a - \mu)^2 + W_b(\mu_b - \mu)^2 \tag{3-49}$$

式中，σ^2 为两类间最大方差，W_a 为 A 类概率，μ_a 为 A 类平均灰度，W_b 为 B 类概率，μ_b 为 B 类平均灰度，μ 为图像总体平均灰度，即阈值 T 将图像分 A、B 两部分，使得两类总方差 $\sigma^2(T)$ 取最大值的 T，即最佳分割阈值。

5）小结

对于基于点的全局阈值选取方法，除上述几种之外，还有最大熵方法、最小误差阈值、矩量保持法、模糊集方法等。近年来有一些新的研究手段被引入阈值选取中，如人工智能、神经网络、数学形态学、小波分析与变换等。综上所述，基于点的全局阈值算法，与其他几大类方法相比，算法时间复杂度较低，易于实现，适于在线实时图像处理系统。

3.5.3 基于区域的全局阈值选取方法

基于点的全局阈值选取方法中，有一个共同的弊病，那就是它们实际上只考虑了直方图提供的灰度级信息，而忽略了图像的空间位置细节。其结果就是它们对于最佳阈值，并不是在直方图谷点的情况束手无策，通常很多图像恰恰是这种情况；完全不同的两幅图像却可以有相同的直方图，所以即使对于峰谷明显的情况，这些方法也不能保证能够得到合理的阈值，于是，诞生了很多基于空间信息的阈值化方法。

可以说，基于区域的全局阈值选取方法，是由基于点的方法，再加上考虑点邻域内像素相关性质组合而成的，所以某些方法常称为"二维 xxx 方法"。由于考虑了像素邻域的相关性质，因此对噪声有一定抑制作用。

1）二维熵阈值分割方法

一维最大熵方法的缺点是仅考虑了像素点的灰度信息，没有考虑空间信息，所有当图像的信噪比降低时，分割效果不理想。为此，在分割图像时可以考虑图像的区域信息，区域灰度特征包含了图像的部分空间信息，且对噪声的敏感程度要低于点灰度特征。综合利用图像的这两个特征就产生了二维最大熵阈值分割方法。

二维灰度直方图：灰度—邻域均值如图3-28所示，沿对角线的方向分布的A区、B区分别代表目标和背景，远离对角线分布的C区、D区分别代表边界和噪声，所以应该在A区和B区上用灰度—邻域均值二维最大阈值法确定阈值，使之分割的目标和背景的信息量最大。

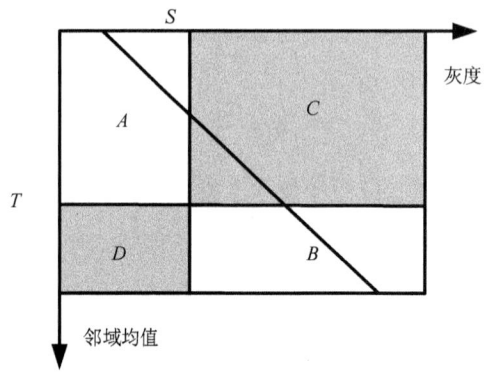

图 3-28 二维灰度直方图：灰度—邻域均值

2）简单统计法

简单统计法是一种基于简单的图像统计的阈值选取方法。使用这种方法，阈值可以直接计算得到，从而避免了分析灰度直方图，也不涉及准则函数的优化，该方法的计算公式如下：

$$T = \frac{\sum_x \sum_y e(x,y) f(x,y)}{\sum_x \sum_y e(x,y)}$$

式中，$e(x,y) = \max\{|e_x|, |e_y|\}$。

$$e_x = f(x-1,y) - f(x+1,y)$$
$$e_y = f(x,y-1) - f(x,y+1)$$

因为$e(x,y)$表征了点(x,y)邻域的性质，因此本方法也属于基于区域的全局阈值法。

3）直方图变化法

从理论上说，直方图的谷底是非常理想的分割阈值，在实际应用中，图像常常受到噪声等影响而使其直方图上原本分离的峰之间的谷底被填充，或者目标和背景的峰相距很近或者大小差不多，要检测它们的谷底就很难了。

在3.5.2节基于点的全局阈值方法中，直方图凹面分析法的缺点是容易受到噪声干扰。对不同类型的图像，表现出不同的分割效果，往往容易得到假的谷底。这是由于原始的直方图是离散的，而且含噪声，没有考虑利用像素邻域性质。

直方图变化法的基本思想是利用一些像素邻域的局部性质对原始的直方图进行变换得到一个新的直方图。对比原直方图，或者峰之间的谷底更深，或者谷转变成峰，从而更易于检测。这里的像素邻域局部性质，在很多方法中经常用的是像素的梯度值。

例如，由于目标区的像素具有一定的一致性和相关性，因此梯度值应该较小，背景区也类似，而边界区域或者噪声，就具有较大的梯度值。最简单的直方图变换方法，就是根据梯度值加权，梯度值小的像素权加大，梯度值大的像素权减小，这样，就可以使直方图的双峰更如突起，谷底更加凹陷。

4) 其他基于区域的全局阈值法

松弛法利用邻域约束条件迭代改进线性方程系统的收敛特性，当用于图像阈值化时：首先根据灰度级按概率将像素分为"亮"和"暗"两类，然后按照邻域像素的概率调整每个像素的概率，调整过程迭代进行，使得属于亮（暗）区域的像素"亮（暗）"的概率变得更大。

其他方法还利用灰度值和梯度值散射图，或者利用灰度值和平均灰度值散射图。

3.5.4 局部阈值法和多阈值法

1) 局部阈值法（动态阈值）

当图像中有如下一些情况时，如阴影、照度不均匀、各处的对比度不同、突发噪声、背景灰度变化等，如果只用一个固定的全局阈值对整幅图像进行分割，则由于不能兼顾图像各处的情况而使分割效果受到影响。有一种解决办法就是用与像素位置相关的一组值（阈值使坐标的函数）来对图像各部分分别进行分割，这种与坐标相关的阈值也叫动态阈值，此方法也叫变化阈值法，或自适应阈值法。这类算法的时间复杂性和空间复杂性比较大，但抗噪能力强，对一些用全局阈值不易分割的图像有较好的效果。

例如，原始图像如图 3-29 所示，由于硬币表面的反光及打光角度，图片存在严重的光照不均现象。

如果只选择一个全局阈值进行分割，那么将出现如图 3-30 所示的情况，如果阈值低，对亮区效果好，则暗区效果差；如果阈值高，对暗区效果好，则亮区效果差。

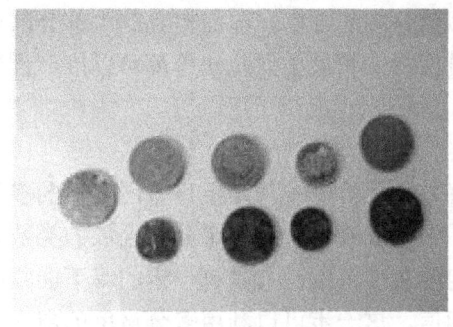

图 3-29 原始图像

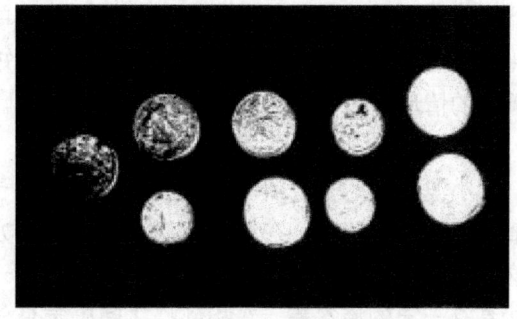

图 3-30 全局阈值分割处理的结果

若使用局部阈值，则可分别在亮区和暗区选择不同的阈值，使得整体分割效果较为理性。按区域局部阈值分割的结果如图 3-31 所示。

图 3-31 按区域局部阈值分割的结果

进一步，若每个数字都用不同的局部阈值，则可达到更理想的分割效果。以下是两种常用的局部阈值法。

(1) 阈值插值法。

首先将图像分解成系列子图，由于子图相对原图很小，所以受阴影对比度空间变化等带来的问题的影响会比较小；然后对每个子图计算一个局部阈值（此时的阈值可用任何一种固定阈值选取方法）。通过对这些子图所得到的阈值进行插值，就可以得到对原图中每个像素进行分割所需要的合理阈值。这里对应每个像素的值合起来构成的一个曲面，称为阈值曲面。

(2) 水线阈值算法。

水线（也称为分水岭或流域）阈值算法是借助地形学的概念进行操作的，这种方法近年来得到了广泛使用，该算法要操作需要掌握相关的数学形态学的理论和方法。它的基本思想：初始时，使用一个较大的阈值将两个目标分开，但目标间的间隙很大，在减小阈值的过程中，两个目标的边界会相向扩张，它们接触前所保留的最后像素集合就给出了目标间的最终边界，此时也就得到了阈值。

2) 多阈值法

很显然，如果图像中含有占据不同灰度级区域的几个目标，则需要使用多个阈值才能将它们分开。其实多域值分割，可以看作单阈值分割的推广，前面提到的大部分阈值化技术，如最大类间方差法、最大熵方法、矩量保持法和最小误差法等都可以推广到多阈值的情形，以下介绍另外几种多阈值法。

(1) 基于小波的多阈值法。

小波变换的多分辨率分析能力也可以用于直方图分析，一种基于直方图分析的多阈值选取方法思路是，在粗分辨率下，根据直方图中独立峰的个数确定分割区域的类数。这里要求独立峰应该满足三个条件：①具有一定的灰度范围；②具有一定的峰下面积；③具有一定的峰谷差。在相邻峰之间确定最佳阈值，这一步可以利用多分辨率的层次结构进行。首先在最低分辨率一层进行，然后逐渐向高层推进，直到最高分辨率，可以基于最小距离判据对在最低层选取的所有阈值逐层跟踪，最后以最高分辨率层的阈值为最佳阈值。

(2) 基于边界点的递归多阈值法。

这是一种递归的多阈值法。首先，将像素点分为边界点和非边界点两类，边界点再根据它们邻域的亮度分为较亮的边界点和较暗的边界点两类；其次用这两类边界点分别作直方图，取两个直方图中的最高峰对应的灰度级作为阈值；最后分别对灰度高于和低于此阈值的像素点进行递归，直至得到预定的阈值数。

（3）均衡对比度递归多阈值法。

对每一个可能值计算对应它的平均对比度：

$$\mu(t) = \frac{C(t)}{N(t)} \tag{3-50}$$

式中，$C(t)$ 是阈值为 t 时图像总的对比度，$N(t)$ 是阈值 t 检测到的边界点的数目。选择 $\mu(t)$ 的直方图上的峰值所对应的灰度级为最佳阈值。对于多阈值情形，首先用这种方法确定一个初始阈值，然后去掉初始阈值检测到的边界点的贡献进行一次 $\mu(t)$ 的直方图，并依据新的直方图选择下一个阈值。这一过程可以这样一直进行下去，直到任何阈值的最大平均对比度小于某个给定的限制为止。

3.5.5 分割图像的结构

通常，每个物体在被检测时应该标记一个序号。这个物体的编号可用来识别和跟踪景物中的物体。本节讨论三种对分割图像进行结构化的方法。

1）物体隶属关系图

一种保存分割信息的方法是另外生成一幅与原图大小相同的图像。在这幅图像中逐个像素地用物体隶属关系进行编码，在物体隶属关系图中，每个像素的灰度级按其在原始图像中所对应的像素所属的物体序号进行编码。例如，图像中所有属于 24 号物体的像素在隶属关系图中都将具有第 24 级灰度值。

隶属关系图技术通用性很强，但它不是一种对保存分割信息特别紧凑的方法。它需要一个附加的全尺的数字图像来描述甚至只包含一个小物体的场景。然而它是一种可以显著压缩的图像，因为它通常包含大片具有恒定灰度级的区域。

如果仅对物体的大小和形状感兴趣，则在分割后可舍弃原始图像。如果仅有一个物体或物体不需要区分，还可以进一步减少数据量。无论是哪一种情况，隶属关系图都变成了一幅二值图像。

有时对图像分割的不同需要，要求该过程对整幅图像进行多遍扫描实现。在这种多遍图像扫描的分割过程中，一个二值或多值隶属关系图，经常作为一个中间步骤。

2）边界链码

存储图像分割信息的一个更紧凑的形式是边界链码。既然边界已经定义了一个物体，就没有必要在存储内部点的位置。此外，边界链码还利用了边界是连通路径这一事实。

链码是从物体边界上任意选取的某个起始点的 (x,y) 坐标开始的，这个起始点有 8 个邻接点，其中至少有一个是边界点。边界链码规定了从当前边界点走到下一个边界点这一步骤必须采用的方向，由于有 8 种可能的方向，因此可以将它们从 0 到 7 编号。图 3-32 显示了一种可用的 8 个方向的链码方案。因此边界链码包含了起始点的坐标，以及用来确定围绕边界路径走向的链码序列。

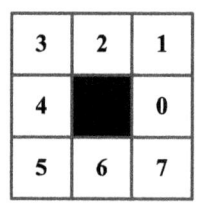

图 3-32 边界方向码

用边界链码存储一个物体的分割，只需要一个起始点的 (x,y) 坐标及每个边界点的 3bit 信息，这比物体隶属关系图所需要的存储空间少了许多。当一个复杂场景被分割时，程序可以存储每个物体的边界，其中包含物体编号、周长（边界点的数目）和链码。此外，有几种大小形状特征还可以直接从边界链码中抽取出来。

生成边界链码时，由于必须在整幅图像中跟踪边界，所以常常需要对输入图像进行随机存取。采用图像分割中的边界跟踪技术时，链码的生成是一个自然的副产品。

3）线段编码

线段编码是用来存储被抽取物体的一种逐行处理技术，类似于前文提到的行程长编码技术。这个过程可用图 3-33 所示的例子清楚地说明。假设用灰度阈值 T 来分割一幅图像，程序从顶部开始逐行检查图像，寻找灰度级大于或等于 T 的像素。

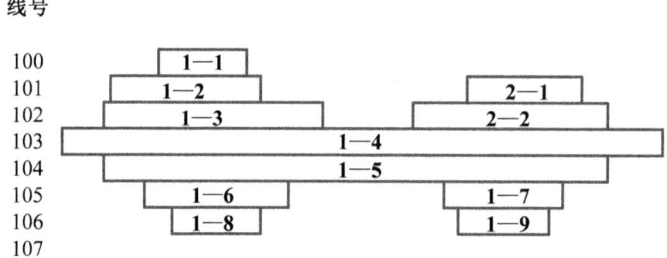

图 3-33 物体的线段

在该图中，1—1 段是第 100 号线上灰度高于或等于阈值的三个邻接像素形成的序列。1—1 段是程序所遇到的第一个物体（编号 1 的物体）的第一条线段。

在对 101 号线进行检查时，程序遇到高于阈值的两端，1—2 段和 2—1 段。由于这时很难断定这两端是否属于同一物体，所以程序假定 101 号线上的第二段为第二个物体，称为物体 2 的一部分。由于 1—2 段紧接在 1—1 段下面，程序假定这两端都是 1 号物体的一部分。

这个过程在 102 号线继续下去，但在 103 号线处仅发现一个区段，因此接着只对物体 1 编号。

在 105 号线中，程序又发现两个区段。由于它们都位于 1—5 段下面，显然都属于物体 1。在 107 号线中，1—8 段和 1—9 段下面没有发现任何区段，物体 1 的分割也完成了。在这种方法中，正是这些线段结合起来确定了被分割的物体。

3.6 几何变换

在许多应用中,并不能保证被检测物体总是处于同样的位置和方向,所以,检测算法必须能够应对这种位置的变化。图像几何变换又称为图像空间变换,是通过改变像素的位置实现的。几何变换中有缩放、平移、转置、旋转等几种处理方式。

3.6.1 图像的缩放

图像的缩放操作改变图像的大小,产生的图像中的像素可能在原图中找不到相应的像素点,这样就必须进行近似处理。一般的方法是直接赋值为与它最相似的像素值,也可以通过一些插值算法来计算。

假设图像 x 轴方向缩放比率为 f_x,y 轴方向缩放比率为 f_y,那么原图中点 (x_0, y_0) 对应新图中的点 (x_1, y_1) 的转换矩阵为

$$\begin{bmatrix} x_1 \\ y_1 \\ 1 \end{bmatrix} = \begin{bmatrix} f_x & 0 & 0 \\ 0 & f_y & 0 \\ 0 & 0 & 1 \end{bmatrix} \begin{bmatrix} x_0 \\ y_0 \\ 1 \end{bmatrix} \tag{3-51}$$

其逆运算如下:

$$\begin{bmatrix} x_0 \\ y_0 \\ 1 \end{bmatrix} = \begin{bmatrix} 1/f_x & 0 & 0 \\ 0 & 1/f_y & 0 \\ 0 & 0 & 1 \end{bmatrix} \begin{bmatrix} x_1 \\ y_1 \\ 1 \end{bmatrix} \tag{3-52}$$

即

$$\begin{cases} x_0 = x_1 / f_x \\ y_0 = y_1 / f_y \end{cases} \tag{3-53}$$

例如,当 $f_x = f_y = 0.5$ 时,图像被缩放到一半大小,此时缩小后的图像中(0,0)像素对应于原图中的(0, 0)像素;(0, 1)像素对应于原图中的(0, 2)像素;(1, 0)像素对应于原图中的(2, 0)像素,以此类推。在原图基础上,每行隔一个像素取一点,每隔一行进行操作。其实是将原图每行中的像素重复取值一遍,然后每行重复一次。

3.6.2 图像的平移

图像的平移是几何变换中最简单的变换之一。图像平移是将图像中所有的点都按照指定的平移量水平、垂直移动,如图 3-34 所示。

设 (x_0, y_0) 坐标将变为 (x_1, y_1),显然 (x_0, y_0) 和 (x_1, y_1) 的关系如下:

$$\begin{cases} x_1 = x_0 + tx \\ y_1 = y_0 + ty \end{cases} \tag{3-54}$$

用矩阵表示如下:

$$\begin{bmatrix} x_1 \\ y_1 \\ 1 \end{bmatrix} = \begin{bmatrix} 1 & 0 & tx \\ 0 & 1 & ty \\ 0 & 0 & 1 \end{bmatrix} \begin{bmatrix} x_0 \\ y_0 \\ 1 \end{bmatrix} \tag{3-55}$$

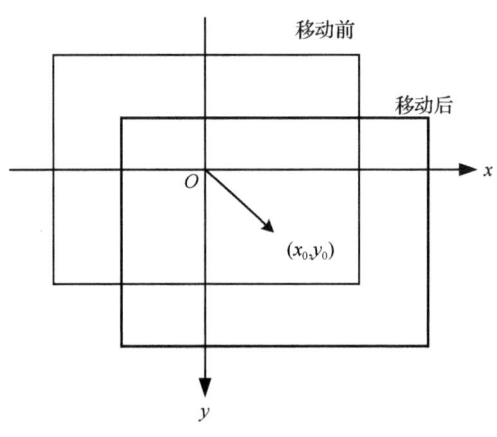

图 3-34 图像的平移

对该矩阵求逆,可以得到逆变换:

$$\begin{bmatrix} x_0 \\ y_0 \\ 1 \end{bmatrix} = \begin{bmatrix} 1 & 0 & -tx \\ 0 & 1 & -ty \\ 0 & 0 & 1 \end{bmatrix} \begin{bmatrix} x_1 \\ y_1 \\ 1 \end{bmatrix} \tag{3-56}$$

即

$$\begin{cases} x_0 = x_1 - tx \\ y_0 = y_1 - ty \end{cases} \tag{3-57}$$

这样,平移后的图像上的每一点都可以在原图像中找到对应的点。例如,对于新图中的(0,0)像素,代入上面的方程组,可以求出对应原图中的像素(-tx,-ty)。如果 tx 或 ty 大于 0,则(-tx,-ty)不在原图中。对于不在原图中的点,可以直接将它的像素值统一设置为 0 或 255(对于灰度图就是黑色或白色)。同样,若有的点不在原图中,也就说明原图中有的点被移出显示区域。如果不想丢失被移出的部分图像,则可以将新生成的图像宽度扩大$|tx|$,高度扩大$|ty|$。

3.6.3 图像的转置

图像的转置操作是将图像像素的 x 坐标和 y 坐标互换,该操作改变图像的大小,图像的高度和宽度将被互换。例如,对一个 5×3 的像素点阵进行转置变换如图 3-35 所示。

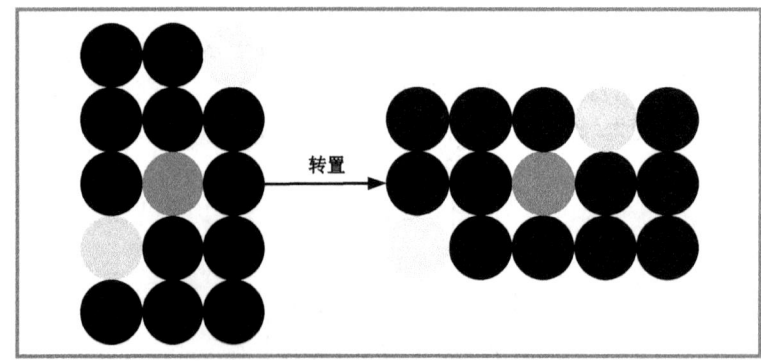

图 3-35 对 5×3 的像素点阵进行转置变换

转置表达式：

$$\begin{bmatrix} x_1 \\ y_1 \\ 1 \end{bmatrix} = \begin{bmatrix} 1 & 0 & tx \\ 0 & 1 & ty \\ 0 & 0 & 1 \end{bmatrix} \begin{bmatrix} x_0 \\ y_0 \\ 1 \end{bmatrix} \qquad (3\text{-}58)$$

它的逆矩阵表达式：

$$\begin{bmatrix} x_0 \\ y_0 \\ 1 \end{bmatrix} = \begin{bmatrix} 1 & 0 & tx \\ 0 & 1 & ty \\ 0 & 0 & 1 \end{bmatrix} \begin{bmatrix} x_1 \\ y_1 \\ 1 \end{bmatrix} \qquad (3\text{-}59)$$

即

$$\begin{cases} x_0 = x_1 \\ y_0 = y_1 \end{cases} \qquad (3\text{-}60)$$

3.6.4 图像的旋转

一般图像的旋转以图像的中心为原点，旋转一定的角度，如图 3-36 所示。旋转后，图像的大小一般会改变。与图像平移一样，既可以把转出显示区域的图像截去，也可以扩大图像范围以显示所有的图像。

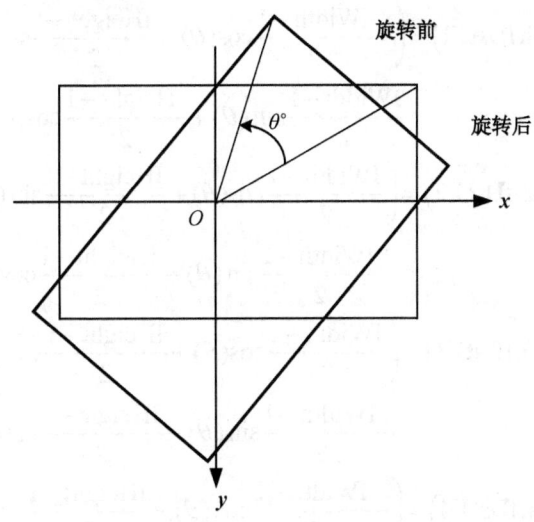

图 3-36　图像的旋转

可以推导一下旋转运算的变换公式，点 (x_0, y_0) 经过旋转 $\theta°$ 后坐标变成 (x_1, y_1)。

在旋转前：

$$\begin{cases} x_0 = \gamma \cos(\theta) \\ y_0 = \gamma \sin(\theta) \end{cases} \qquad (3\text{-}61)$$

转置后：

$$\begin{cases} x_1 = \gamma \cos(\alpha - \theta) = \gamma \cos(\alpha)\cos(\theta) + \gamma \sin(\alpha)\sin(\theta) = x_0 \cos(\theta) + y_0 \sin(\theta) \\ y_1 = \gamma \sin(\alpha - \theta) = \gamma \sin(\alpha)\cos(\theta) - \gamma \cos(\alpha)\sin(\theta) = -x_0 \sin(\theta) + y_0 \cos(\theta) \end{cases} \qquad (3\text{-}62)$$

写成矩阵表达式为

$$\begin{bmatrix} x_1 \\ y_1 \\ 1 \end{bmatrix} = \begin{bmatrix} \cos(\theta) & \sin(\theta) & 0 \\ -\sin(\theta) & \cos(\theta) & 0 \\ 0 & 0 & 1 \end{bmatrix} \begin{bmatrix} x_0 \\ y_0 \\ 1 \end{bmatrix} \tag{3-63}$$

其逆运算如下：

$$\begin{bmatrix} x_0 \\ y_0 \\ 1 \end{bmatrix} = \begin{bmatrix} \cos(\theta) & -\sin(\theta) & 0 \\ \sin(\theta) & \cos(\theta) & 0 \\ 0 & 0 & 1 \end{bmatrix} \begin{bmatrix} x_1 \\ y_1 \\ 1 \end{bmatrix} \tag{3-64}$$

有了上面的转换公式，就可以非常方便地编写出实现图像旋转的函数。首先应计算出公式中需要的几个参数：a、b、c、d 和旋转后新图像的高度、宽度。现在已知的图像原始宽度为 IWidth，高度为 IHeight，以图像中心为坐标系原点，则原始图像 4 个点的坐标分别是 $\left(-\dfrac{\text{IWidth}-1}{2}, \dfrac{\text{IHeight}-1}{2}\right)$、$\left(\dfrac{\text{IWidth}-1}{2}, \dfrac{\text{IHeight}-1}{2}\right)$、$\left(\dfrac{\text{IWidth}-1}{2}, -\dfrac{\text{IHeight}-1}{2}\right)$ 和 $\left(-\dfrac{\text{IWidth}-1}{2}, -\dfrac{\text{IHeight}-1}{2}\right)$。

按照旋转公式，在旋转后的新图中，这 4 个点坐标为

$$\begin{aligned}
(\text{fDst}X1, \text{fDst}Y1) &= \left(-\dfrac{\text{IWidth}-1}{2}\cos(\theta) + \dfrac{\text{IHeight}-1}{2}\sin(\theta),\right.\\
&\quad\left. \dfrac{\text{IWidth}-1}{2}\sin(\theta) + \dfrac{\text{IHeight}-1}{2}\cos(\theta)\right) \\
(\text{fDst}X2, \text{fDst}Y2) &= \left(\dfrac{\text{IWidth}-1}{2}\cos(\theta) + \dfrac{\text{IHeight}-1}{2}\sin(\theta),\right.\\
&\quad\left. -\dfrac{\text{IWidth}-1}{2}\sin(\theta) + \dfrac{\text{IHeight}-1}{2}\cos(\theta)\right) \\
(\text{fDst}X3, \text{fDst}Y3) &= \left(\dfrac{\text{IWidth}-1}{2}\cos(\theta) + \dfrac{\text{IHeight}-1}{2}\sin(\theta),\right.\\
&\quad\left. -\dfrac{\text{IWidth}-1}{2}\sin(\theta) - \dfrac{\text{IHeight}-1}{2}\cos(\theta)\right) \\
(\text{fDst}X4, \text{fDst}Y4) &= \left(-\dfrac{\text{IWidth}-1}{2}\cos(\theta) - \dfrac{\text{IHeight}-1}{2}\sin(\theta),\right.\\
&\quad\left. \dfrac{\text{IWidth}-1}{2}\sin(\theta) - \dfrac{\text{IHeight}-1}{2}\cos(\theta)\right)
\end{aligned} \tag{3-65}$$

则新图像的宽度 INewWidth 和高度 INewHeight 为

$$\text{INewWidth} = \max\left(|\text{fDst}X4 - \text{fDst}X1|, |\text{fDst}X3 - \text{fDst}X2|\right) \tag{3-66}$$

$$\text{INewHeight} = \max\left(|\text{fDst}Y4 - \text{fDst}Y1|, |\text{fDst}X3 - \text{fDst}Y2|\right) \tag{3-67}$$

令 $\begin{cases} f_1 = -c\cos(\theta) - d\sin(\theta) + a \\ f_2 = c\sin(\theta) - d\cos(\theta) + b \end{cases}$，

其中 $a = \dfrac{\text{IWidth} - 1}{2}$，$b = \dfrac{\text{IHeight} - 1}{2}$，$c = \dfrac{\text{INewWidth} - 1}{2}$，$d = \dfrac{\text{INewHeight} - 1}{2}$，则

$$\begin{cases} x_0 = x_1 \cos(\theta) + y_1 \sin(\theta) + f_1 \\ y_0 = -x_1 \sin(\theta) + y_1 \cos(\theta) + f_2 \end{cases} \tag{3-68}$$

3.6.5 图像的复杂变形

组合上述的缩放、平移、转置、旋转，就可以实现各种各样的变形。到目前为止，所说明的方法都是以原点为中心进行的变形，而以任意点为中心旋转、放大缩小也是可以的。例如，以(x_0, y_0)为中心旋转，如图 3-37 所示，首先平移$(-x_0, -y_0)$，使(x_0, y_0)回到原点后，旋转$\theta°$，最后平移(x_0, y_0)就可以了。

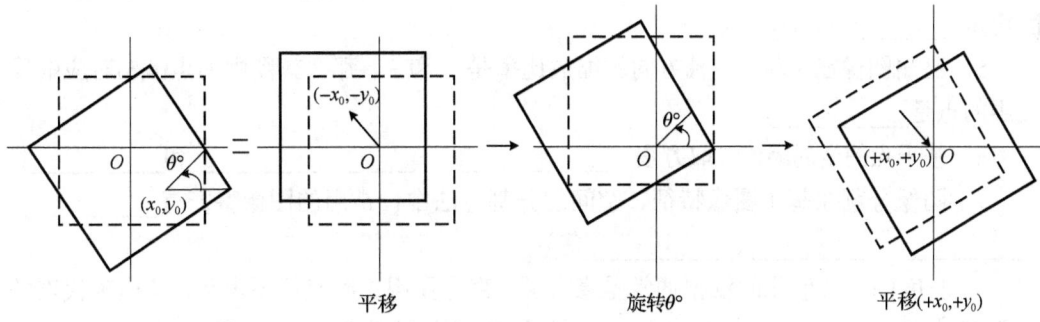

图 3-37 以(x_0, y_0)为中心旋转

用这种方法，在处理过程中，为了计算像素的灰度值，需要不断地计算地址和存取像素，所以要耗费很多时间。为了节省时间，可以用下面公式集中计算地址。

$$\begin{aligned} X &= (x - x_0)\cos\theta + (y - y_0)\sin\theta + x_0 \\ Y &= -(x - x_0)\sin\theta + (y - y_0)\cos\theta + y_0 \end{aligned} \tag{3-69}$$

逆变换公式如下所示：

$$\begin{aligned} x &= (X - x_0)\cos\theta - (Y - y_0)\sin\theta + x_0 \\ y &= (X - x_0)\sin\theta + (Y - y_0)\cos\theta + y_0 \end{aligned} \tag{3-70}$$

集中计算完地址后，读取一次像素，即可计算出变换结果的灰度值。这种几何变换被称为二维放射变换（two dimensional affine transformation）。二维放射变换的一般表示公式如下：

$$\begin{aligned} X &= ax + by + c \\ Y &= dx + ey + f \end{aligned} \tag{3-71}$$

逆变换公式如下：

$$\begin{aligned} x &= AX + BY + C \\ y &= DX + EY + F \end{aligned} \tag{3-72}$$

课后习题 3

一、填空题

1. 图像处理的基本算法包括：_____、_____、_____、_____、特征提取等。

2. 图像预处理是将每一个文字图像分检出来交给识别模块识别的过程，一般的预处理流程：_____→_____→_____。

3. 基于空间域的增强方法是一种直接图像增强算法，分为点运算算法和邻域去噪算法。点运算算法即_____和_____。

4. 灰度图像像素的最大值是_____，颜色是_____，最小值是_____，颜色是_____。

5. 已知图像在 x 轴、y 轴方向的缩放比率是 2 和 3，那么新图中的点(4,3)对应的原图中的点是_____。

6. 基于点的全局阈值选取方法_____、_____、_____和_____。

7. 图像分割在基于图像特征、空间的分割方法中，常用的图像特征有_____、_____、_____、_____等。

8. 灰度图像二值化的依据通常是直方图。直方图用二维坐标系表示，其横轴代表的是图像中的_____，由左向右，从全黑逐渐过渡到全白，即从_____到_____；纵轴代表的则是图像中处于这个亮度范围的像素的相对数量。

二、简答题

1. 简述基于阈值的目标提取方法。
2. 简述边缘检测几种算子的优缺点。
3. 简述频率图像增强的基本步骤。

第 4 章　In-Sight Explorer 视觉软件——EasyBuilder 功能

In-Sight Explorer 是康耐视（COGNEX）公司提供的一款视觉软件，它可以对视觉相机采集到的图像或者未连接设备状态下导入的图片进行仿真。相较于其他的视觉系统，In-Sight Explorer 视觉系统包含有高级视觉工具库，具有高速图像读取和处理功能。最主要的是，它不使用传统编程环境，界面简单方便，易于完成操作。

In-Sight Explorer 的仿真操作界面主要分为两个部分，一个是 EasyBuilder 界面，一个是电子表格（Spreadsheet）界面，它类似于 Excel 的格式。在康耐视的官网中为我们提供了不同版本的 In-Sight Explorer，读者可以自行选择版本下载。

4.1　In-Sight Explorer 软件安装

下面以其中视觉软件 Cognex In-Sight Software 5.6.1 为例介绍一下软件的安装过程。

安装操作界面	操作及说明
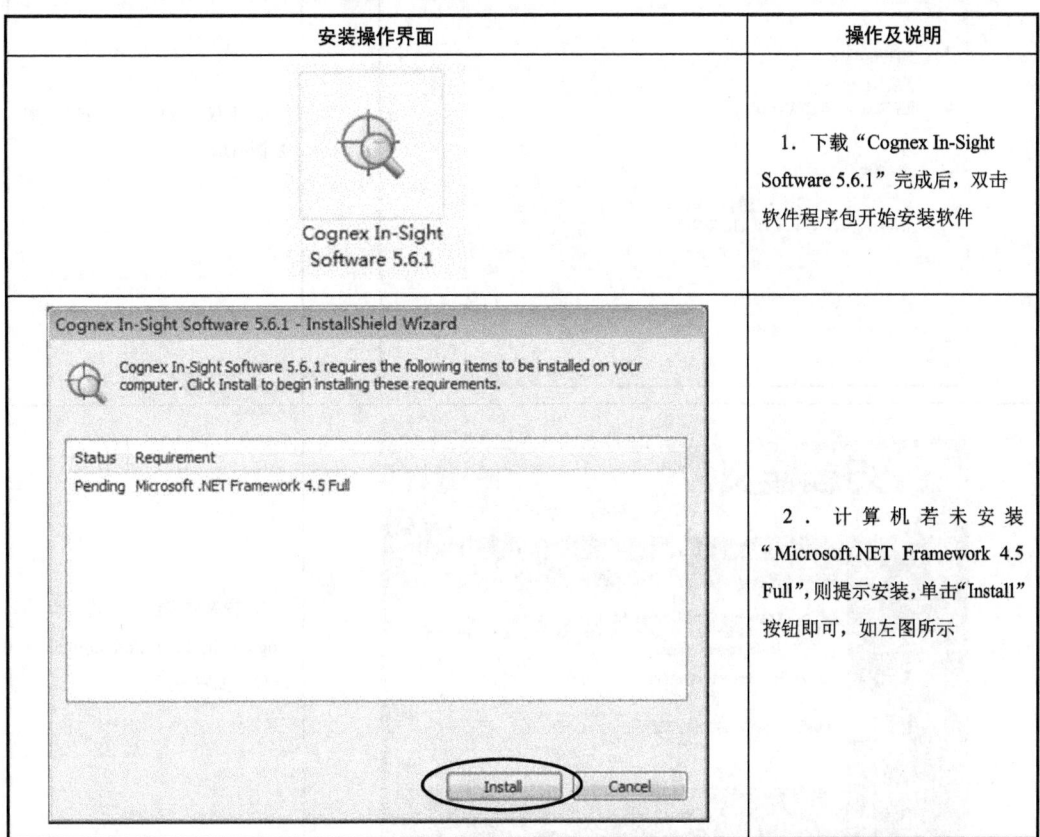	1．下载"Cognex In-Sight Software 5.6.1"完成后，双击软件程序包开始安装软件
	2．计算机若未安装"Microsoft.NET Framework 4.5 Full"，则提示安装，单击"Install"按钮即可，如左图所示

续表

安装操作界面	操作及说明
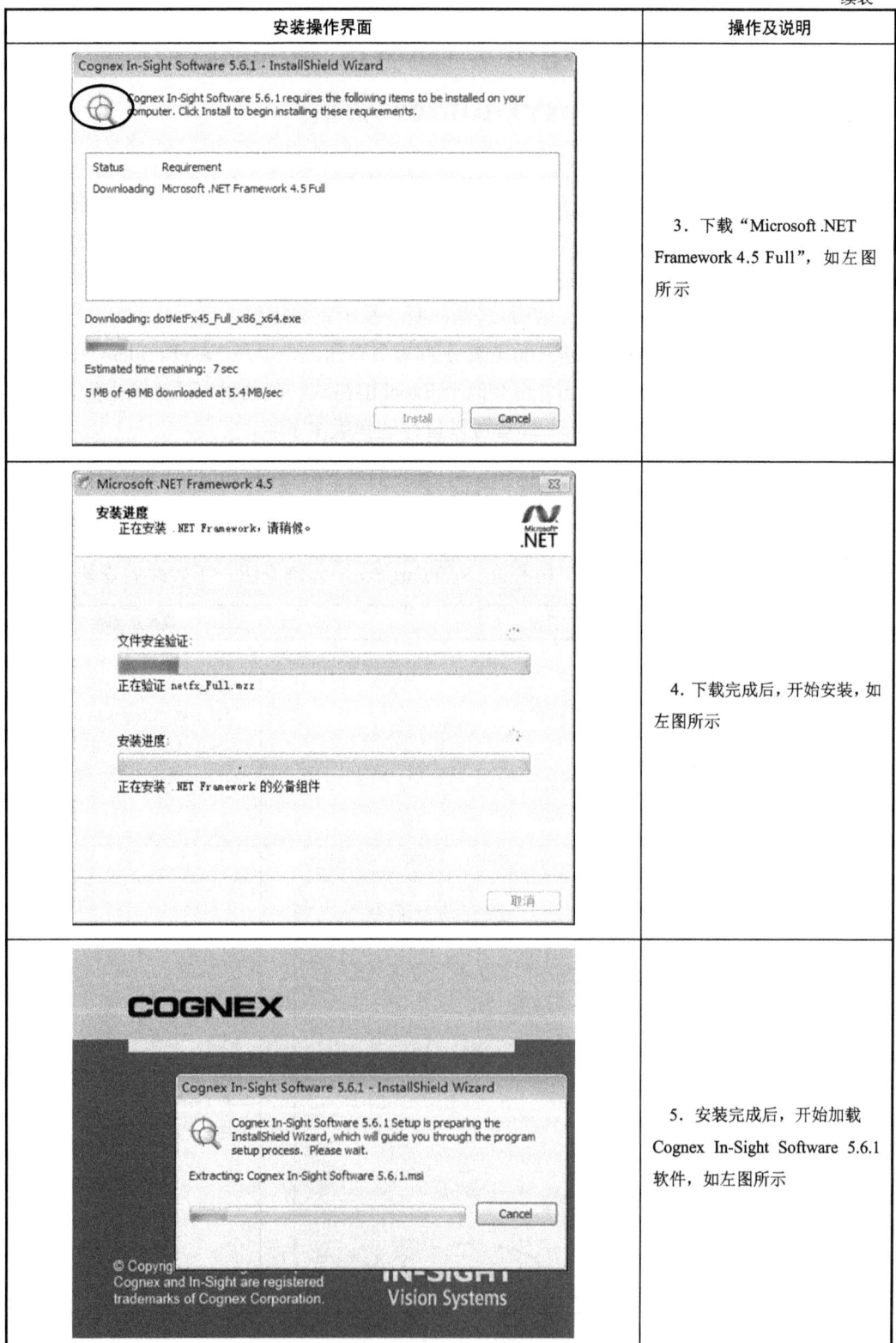	3．下载"Microsoft .NET Framework 4.5 Full"，如左图所示
	4．下载完成后，开始安装，如左图所示
	5．安装完成后，开始加载 Cognex In-Sight Software 5.6.1 软件，如左图所示

第 4 章　In-Sight Explorer 视觉软件——EasyBuilder 功能

续表

安装操作界面	操作及说明
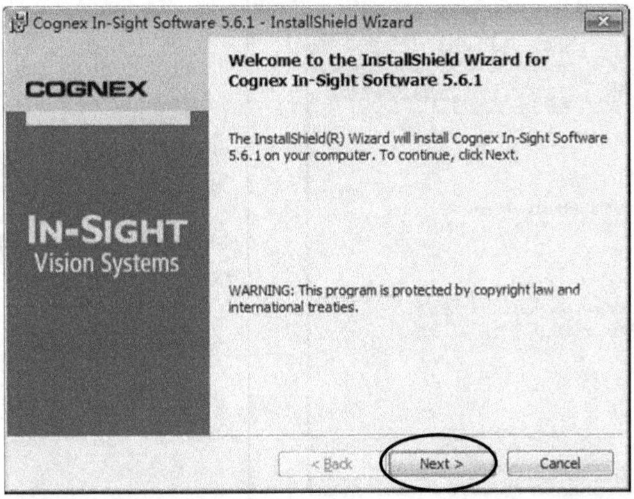	6. 单击"Next"按钮，开始安装 Cognex In-Sight Software 5.6.1，如左图所示
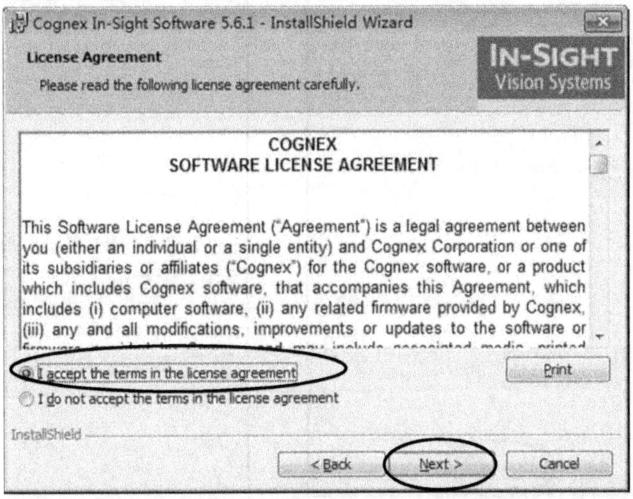	7. 选择"I accept the terms in the license agreement"，单击"Next"按钮，如左图所示
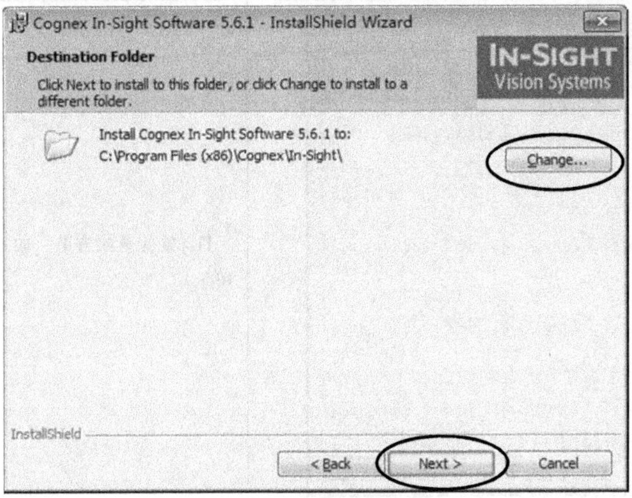	8. 选择软件安装路径，默认为 C 盘，单击"Next"按钮

续表

安装操作界面	操作及说明
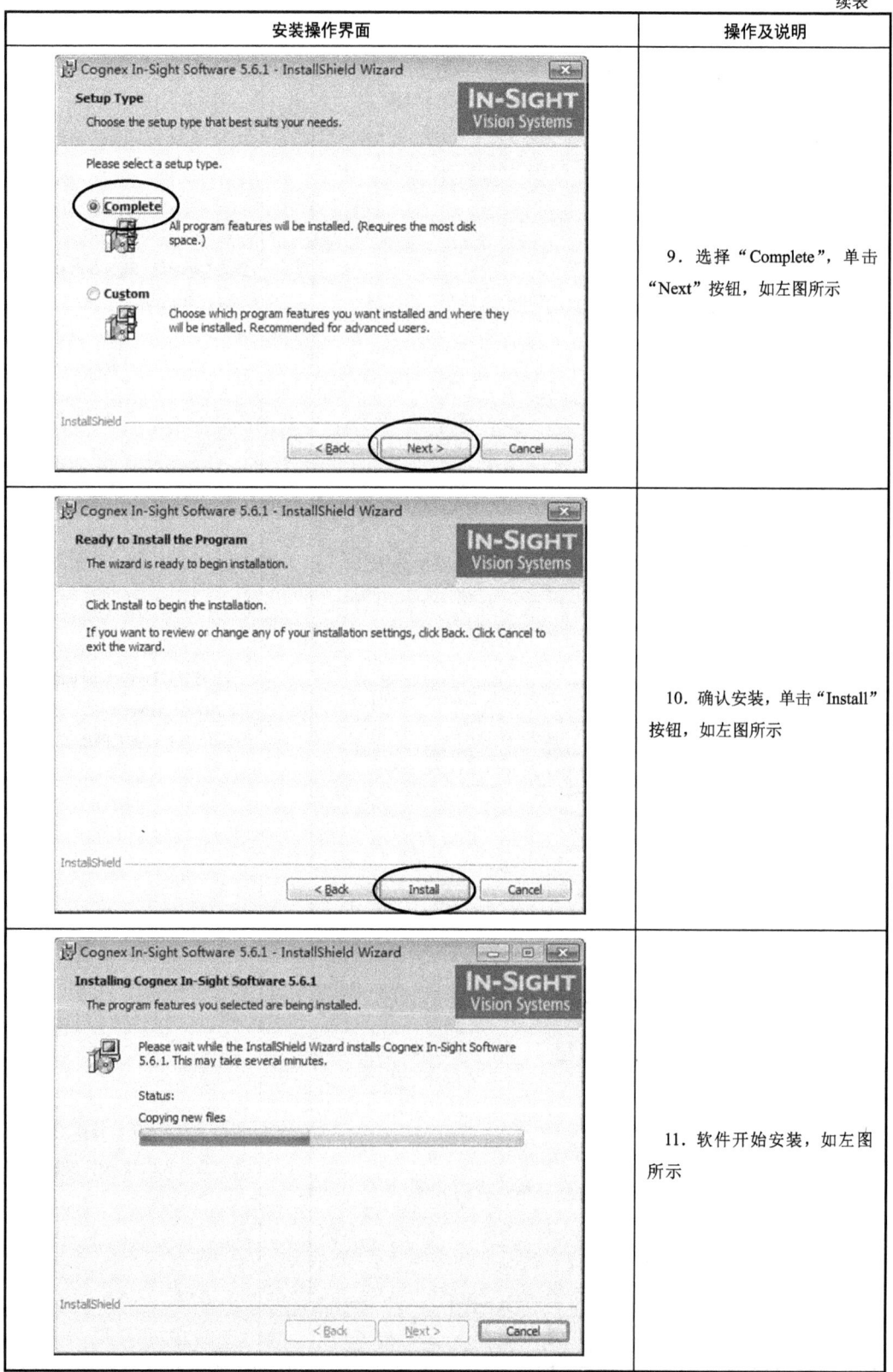	9．选择"Complete"，单击"Next"按钮，如左图所示
	10．确认安装，单击"Install"按钮，如左图所示
	11．软件开始安装，如左图所示

续表

安装操作界面	操作及说明
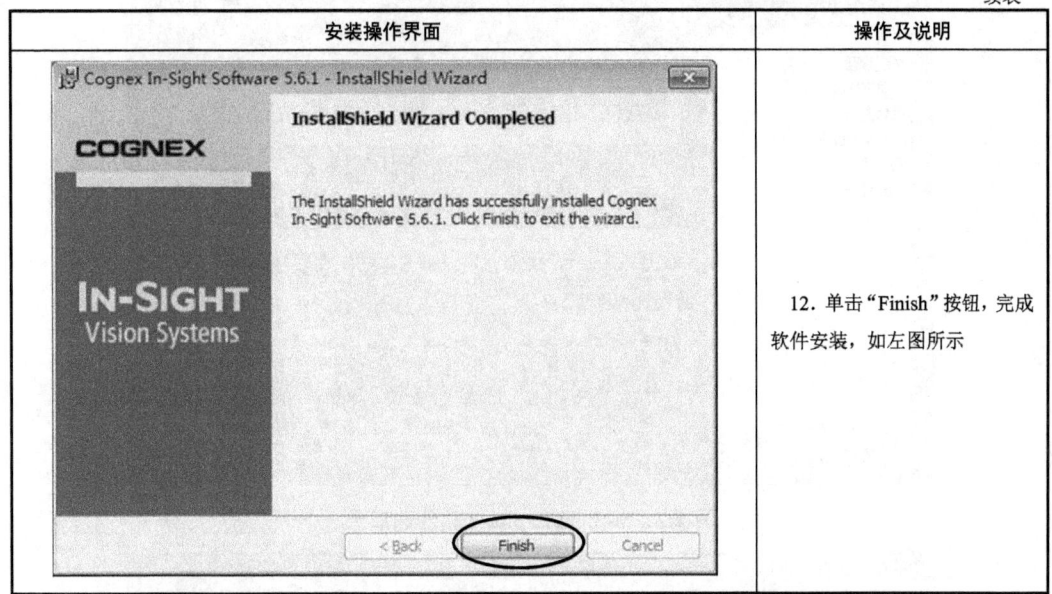	12. 单击"Finish"按钮，完成软件安装，如左图所示

软件安装完毕之后，单击软件图标，启动 In-Sight Explorer 视觉软件，初次启动界面中除了出现菜单栏，其余部分都处于灰色状态，无任何选项，表示视觉软件未被激活。In-Sight Explorer 启动界面如图 4-1 所示。

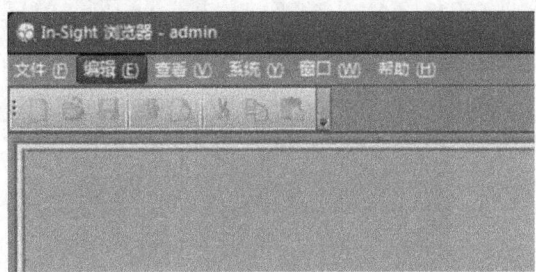

图 4-1　In-Sight Explorer 启动界面

在菜单栏中选择"系统"，在"系统"下拉菜单列表中选择"选项"，这时会弹出"选项"的选项卡，如图 4-2 所示，在"注册"下显示两部分内容，一是脱机编程引用，二是脱机编程密钥，而脱机编程密钥部分显示"00000000"，并后面跟着一个感叹号，表示我们未输入密钥来激活视觉软件仿真功能。

要想获取密钥来激活 In-Sight Explorer 视觉软件的仿真功能，需要通过浏览器进入康耐视官网（网址：http://www.cognex.cn/），单击"支持→In-Sight 支持"按钮，选择"In-Sight 模拟器软件密钥"选项，获取登录激活密钥。

将获取的离线编程密钥输入到软件中，单击"确定"按钮，即可成功激活软件，激活成功界面如图 4-3 所示，再单击"确定"按钮，就成功地启动了脱机编程，重新启动软件后就可以正常使用了。

图 4-2　In-Sight Explorer 软件选项卡

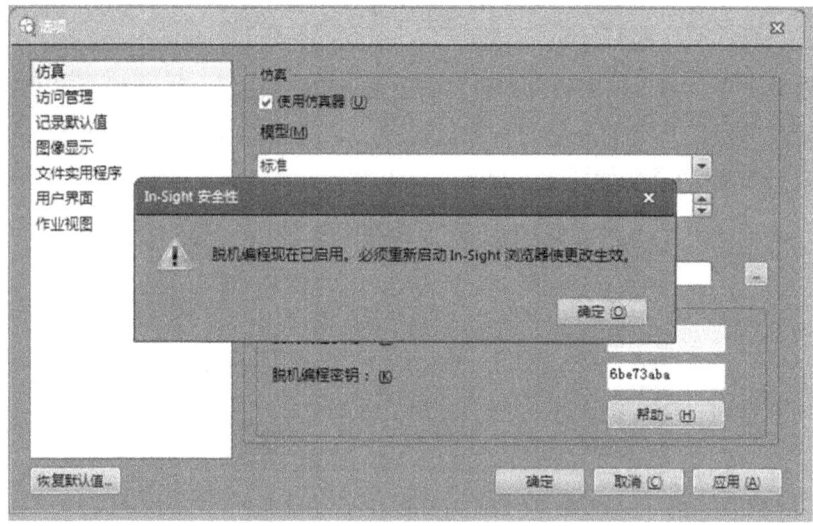

图 4-3　激活成功界面

4.2　EasyBuilder 界面介绍

软件激活后，重启软件会显示 EasyBuilder 界面，它主要包括菜单栏、图像操作栏、操作步骤区、显示区、参数编辑区等几大部分组成，如图 4-4 所示。

（1）菜单栏：主要包括文件、编辑、查看、图像、传感器、系统、窗口、帮助菜单。其中文件下拉菜单列表中包括文件的新建、打开、保存、图片的打开、另存及打印的相关基础操作。图像下拉菜单列表中包括撤销、恢复、剪切、复制、粘贴、删除等。查看下拉菜单列表中有一个"电子表格"选项，如图 4-5 所示，它用于 EasyBuilder 界面和电子表格之间相互切换。

第 4 章　In-Sight Explorer 视觉软件——EasyBuilder 功能

图 4-4　In-Sight EasyBuilder 界面

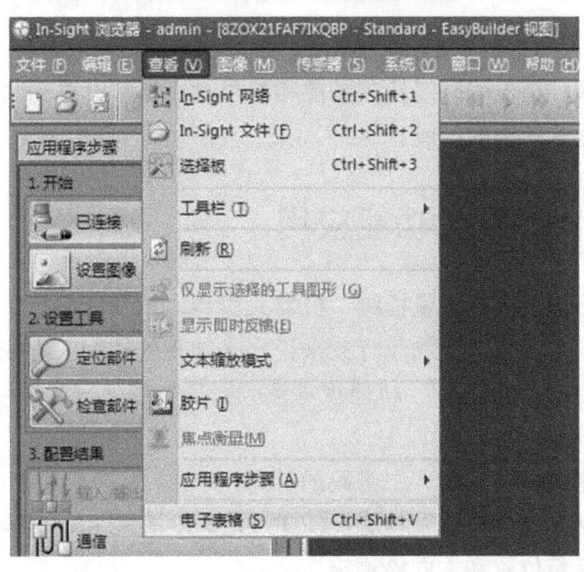

图 4-5　查看下拉菜单

（2）图像操作栏（见图 4-6）：主要是对图像进行快捷操作，包括切换加载图片、打开回放文件夹、对图像进行操作等功能。

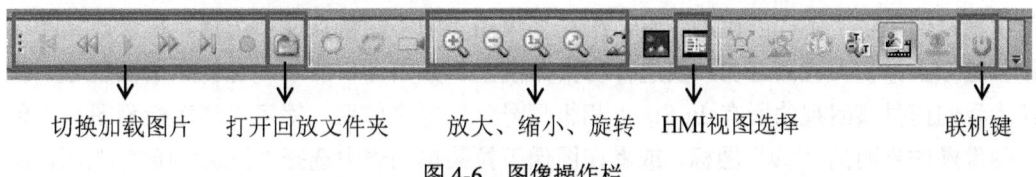

图 4-6　图像操作栏

（3）操作步骤区：主要是对图像从采集、添加检测工具、运行作业进行相关操作的区域。例如，单击设置图像，可以编辑采集设置，设置触发器间隔、曝光时间等，如图4-7所示。检查部件可以添加需要的检查工具等。

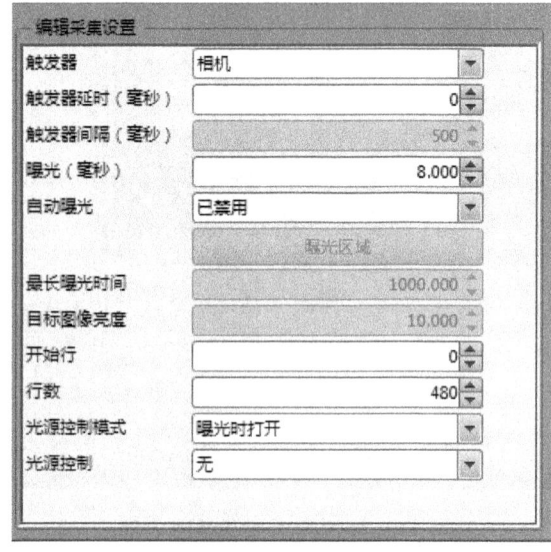

图4-7　编辑采集设置

（4）参数编辑区：在检测时对检测图像和要求进行参数设置的区域。

（5）显示区：显示图像的区域。

4.3　EasyBuilder视觉功能应用

机器视觉主要可用于产品测量检测、机器人引导、识别应用等，大大提高了生产的柔性和自动化程度。尤其是对于物流行业来说，必须有效控制人力成本，机器视觉技术的发展可以说是开启了"新视界"。机器视觉按应用功能划分，主要包括测量、检测、识别、定位四大功能。

- 识别主要是指标准一维码、二维码的解码。
- 检测主要包括光学字符识别检测（OCR/OCV）、色彩和瑕疵检测、零件或部件的有无检测、目标位置和方向检测等。
- 测量主要是零件尺寸和容量检测、预设标记的测量等。
- 定位主要是用于输出空间坐标引导机械人精确定位。

对于视觉系统的以上功能都可以通过In-Sight Explorer视觉软件进行仿真，在软件中为我们提供了不同的检测工具，根据采集图片的不同特点进行选择。在未连接相机设备进行虚拟仿真检测之前，要选择仿真器模型，如图4-8所示，也就是相机型号。软件为我们提供康耐视的所有In-Sight相机型号，选择完成后，就可以加载检测图片，单击图像操作界面的"⬜"图标，或者在图像下拉菜单列表中选择"记录/回放"选项，选择加载图像的路径，如图4-9所示，按照要求添加工具即可进行仿真。

第 4 章 In-Sight Explorer 视觉软件——EasyBuilder 功能

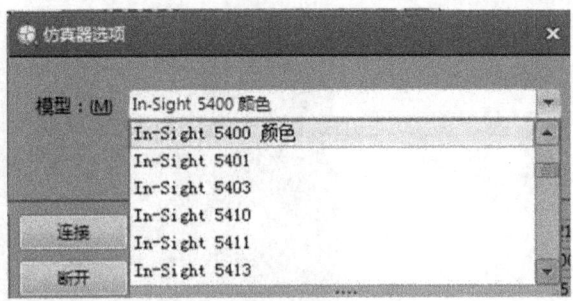

图 4-8 仿真器模型选择

图 4-9 记录/回放选项窗口

4.3.1 定位功能

定位功能是机器视觉最重要的功能,是其他功能实现的基础。它是用于在视场中捕捉定位特征并报告找到的特征位置,利用该功能可以准确定位工件位置或者将其用在视觉引导下自动应用程序中。在软件中单击 [定位部件] 按钮,在软件的左下角会弹出不同的位置工具,它们捕捉的定位特征是不同的,可以定位图案、线性边缘、斑点等,也可以定位一个图案或者多个图案,单击"位置工具"选项,在右边会弹出工具的说明,如图 4-10 所示。

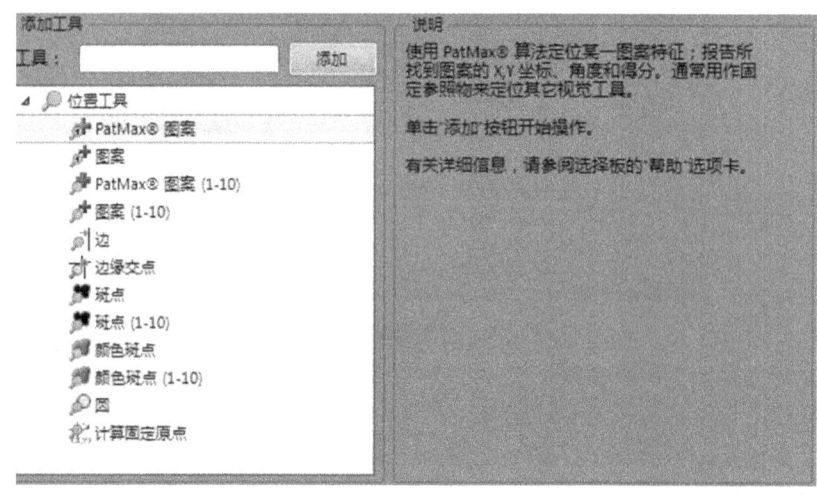

图 4-10 位置工具

【例 4-1】观察下面一组图片,如图 4-11 所示,使用位置工具实现工件的定位。

图 4-11 工件排列

操作步骤如下:

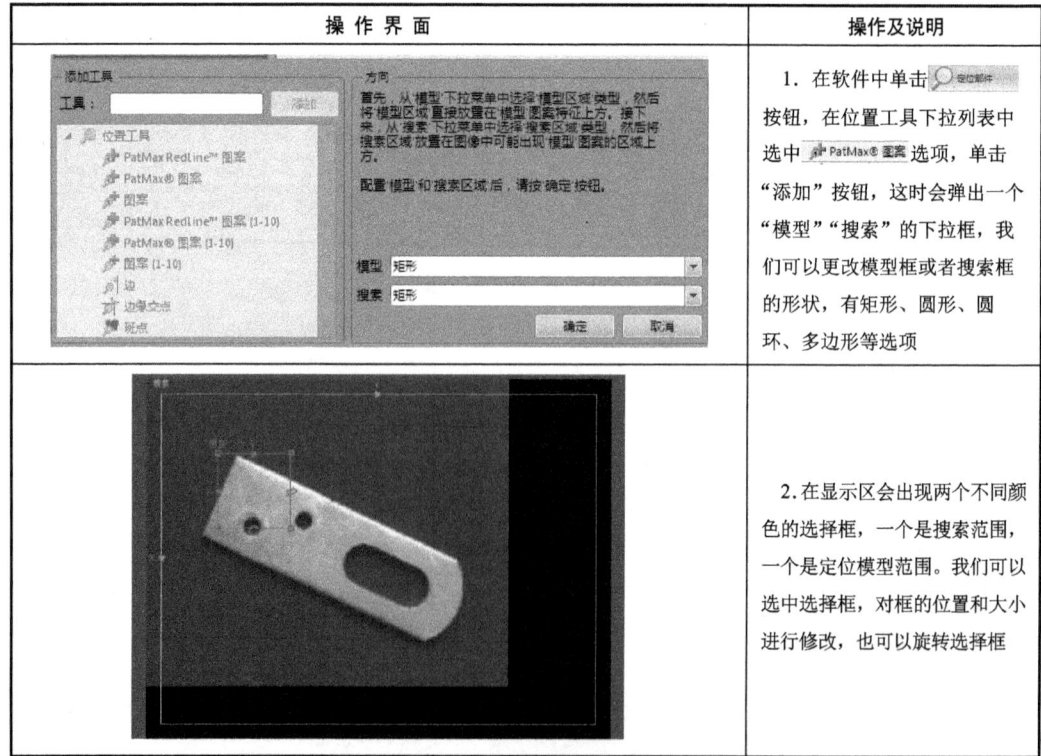

操 作 界 面	操作及说明
	1. 在软件中单击 按钮,在位置工具下拉列表中选中 PatMax® 图案 选项,单击"添加"按钮,这时会弹出一个"模型""搜索"的下拉框,我们可以更改模型框或者搜索框的形状,有矩形、圆形、圆环、多边形等选项
	2. 在显示区会出现两个不同颜色的选择框,一个是搜索范围,一个是定位模型范围。我们可以选中选择框,对框的位置和大小进行修改,也可以旋转选择框

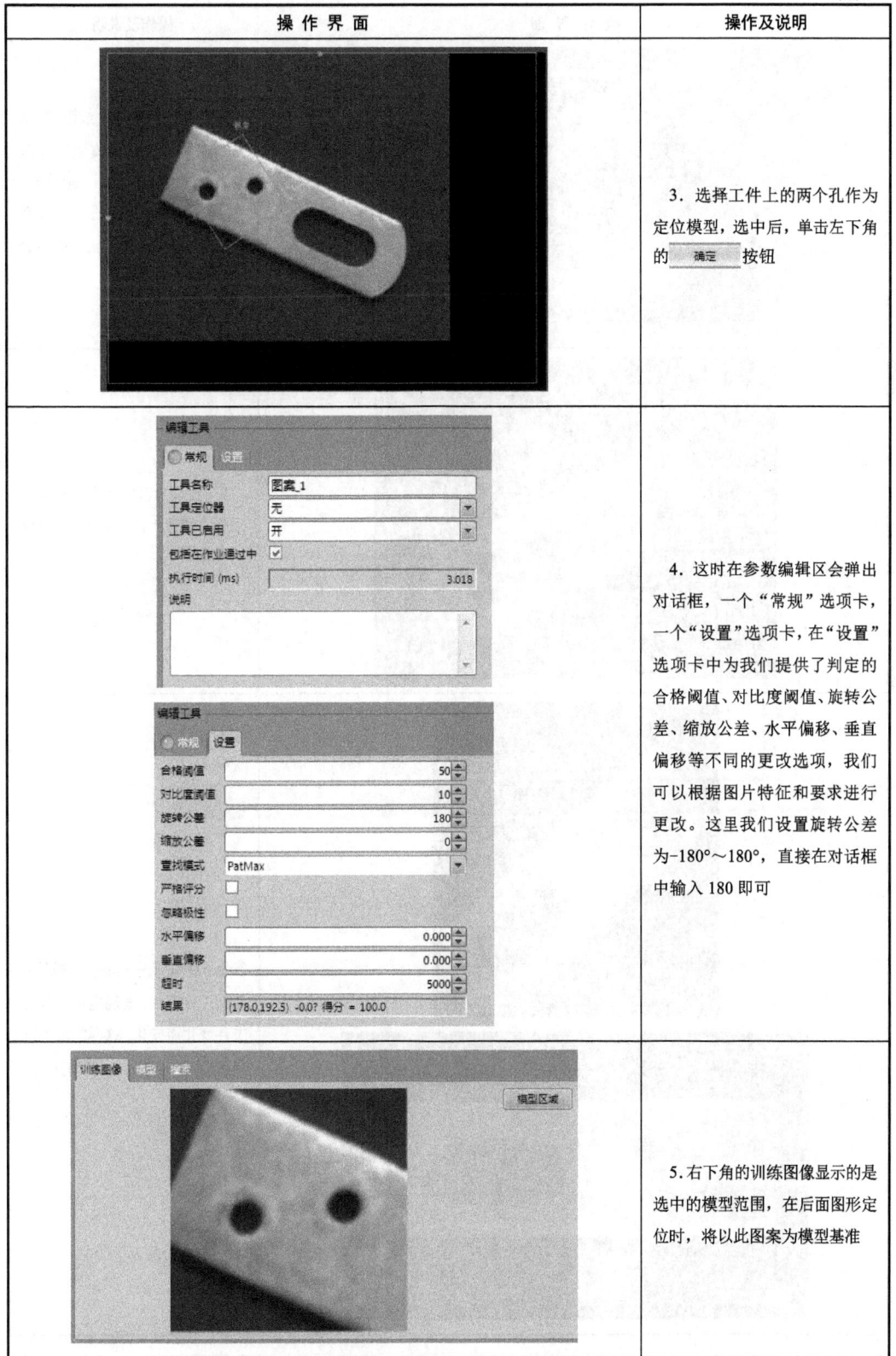

操 作 界 面	操作及说明
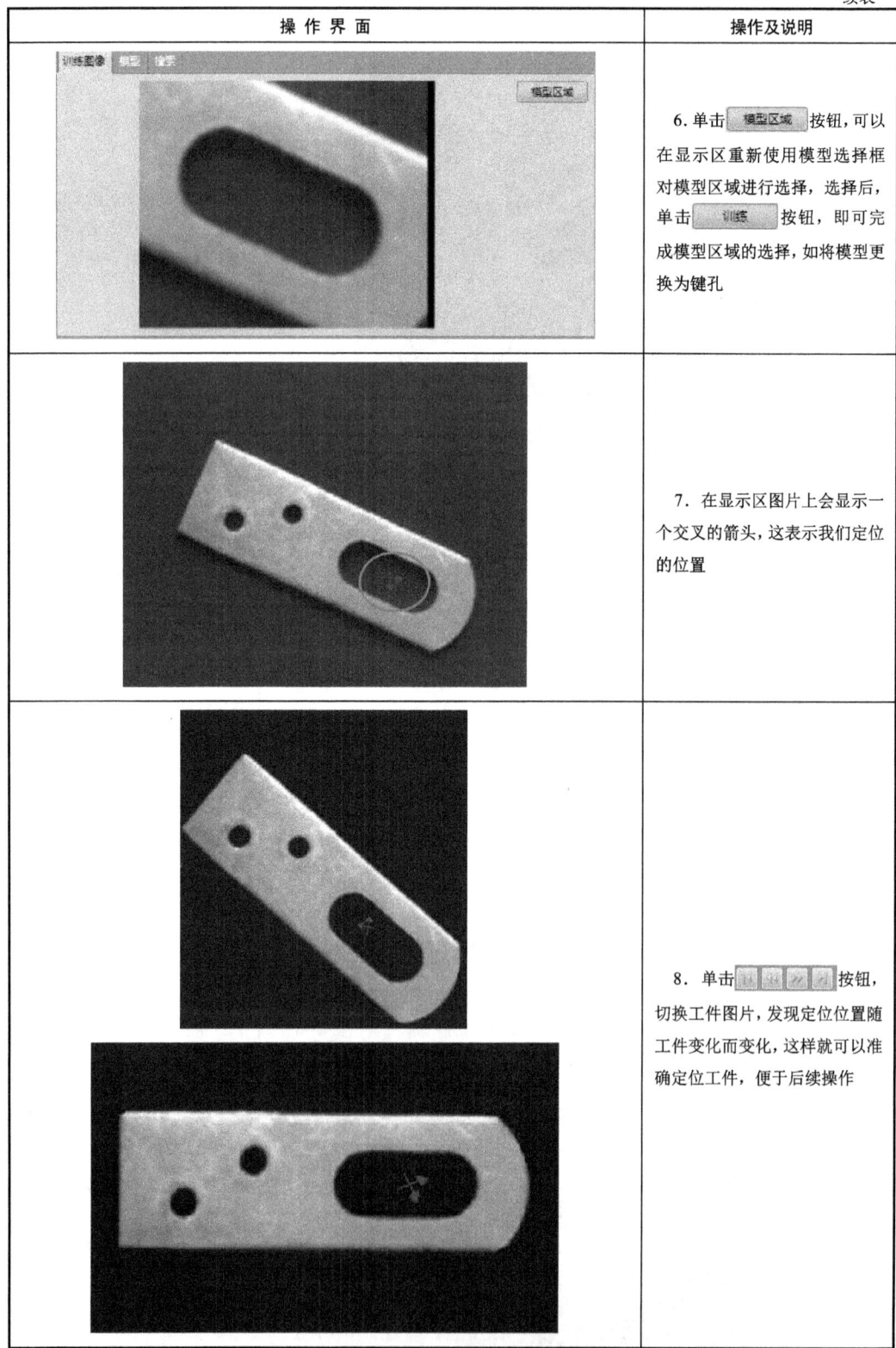	6. 单击 模型区域 按钮,可以在显示区重新使用模型选择框对模型区域进行选择,选择后,单击 训练 按钮,即可完成模型区域的选择,如将模型更换为键孔
	7. 在显示区图片上会显示一个交叉的箭头,这表示我们定位的位置
	8. 单击 按钮,切换工件图片,发现定位位置随工件变化而变化,这样就可以准确定位工件,便于后续操作

4.3.2 识别功能

我们常说机器视觉就是用机器代替人眼来进行判断的,那么它最基本的功能就是识别,应用最多的是一维码、二维码的识别。机器视觉可自动查找和读取条码,主要应用于产品识别、条码验证、符号识别、产品生产型、质量检测记录等。

在软件中单击 检查部件 按钮,可以看到软件提供的不同检测工具,如图 4-12 所示。单击" 6d 产品识别工具 "按钮可以选择需要的识别工具,如图 4-13 所示。

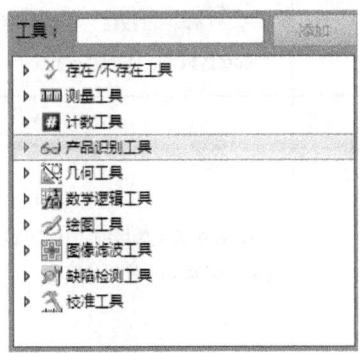

图 4-12 检查工具

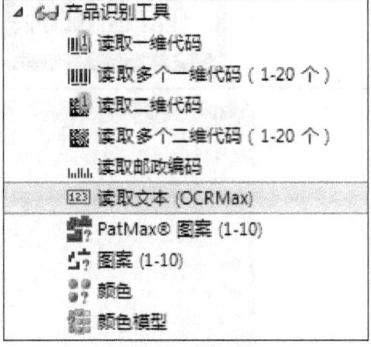

图 4-13 识别工具

下面以一维码为例,介绍一下识别功能的应用。一维码又叫条形码,由竖条和空排列组成,组成图形表达一定的信息,并能够用特定的设备识读,转换成与计算机兼容的二进制和十进制信息,如在超市扫描商品上的条形码就可以知道商品的信息。通常对于每一种物品,它的编码是唯一的,条码技术能够快速可靠地收集数据,确保准确追踪零件和产品,防止组装流程出错并提高客户服务质量。常用的一维码的码制包括:EAN 码、39 码、交叉 25 码、UPC 码、128 码及 Codabar(库德巴)码等,如图 4-14 所示。

图 4-14 常用的一维码的码制

【例 4-2】识别如图 4-15 所示的一维码代表的字符串。

图 4-15 一维码

操作步骤如下：

操 作 界 面	操作及说明
	1. 在"▲ 6d 产品识别工具"中选择"ⅢⅡ 读取一维代码"选项，单击 添加 按钮，显示区会出现一个选择框
	2. 拖动选择框，将整个条形码选中，单击 确定 按钮，条形码识别成功，选择框是绿色，否则是红色
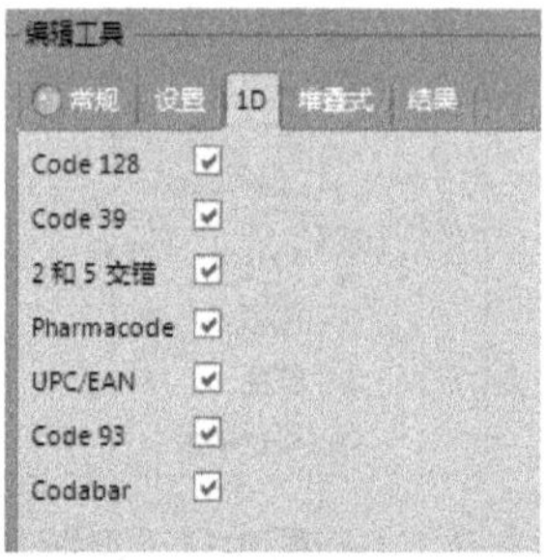	3. 在参数编辑区的"1D"选项卡中，会提供不同的一维码的码制
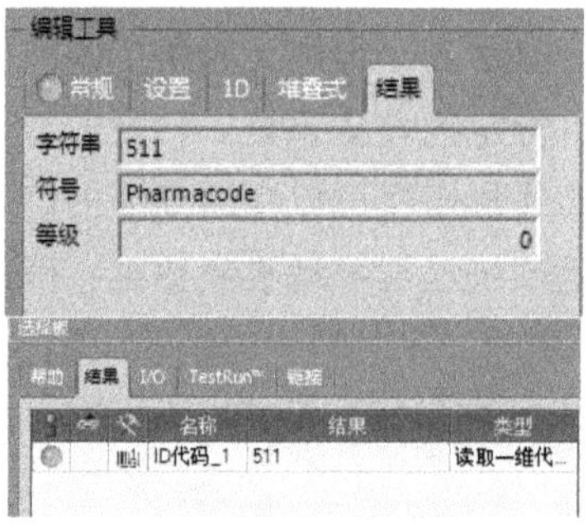	4. 在参数编辑区的"结果"选项卡中，会给出一维码识别的结果，即所代表字符串，另外在右侧选择板的"结果"选项卡中，会显示使用的工具符号、名称、识别度结果、类型的信息

二维码的识别方法与一维码的相同，In-Sight Explorer 视觉软件除了提供识别一维码的工具，还提供了一次识别多个一维码和一维码匹配的功能。

多个一维码识别：

操 作 界 面	操作及说明
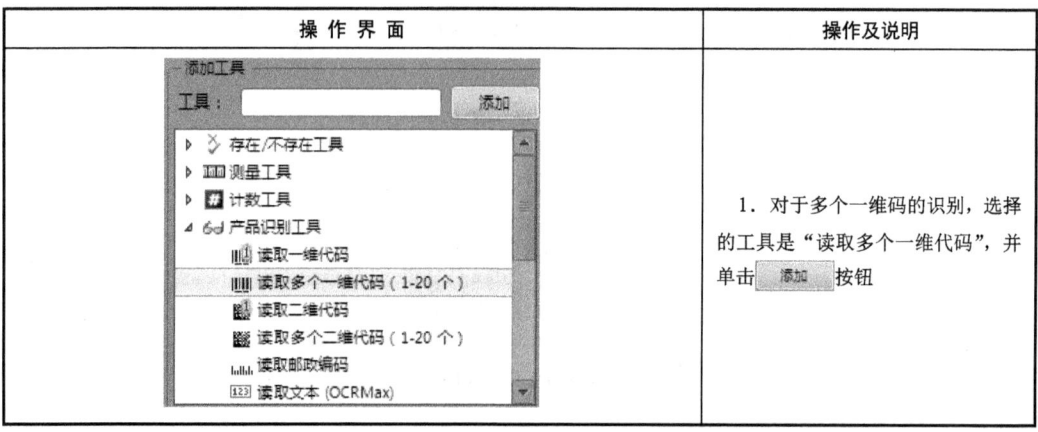	1. 对于多个一维码的识别，选择的工具是"读取多个一维代码"，并单击 添加 按钮

操 作 界 面	操作及说明
	2. 在显示区中选中所要识别的多个一维码，单击 确定 按钮，这时在结果区只出现一个识别结果
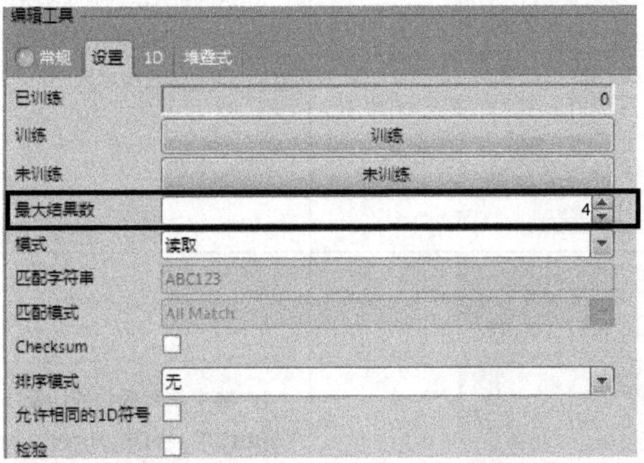	3. 单击"设置"选项卡，有一个"最大结果数"的选项，修改可识别的数量，如更改为"4"
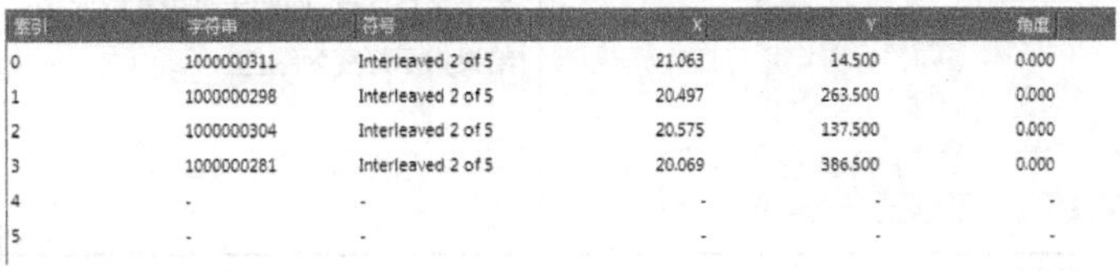	4. 这时结果区就会显示所有的扫码结果

一维码匹配：

操 作 界 面	操作及说明
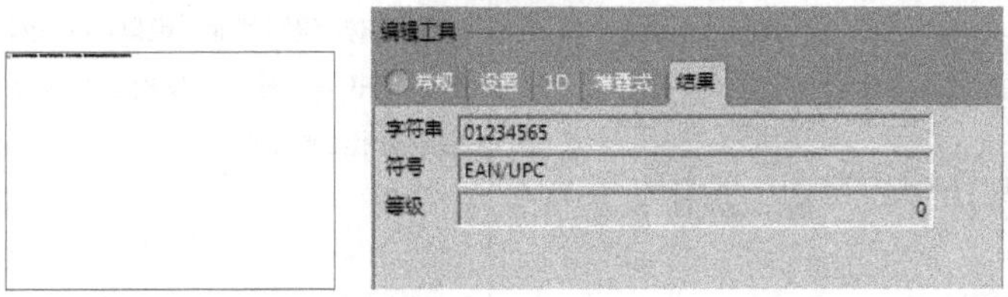	1. 使用一维码识别工具识别一维码，获得字符串"01234565"，将该字符串作为匹配对象

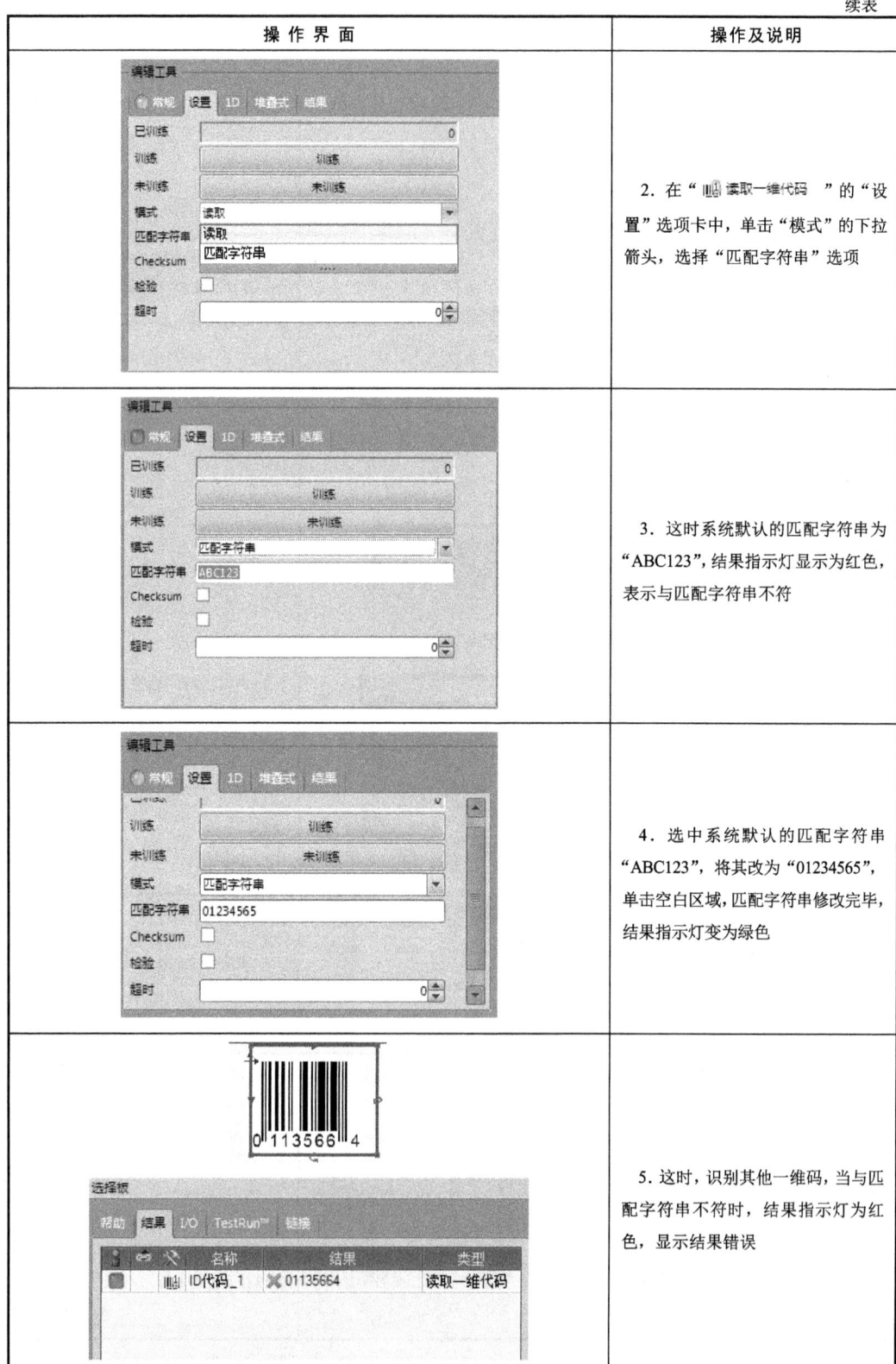

【例 4-3】识别如图 4-16 所示的一组一维码。

图 4-16　一维码

例题解析：观察采集到的图像可以发现，图像中一维码位置不在同一位置，不能简单地只使用一维码识别工具，而是需要对图像中一维码的位置进行定位后，再进行识别。操作步骤如下：

操 作 界 面	操作及说明
	1. 单击 按钮，将图像加载到软件中
	2. 单击 定位部件 按钮，选择定位模型，修改参数设置
	3. 完成对图像的准确定位

续表

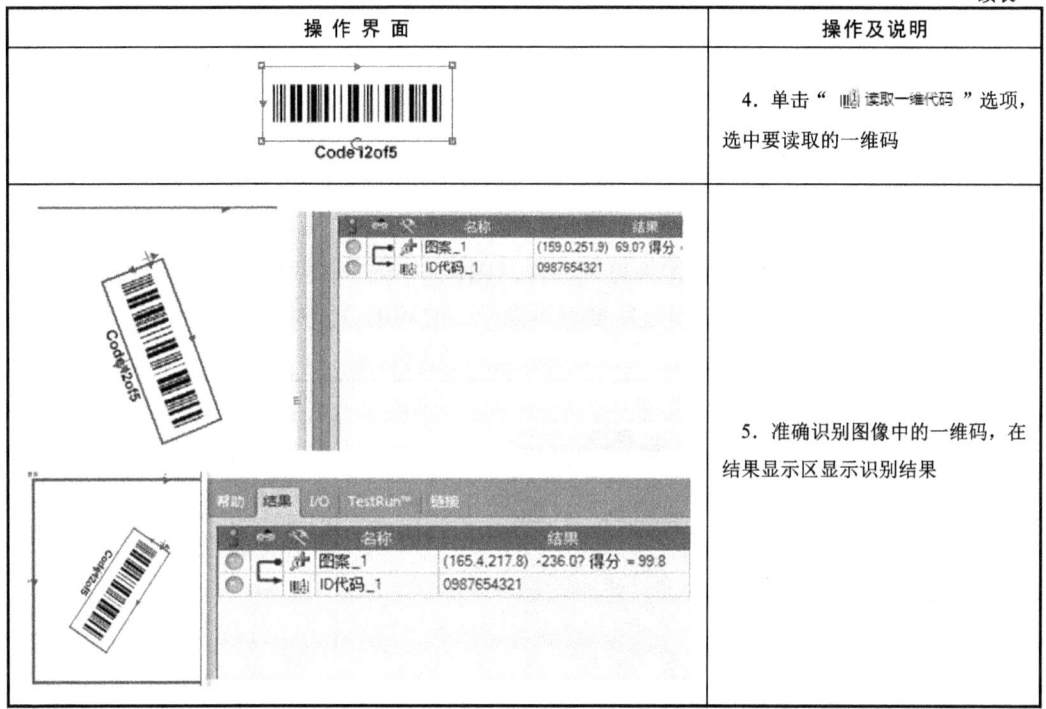

操作界面	操作及说明
	4. 单击"读取一维代码"选项，选中要读取的一维码
	5. 准确识别图像中的一维码，在结果显示区显示识别结果

4.3.3 检测功能

机器视觉的检测功能是在实际中应用最广泛的功能，主要是对产品的颜色、文字、零部件的有无、零部件缺陷等进行检测，广泛应用于食品、药品行业。软件中并未单独将检测工具进行分类，而是穿插在其他分类工具中，下面介绍一下最基本的检测功能。

1．存在/不存在检测

存在/不存在检测主要用于判定某个特征在图像中存在或者不存在，适合用于产品缺陷的判断。

【例4-4】使用视觉系统，剔除掉存在缺陷的产品，如图4-17所示。

图4-17 检测产品缺陷

具体操作步骤如下：

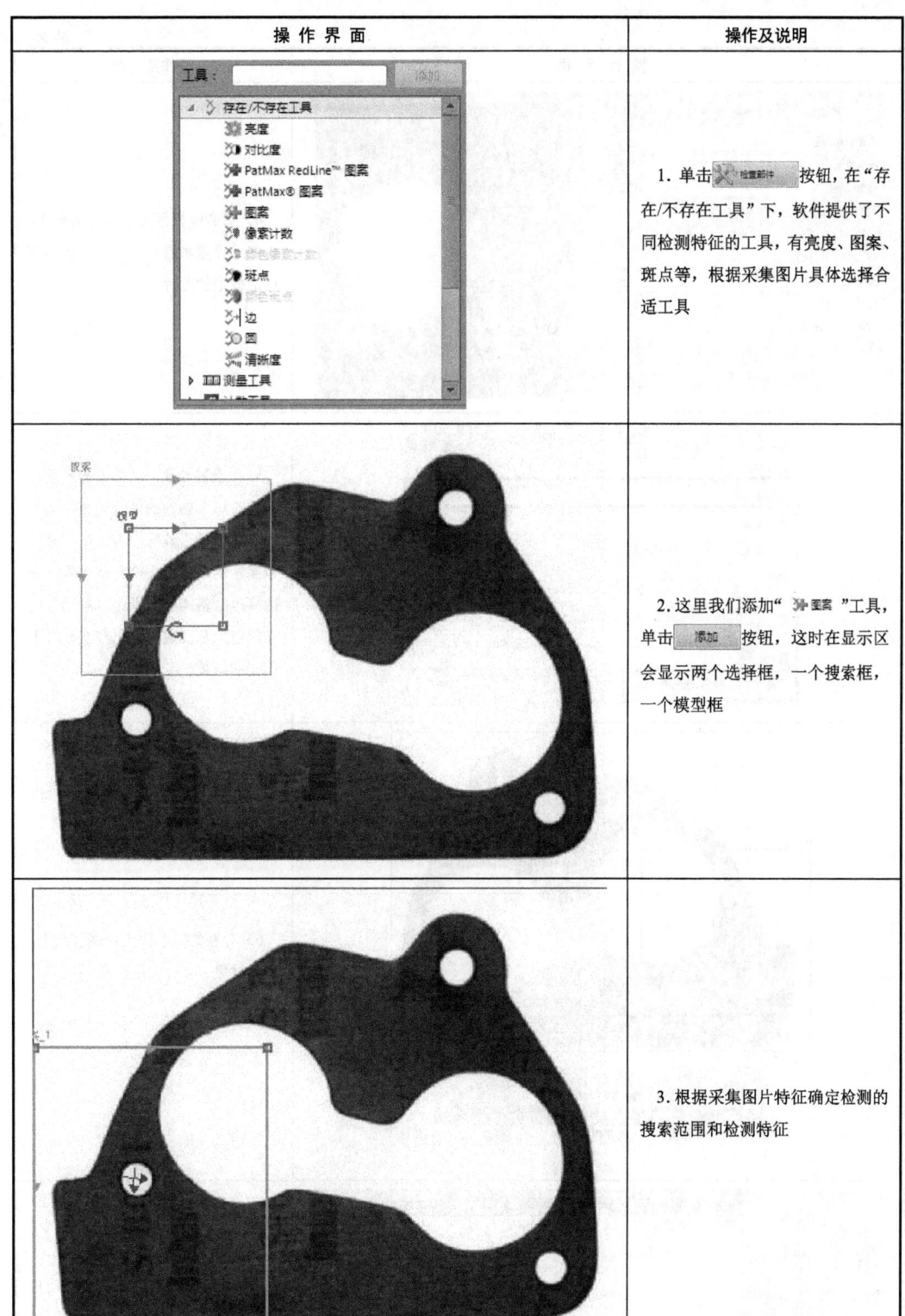

续表

操 作 界 面	操作及说明
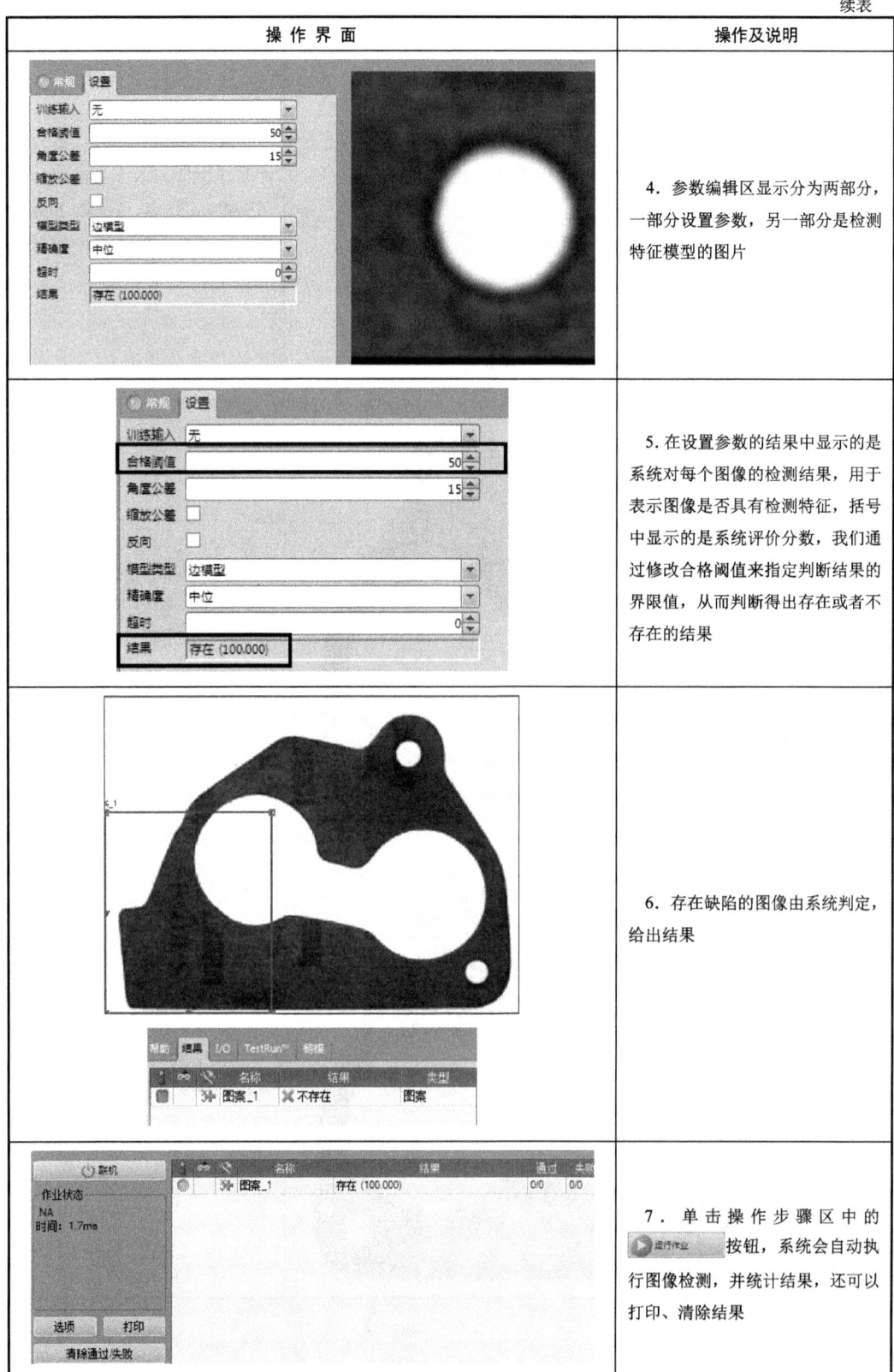	4．参数编辑区显示分为两部分，一部分设置参数，另一部分是检测特征模型的图片
	5．在设置参数的结果中显示的是系统对每个图像的检测结果，用于表示图像是否具有检测特征，括号中显示的是系统评价分数，我们通过修改合格阈值来指定判断结果的界限值，从而判断得出存在或者不存在的结果
	6．存在缺陷的图像由系统判定，给出结果
	7．单击操作步骤区中的 按钮，系统会自动执行图像检测，并统计结果，还可以打印、清除结果

续表

操 作 界 面	操作及说明
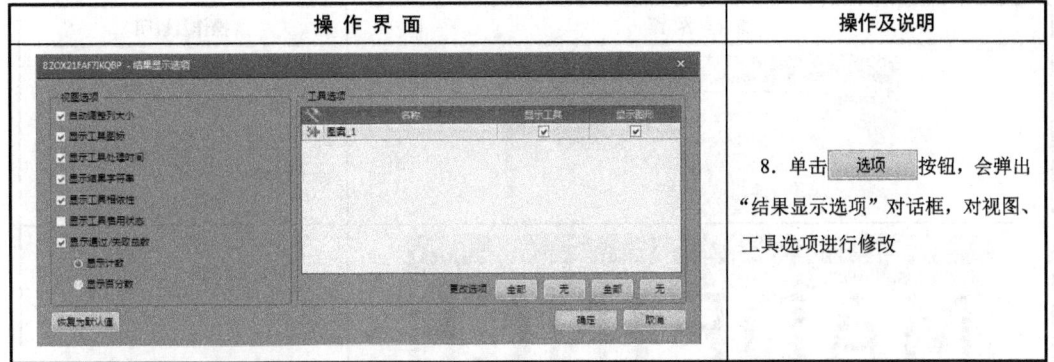	8. 单击 选项 按钮，会弹出"结果显示选项"对话框，对视图、工具选项进行修改

2. 光学字符识别检测（OCR/OCV）

光学字符识别检测包括字符的识别和检测两个部分，是指通过数码相机拍摄字符，输送到计算机，计算机可以读出图片中的文字信息，进行相应的判断。与人认字一样，我们不是生来就认识某个字，而是通过后天学习，认识文字，从而可以辨识出不同的字。计算机也有一个学习的过程，需要对文字提前进行训练，建立文字库，便于进行光学字符识别检测。

【例 4-5】使用视觉系统，识别图 4-18 中的文字。

图 4-18 识别文字

具体操作步骤如下：

操 作 界 面	操作及说明
	1. 加载图片后，在" 产品识别工具 "中选择" 读取文本 (OCRMax) "选项，单击 添加 按钮
	2. 使用选择框选中识别文字后，单击 确定 按钮，这时字母串被分割成一个一个的字母，如果上方会出现一个"？"，则表示计算机无法识别该字符

操 作 界 面	操作及说明
（界面截图：包含"常规、设置、分段、高级、空格、可变长度"等选项卡，字集库 Custom_1，检测模式 读取，匹配字符串，合格阈值 80.000，混淆阈值 0.000，使用取子样，超时 5000，显示字符 ✓，字符标签位置 字符上方；编辑工具中分段选项卡：Auto-Tune，字符极性 自动，字符宽度类型 自动，最小字符宽度 3，最小字符高度 3，使用最大字符宽度，最大字符宽度 100，使用最大字符高度，最大字符高度 100，使用最小字符长宽比率 ✓，最小字符长宽比率 80，角度范围 0.000，倾斜范围 0.000，显示诊断 全部隐藏；高级选项卡：字符片段合并模式 需要重叠，最小字符片段重叠 0.000，最大字符内间隙 5，最小字符内间隙 0，最小字符片段大小 15，最小字符大小 30，标准化模式 本地，使用笔画宽度过滤 ✓，忽略边界片段，二值化阈值 50，字符片段对比度阈值 30.000，距离主线的最大片段 0.000，段分析模式 标准，最小间距 0）	8. 在参数编辑区也为我们提供许多参数设定选项卡，可以根据识别字符的特点，对高度、间隙、倾斜度进行设定修改，便于更好识别字符

3. 颜色检测

颜色检测和光学字符识别检测相似，它是将图像中的颜色与训练颜色库中的颜色进行对比匹配，并报告找到的颜色名称。如果找到的颜色在限制范围内，则产生通过的结果，如果在限制范围外或不存在，则产生失败的结果。

【例 4-6】使用视觉软件识别图 4-19 所示的颜色。（六边形粉色、菱形黑色、箭头绿色、五角星红色）

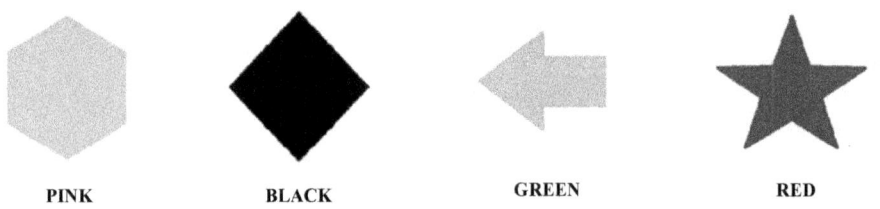

图 4-19　检测颜色

具体操作步骤如下：

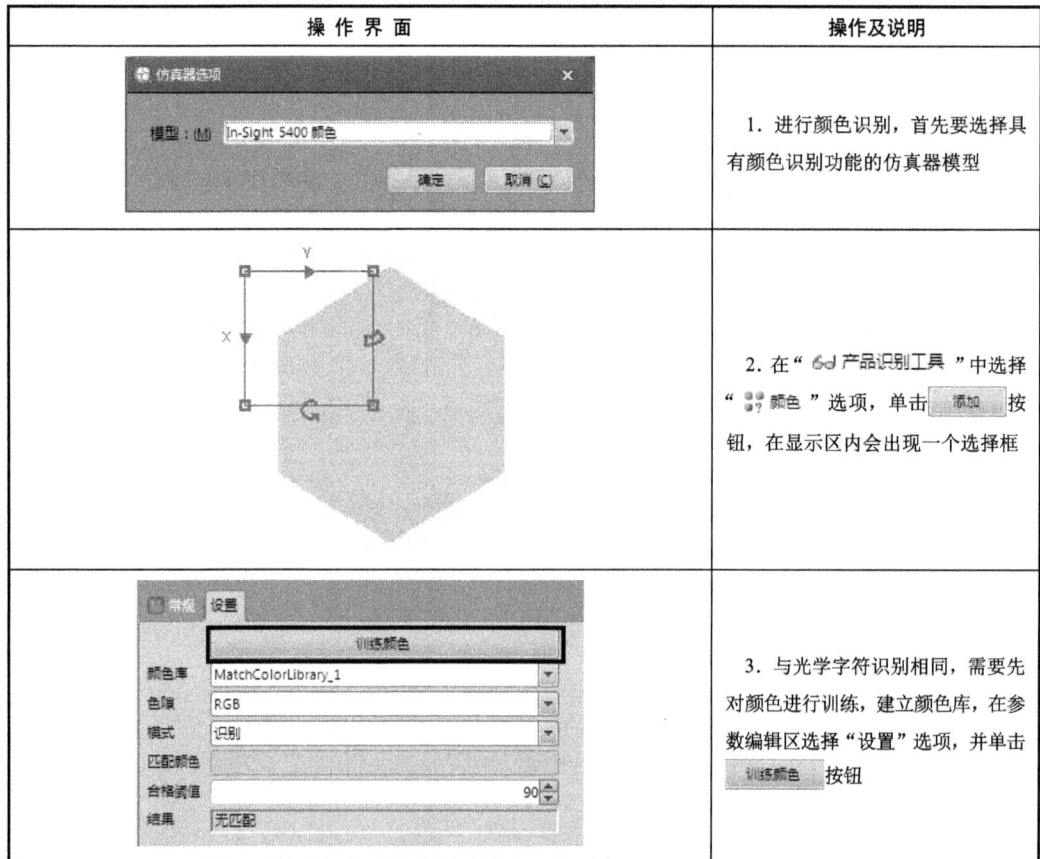

操 作 界 面	操作及说明
	1. 进行颜色识别，首先要选择具有颜色识别功能的仿真器模型
	2. 在"产品识别工具"中选择"颜色"选项，单击 添加 按钮，在显示区内会出现一个选择框
	3. 与光学字符识别相同，需要先对颜色进行训练，建立颜色库，在参数编辑区选择"设置"选项，并单击 训练颜色 按钮

第4章 In-Sight Explorer 视觉软件——EasyBuilder 功能

续表

操作界面	操作及说明
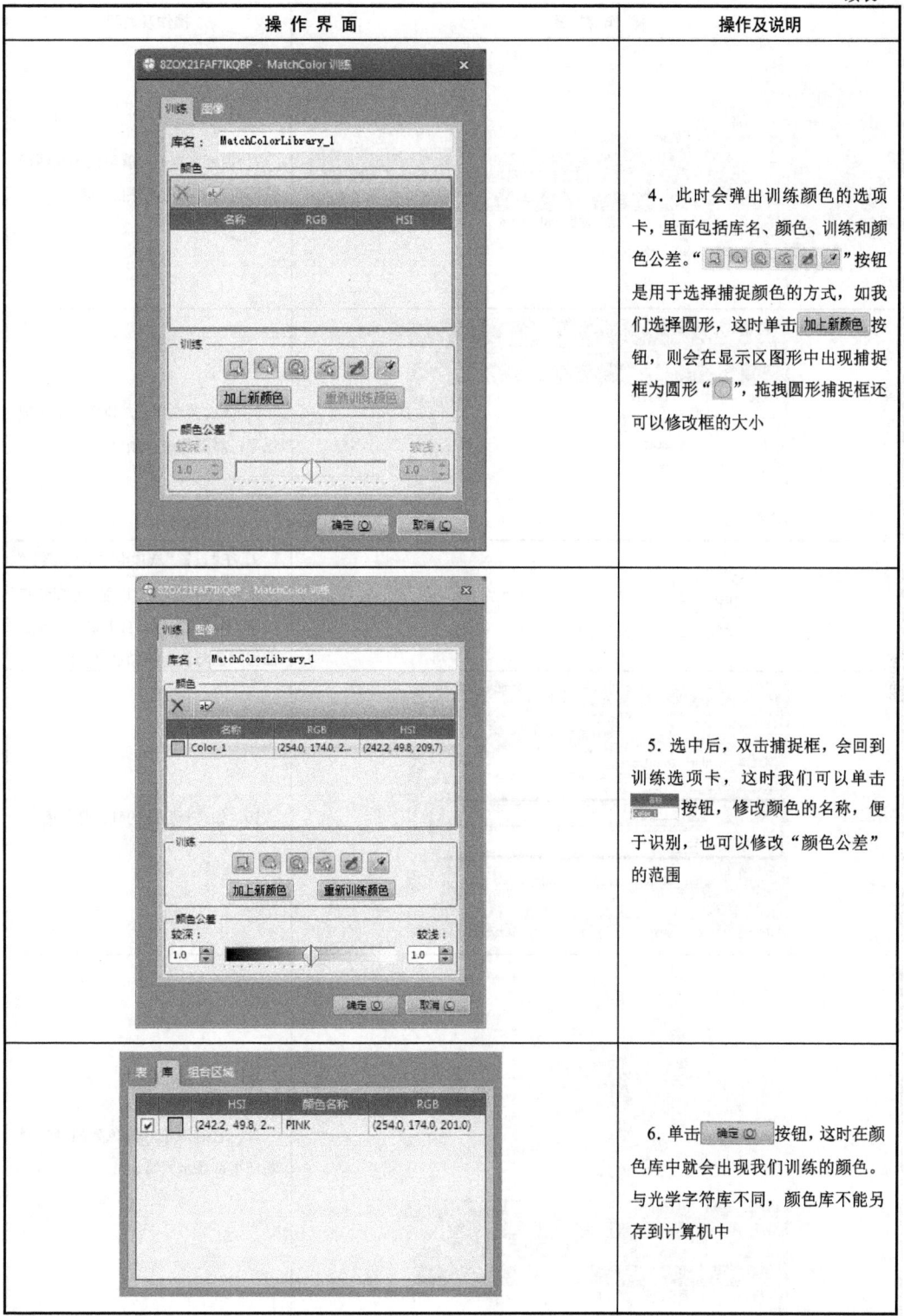	4. 此时会弹出训练颜色的选项卡，里面包括库名、颜色、训练和颜色公差。"▢◯◎✎✐"按钮是用于选择捕捉颜色的方式，如我们选择圆形，这时单击 加上新颜色 按钮，则会在显示区图形中出现捕捉框为圆形"◯"，拖拽圆形捕捉框还可以修改框的大小
	5. 选中后，双击捕捉框，会回到训练选项卡，这时我们可以单击 名称 color_1 按钮，修改颜色的名称，便于识别，也可以修改"颜色公差"的范围
	6. 单击 确定 按钮，这时在颜色库中就会出现我们训练的颜色。与光学字符库不同，颜色库不能另存到计算机中

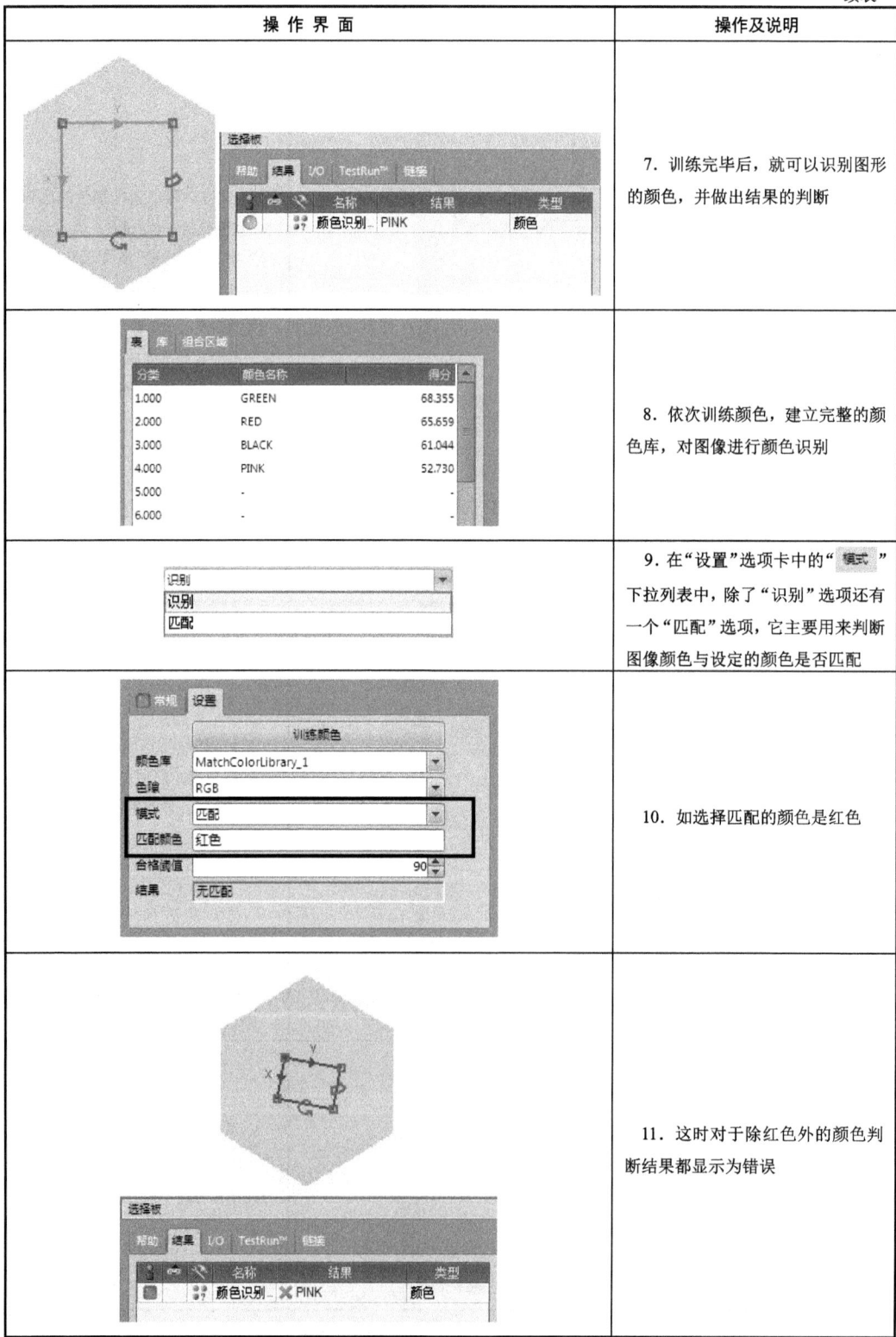

4.3.4 测量功能

测量功能主要是用于判断工件的尺寸是否符合合格标准,可以测量距离、角度、面积、圆直径等数值。

【例 4-7】使用视觉系统测量工件的尺寸,如图 4-20 所示。

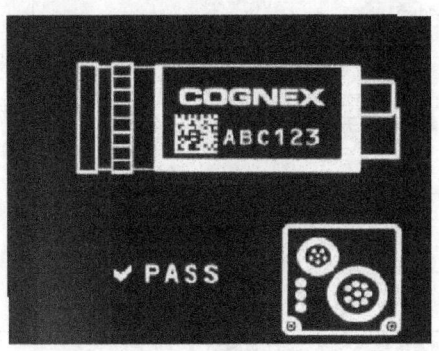

图 4-20 测量工件

具体操作步骤如下:

操 作 界 面	操作及说明
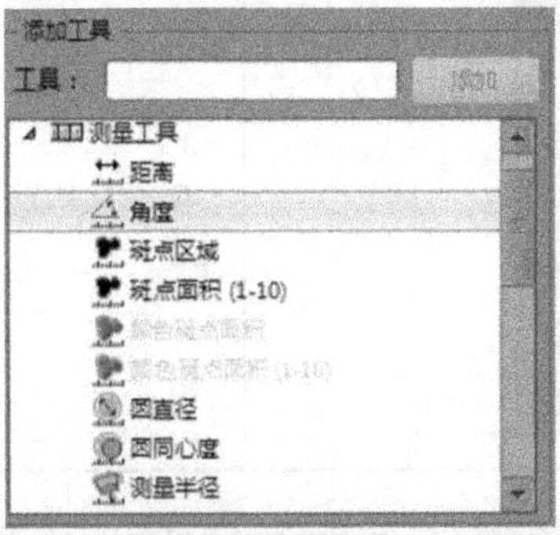	1. 在测量工具下提供了不同的测量内容,如我们选择"测量工具"中的"距离"选项,单击 添加 按钮
	2. 这时显示区图像的轮廓被标注出来,选择需要测量的两个点
	3. 选择完毕后,显示区显示如左图所示

续表

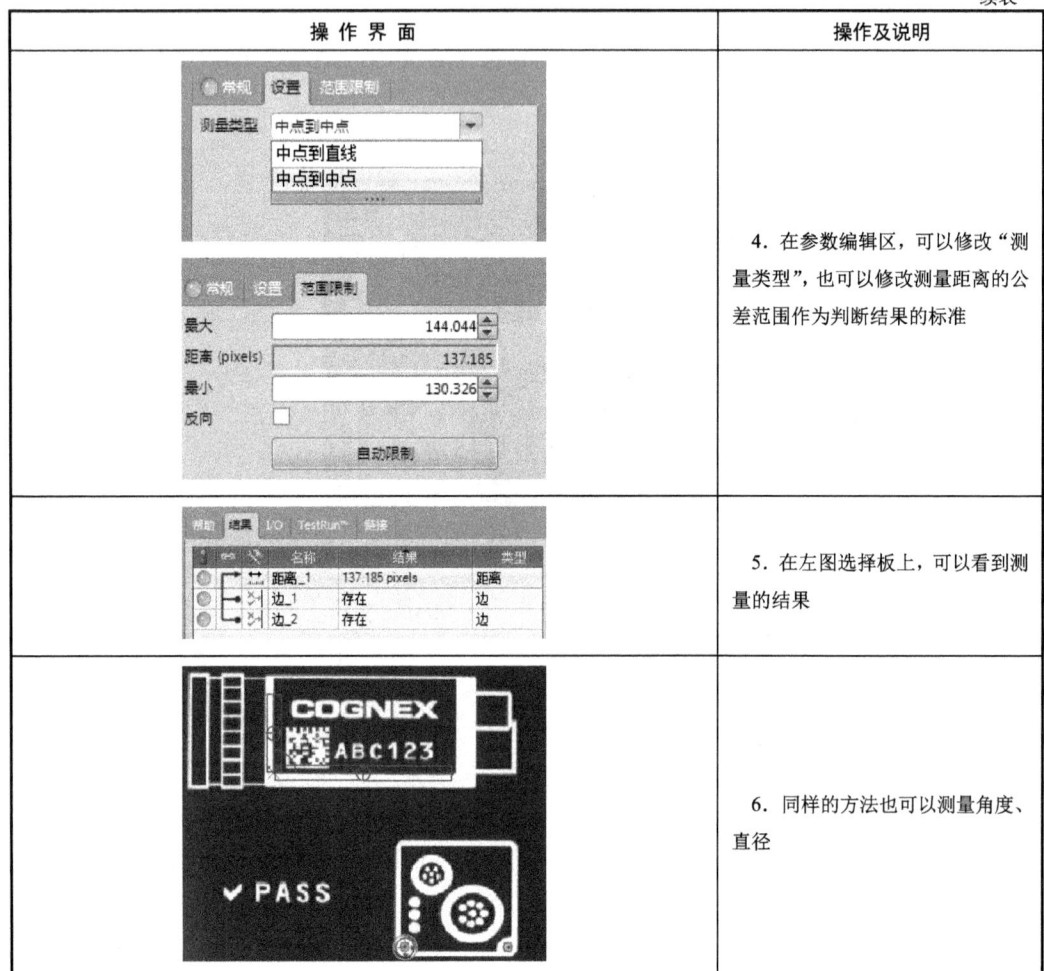

操作界面	操作及说明
	4. 在参数编辑区，可以修改"测量类型"，也可以修改测量距离的公差范围作为判断结果的标准
	5. 在左图选择板上，可以看到测量的结果
	6. 同样的方法也可以测量角度、直径

除了以上应用较为广泛的功能工具，视觉软件 In-Sight Explorer 还提供了其他的一些工具，如计数工具用于检测某一图像中某一特征的数量；几何工具用于在图形中构造点、直线、圆等图形；数学逻辑工具用于创建数学公式、统计数据或者传递机器人位置引导机器人，缺陷规范工具主要是用于检查工件边缘是否存在缺陷，工具的使用方法和前面讲过的工具大致相同。

4.3.5 综合应用

在实际应用中一般是同时用到多个功能来完成检测任务的，下面就以案例的形式来简单介绍一个综合应用。

【例4-8】一家冰激凌厂生产四种口味的冰激凌，通过生产输送线上安装的视觉相机，可以将不同口味的冰激凌输送到不同的包装区，如图4-21所示，请使用仿真软件设置检测条件来实现这一任务。

第4章 In-Sight Explorer 视觉软件——EasyBuilder 功能

图 4-21 冰激凌包装

具体操作步骤如下：

操 作 界 面	操作及说明
	1. 选择图像，加载图像
	2. 单击 定位部件 按钮，选择搜索范围和搜索模型，并单击 确定 按钮

续表

操作界面	操作及说明
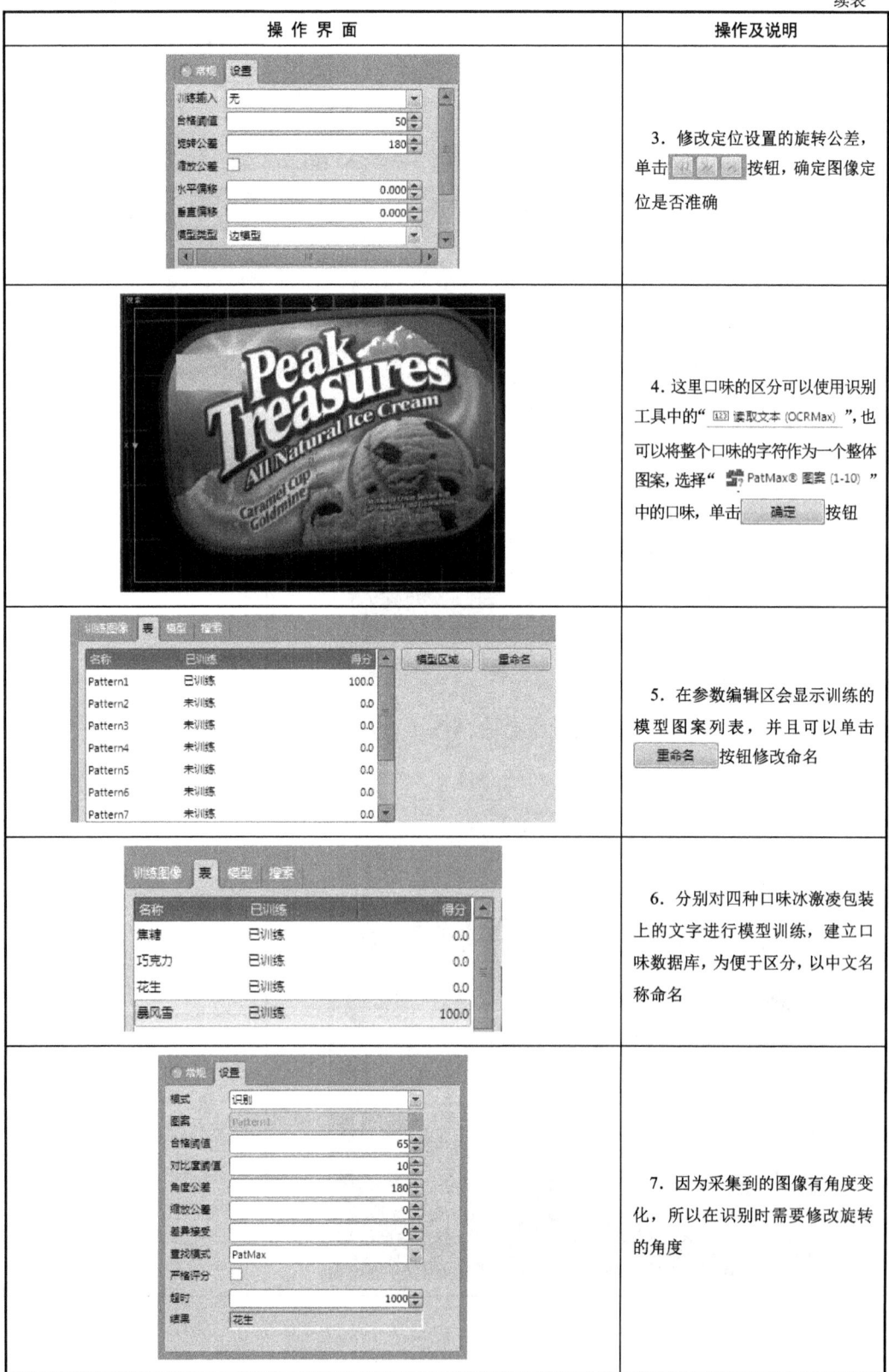	3. 修改定位设置的旋转公差，单击 按钮，确定图像定位是否准确
	4. 这里口味的区分可以使用识别工具中的"读取文本 (OCRMax)"，也可以将整个口味的字符作为一个整体图案，选择"PatMax® 图案 (1-10)"中的口味，单击 确定 按钮
	5. 在参数编辑区会显示训练的模型图案列表，并且可以单击 重命名 按钮修改命名
	6. 分别对四种口味冰激凌包装上的文字进行模型训练，建立口味数据库，为便于区分，以中文名称命名
	7. 因为采集到的图像有角度变化，所以在识别时需要修改旋转的角度

操作界面	操作及说明
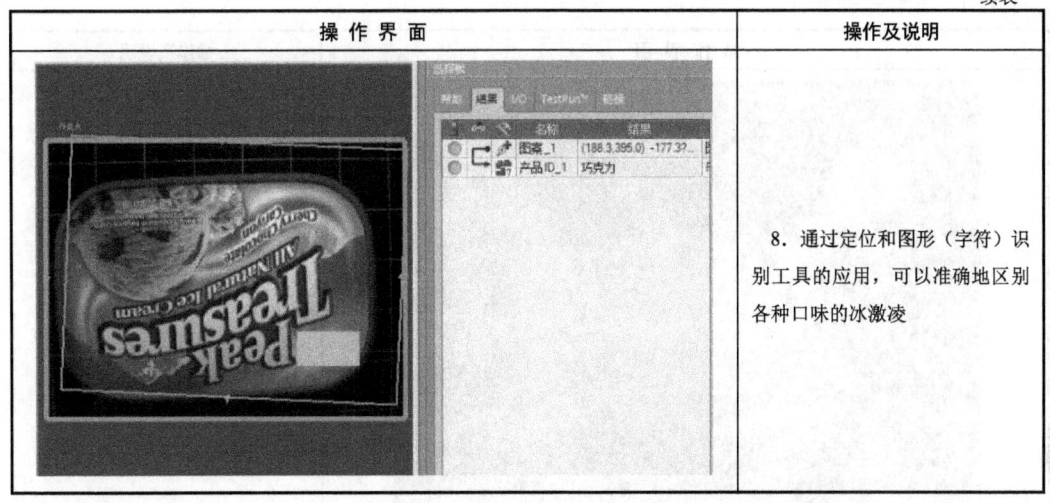	8. 通过定位和图形（字符）识别工具的应用，可以准确地区别各种口味的冰激凌

【例 4-9】一家工厂加工零件（见图 4-22），现生产线安装了视觉系统，可以自动分拣不合格工件，相机已捕捉到一组工件图像，请使用仿真软件设置检测条件来实现这一任务。

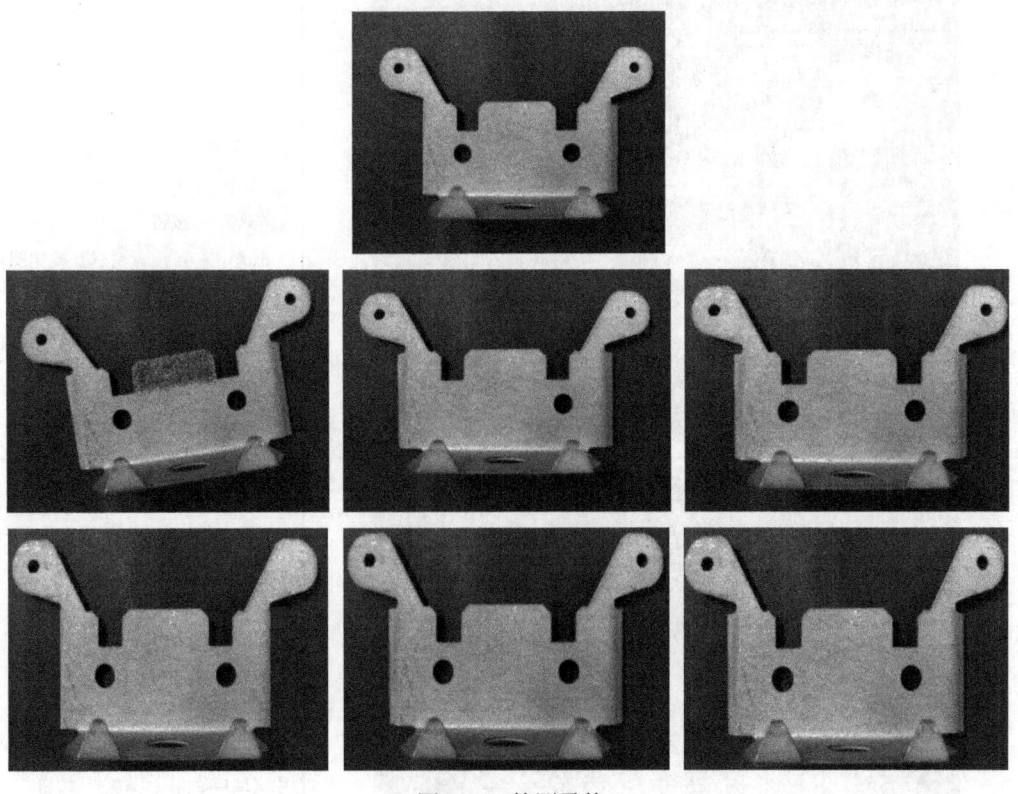

图 4-22 检测零件

具体操作步骤如下：

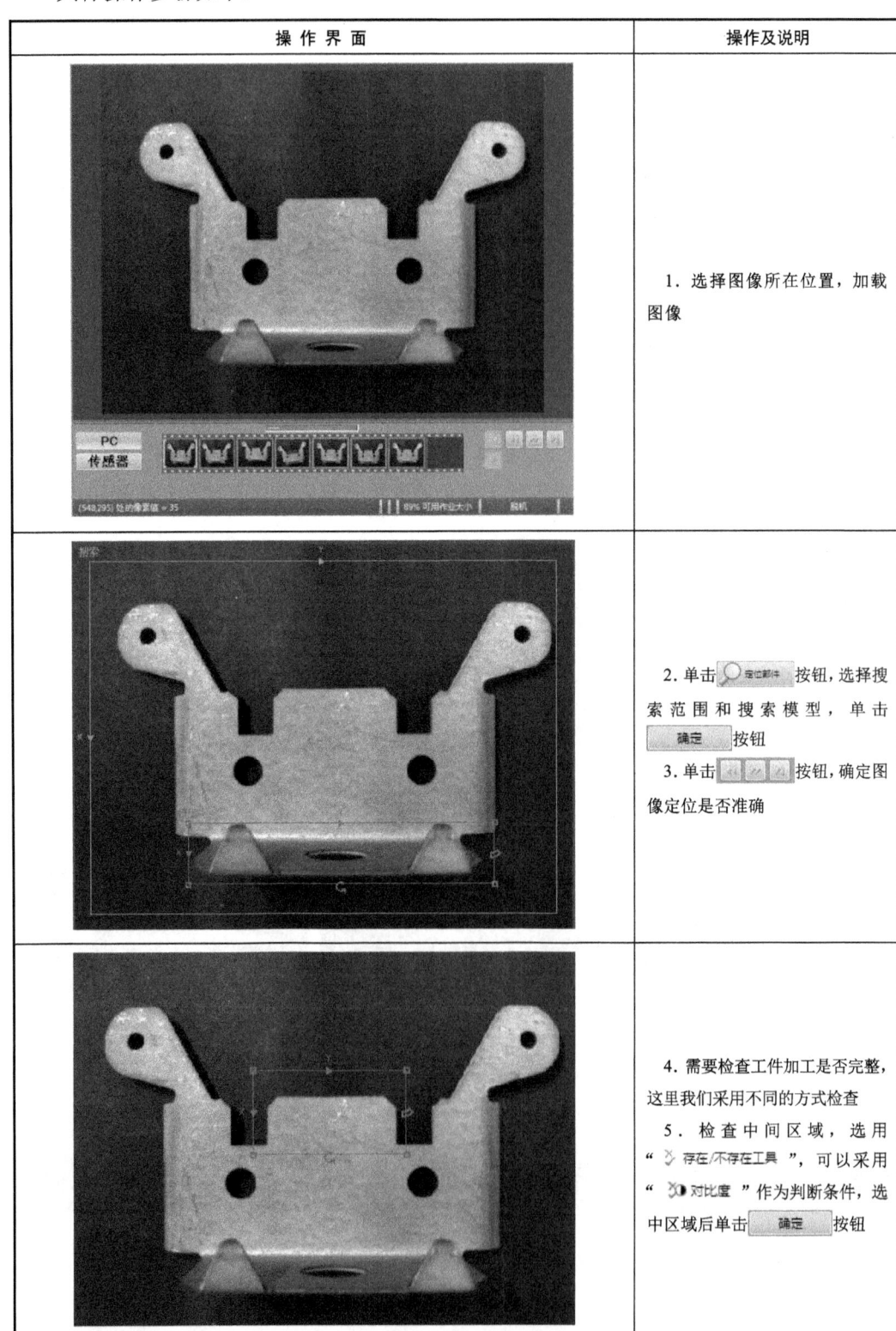

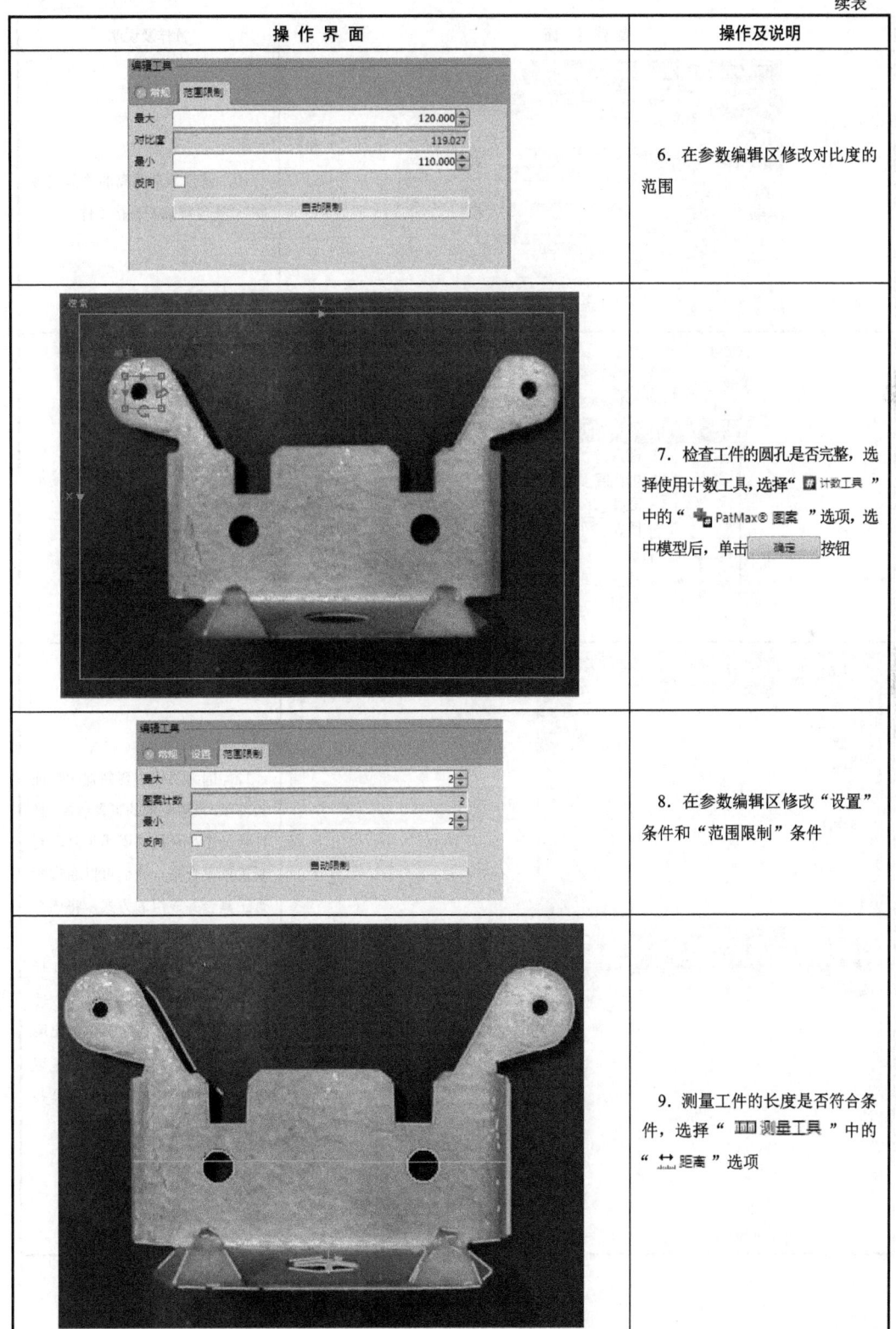

续表

操 作 界 面	操作及说明
	10. 修改测量距离的"范围限制",便于筛选不合格工件
	11. 结果显示区显示所有添加的工具和识别的结果
	12. 因为工件需要判别的特征条件多,所以添加的工具也多,当任何一个特征条件不满足时,判断工件不合格。我们可以通过检查工具合并成组的方式,将该组作为一个整体被执行。 单击 [检查邮件] 按钮,选择"[数字逻辑工具]"中的"[组]"选项,单击 [添加] 按钮。这时出现两个框,左边的框中显示的是可以添加到组的工具,选中工具并单击 [添加] 按钮

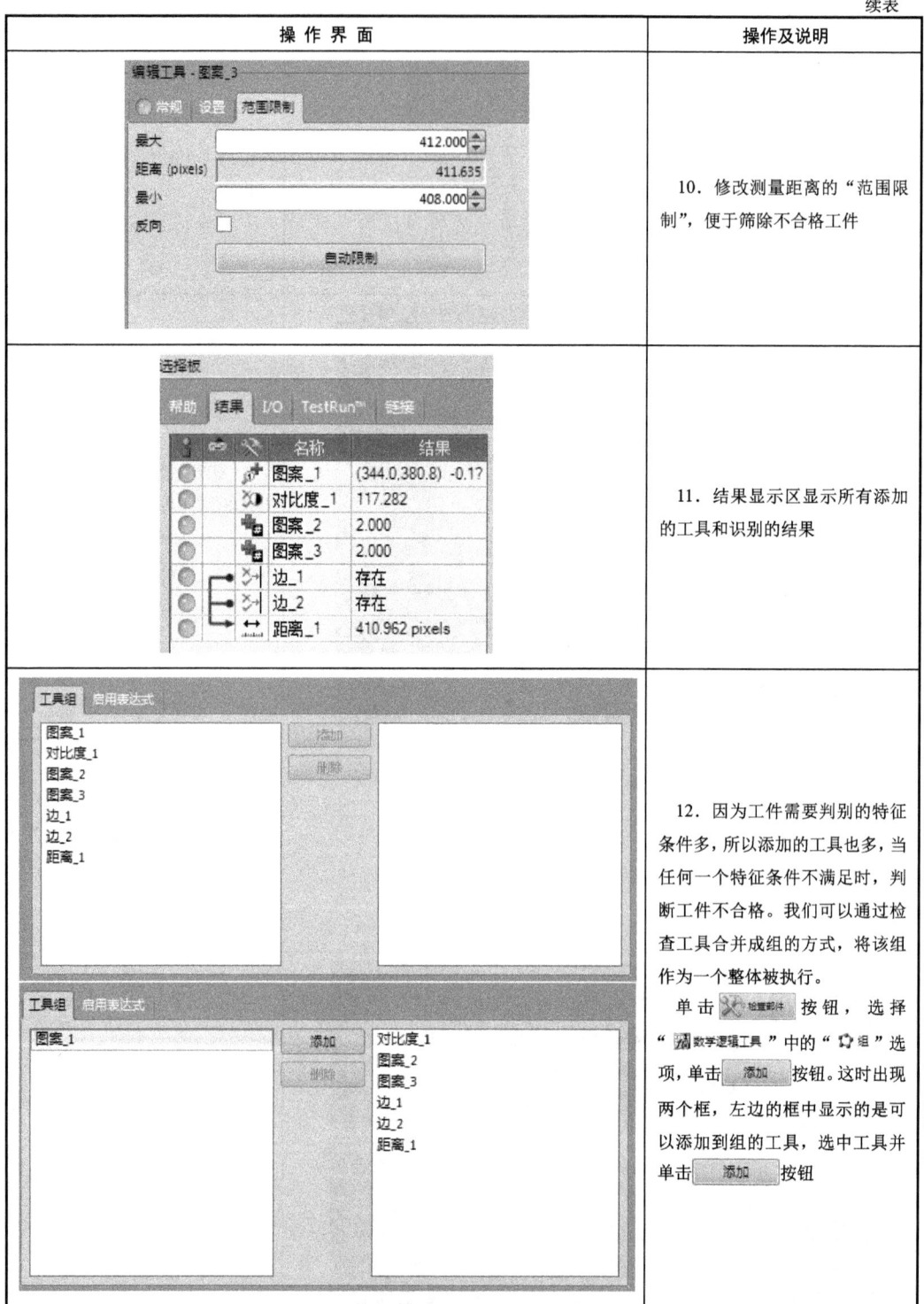

第 4 章 In-Sight Explorer 视觉软件——EasyBuilder 功能

续表

操 作 界 面	操作及说明
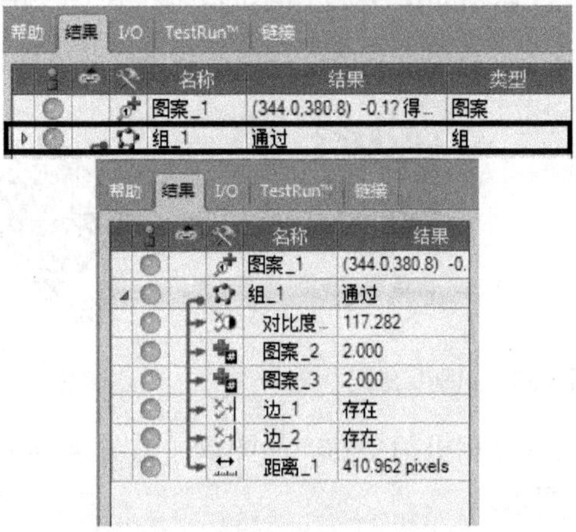	13．此时结果区显示的列表就简化成组，单击"组"按钮，可以看到它所包含的所有检查工具
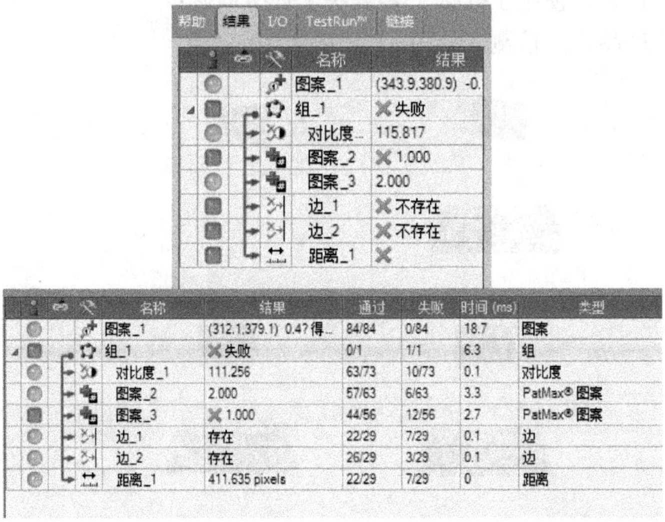	14．我们可以单击  按钮来判断采集到的工件图像是否合格

课后习题 4

一、填空题

1．In-Sight Explorer 的仿真操作界面主要分为两个部分：_____ 和 _____。

2．EasyBuilder 界面主要包括 _____、_____、_____、_____、_____ 部分组成。

3．机器视觉的四大应用功能是 _____、_____、_____、_____。

4．机器视觉检测功能主要包括 _____、_____、_____ 和 _____ 等。

5．在图像下拉菜单列表中选择"记录/回放选项"，其回放模式包括 _____ 和 _____。

123

二、操作题

1. 应用 In-Sight Explorer 仿真软件识别如图 4-23 所示的二维码,并判断字符的完整性。

图 4-23　识别二维码

2. 下面是某饮料厂家生产线通过视觉相机拍摄的产品图像(见图 4-24),使用 In-Sight Explorer 检测饮料出厂是否符合要求:

(1)说明所有的检测点是什么,使用了什么工具解决了什么问题;

(2)建立仿真环境,完成产品出厂检测。

图 4-24　产品图像

第 5 章　In-Sight Explorer 电子表格功能

康耐视的 In-Sight Explorer 视觉软件除了 EasyBuilder 界面，还提供了电子表格的界面，单击"查看"菜单，选择"电子表格"选项，如图 5-1 所示，进入电子表格的界面，或者按 Ctrl+Shift+V 快捷键进入，如图 5-2 所示。它是一个电子表格界面，在这个界面内主要使用函数来实现视觉系统的功能。

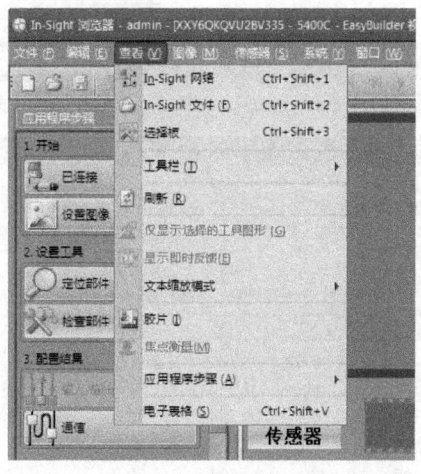

图 5-1　电子表格切换方法

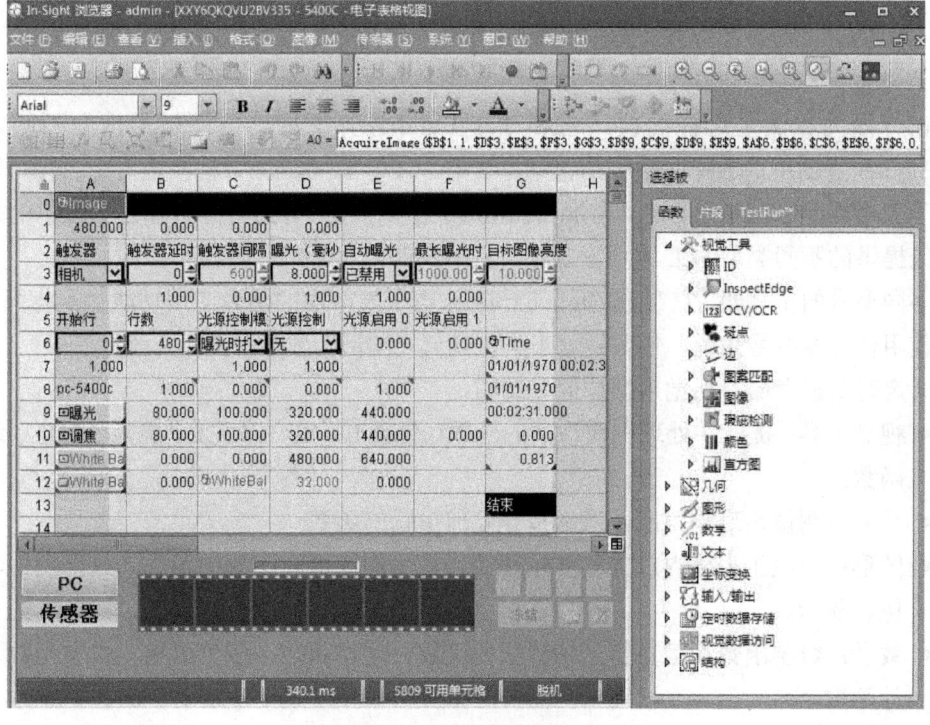

图 5-2　电子表格界面（1）

5.1 电子表格界面介绍

电子表格界面（见图5-3）与EasyBuilder界面有很大的不同，它主要包括菜单栏、工具栏、格式工具栏、图像操作界面、函数编辑区，其中函数编辑区主要用于对选中单元格内的函数关系进行编辑。同时我们也注意到在电子表格界面内有些单元格已存在数据，它们表示的是编辑采集设置的，可以选中单元格的内容进行修改。

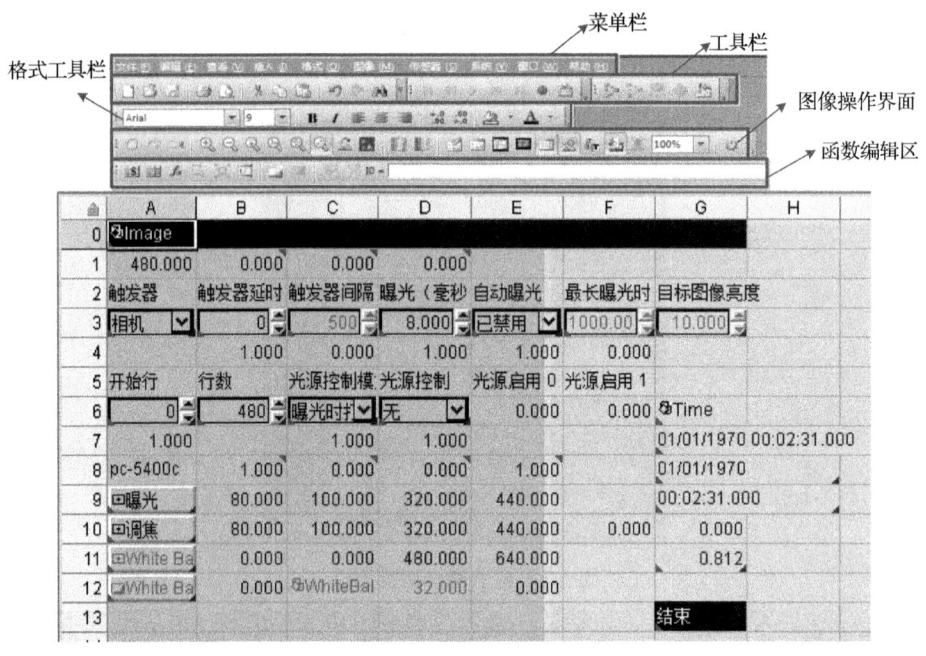

图5-3 电子表格界面（2）

在界面的右侧是选择面板，它和EasyBuilder界面的选择面板的内容不同，在EasyBuilder界面中，选择面板包括帮助、结果、I/O、TestRun™、链接这五个子项目，而在电子表格界面中包括函数、片段和TestRun™三个子项目，其中函数项目下显示的是视觉系统提供的不同类型的工具，与之前在EasyBuilder中的工具相似。

不同型号的仿真器，它在In-Sight Explorer电子表格内的函数应用功能也不相同，以现在使用仿真器型号来说，包含视觉工具、几何、图形、数学、文本、坐标变换、输入/输出、定时数据存储、视觉数据访问、结构。

- 视觉工具：提取并处理图像特征的函数，包括ID、OCV/OCR、斑点、颜色、边等函数。
- 几何：测量距离和角度，或者拟合几何形状的函数。
- 图形：在电子表格内放置和显示控件或显示图像内的图形的函数，包括控件、图像、显示。
- 数学：数学函数和运算符，包括查找函数、逻辑函数、三角函数、数学函数、统计函数。
- 文本：打印和处理字符串或二进制数据的函数。

- 坐标变换：在坐标系统中映射点的函数。
- 输入/输出：与外部设备通信及定义更新电子表格的事件的函数。
- 定时数据存储：保留运行合计的函数。
- 视觉数据访问：从数据结构获取值的函数。
- 结构：创建结构的函数。

各函数分类下又包含众多的函数，具体函数代表的意思和功能可以参考 *The Functions of In-Sight Explorer V3.3.0*，除了选择工具，还可以直接在单元格内输入，如读取二维码。我们随便在一个单元格内输入"read"，这时会弹出一个下拉选项框，这里显示的是含有read这个单词的所有工具，选择需要的工具，或者输入工具的完整名称，也可以添加工具，如图 5-4 所示。

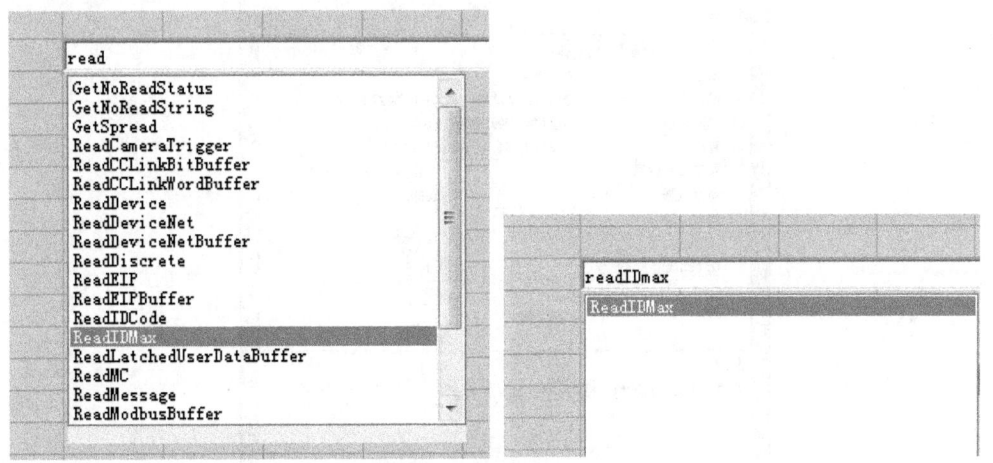

图 5-4 单元格输入工具

5.2 电子表格视觉功能应用

无论是 EasyBuilder 还是电子表格，它们实现的视觉功能是相同的，但是电子表格的精度比 EasyBuilder 更精确，在实际应用和机器人通信中使用较多。在虚拟仿真时两者的图像加载方式相同，但是电子表格加载的图像位于表格的下方，类似于背景，下面重点介绍一下电子表格的功能操作。

5.2.1 图案匹配功能

在 EasyBuilder 中定位功能是通过定位选中的图案在其他图像中的坐标、角度来实现的，在电子表格中的应用也是一样的，选择" 图案匹配 "选项，下面包括 FindPatMaxPatterns、FindPatterns、SortPatterns、TrainPatMaxPattern。

- FindPatMaxPatterns：表示基于训练模式查找图像中的对象。
- FindPatterns：它由两个函数组成，一个函数提取基于区域或边缘的模式或模型，而另一个函数搜索图像，查找以前训练过的模型。

- SortPatterns：它是按图案在图像中的位置对图案进行排序的，排序模式有 X 坐标、Y 坐标、角度、角度距离、距离或网格，排序后的模式作为新的数据结构返回。
- TrainPatMaxPattern：表示从图像中提取并训练模式，以便与 FindPatMaxPatterns 函数一起使用。

采用第 4 章的定位例题 4-1，加载完图像，选中在表格中的任一空白单元格，双击视觉工具"FindPatterns"按钮，这时会弹出一个对话框，如图 5-5 所示，其中包括图像、固定、模型区域、模型设置、查找区域、要查找的数量、角度范围、缩放公差等设置项。

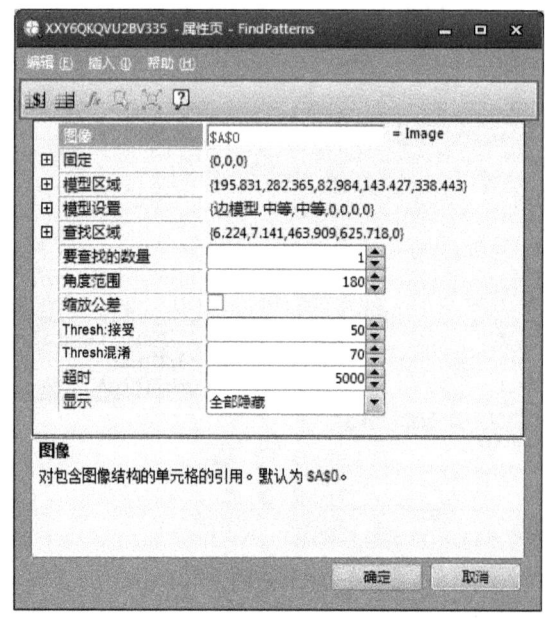

图 5-5　FindPatterns 对话框

- 图像：指对包含图像结构的单元格的引用，默认情况下，此参数引用"A0"，该参数还可以引用其他数据结构，如视觉工具图像函数或坐标变换函数返回的数据结构。
- 固定：表示相对图像原点的偏移，默认设置为(0,0,0)，行、列、角度分别表示以图像坐标表示的行偏移量、列偏移量、方向角。
- 模型区域：指定将用于提取模型图案的矩形图像区域，它包括原点的 X 偏移量、原点的 Y 偏移量、沿区域 X 轴的尺寸、沿区域 Y 轴的尺寸，以及夹具坐标表示的方向角度。双击"模型区域"按钮，就可以跳转到图像显示区，修改模型框的选中模型，再双击模型框就可以返回到电子表格界面，如图 5-6 所示。
- 模型设置：指设定模型训练参数，包括模型类型、粗度、精确度等参数设置。
- 查找区域：指将用于定义搜索图案的位置图像区域，选择此参数后，通过单击属性页工具栏上的"⛶"按钮，区域将自动拉伸以覆盖整个图像。

第 5 章 In-Sight Explorer 电子表格功能

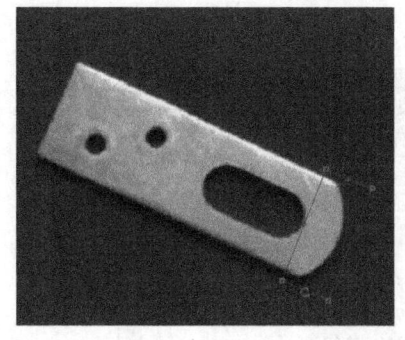

图 5-6 模型区域设置

- 要查找的数量：指要返回的最大模式匹配数（0 到 255；默认值=1），虽然可以返回的最大图案数为 255，但当"模型设置"参数设置为"边模型"时，其他设置（尤其是粗糙度、精度和比例公差）可以显著减少返回的图案数。如果需要找到更多的模式，建议使用 FindPatMaxPatterns 函数。
- 角度范围：指函数对图案旋转的+/-公差（0 到 180；默认值=15）。
- 缩放公差：指函数对图案比例变化的公差。当禁用比例搜索时，函数仍将查找原始模型大小约 10%内的模式，启用比例搜索后，功能将在原始模型大小的正负 10%范围内执行有限的比例调整。
- Thresh:接受：指最小可接受模式响应得分（0 到 100；默认值=50）。函数将返回数字，以查找超过 thresh:accept 限制的模式响应。
- Thresh 混淆：指定图像中不是模型真正实例的模式的最大预期模式响应得分（0 到 100；默认值=70）。设置此搜索参数有助于函数了解要调查的模式响应及可以安全忽略的模式响应。此参数也称为混淆阈值。
- 超时：指定函数在停止执行并返回错误之前搜索模式的时间量（毫秒）（0 到 30000；默认值=5000）。将该值设置为 0，将禁用该设置，并且不会应用超时。
- 显示：指图像上 FindPatterns 图形的显示模式。

所有选项设置完毕之后，单击 确定 按钮，在表格的单元格内就会显示定位的结果，包括行、列（Col）、角度、缩放比例的值，以及模型响应得分，如图 5-7 所示。当需要再次修改参数时，双击工具名称就会再次弹出对话框。

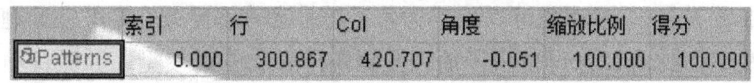

图 5-7 FindPatterns 工具结果

在电子表格中，存在/不存在功能也可采用" 图案匹配 "工具，选择模型进行训练查找实现，根据例 4-4 可知，单击" FindPatterns "按钮，FindPatterns 对话框如图 5-8 所示。值得注意的是，根据采集到图像的特点，如果设置模型为圆孔，将整个图像区域作为查找区域，则需要查找的模型数量是 3 个，如果查找区域只是缺失区域，而不包含其他圆孔，则需要查找的模型数量是 1 个。当参数修改完毕后，单击 确定 按钮，在表格中就会显示检测的结果评分，不存在显示错误。

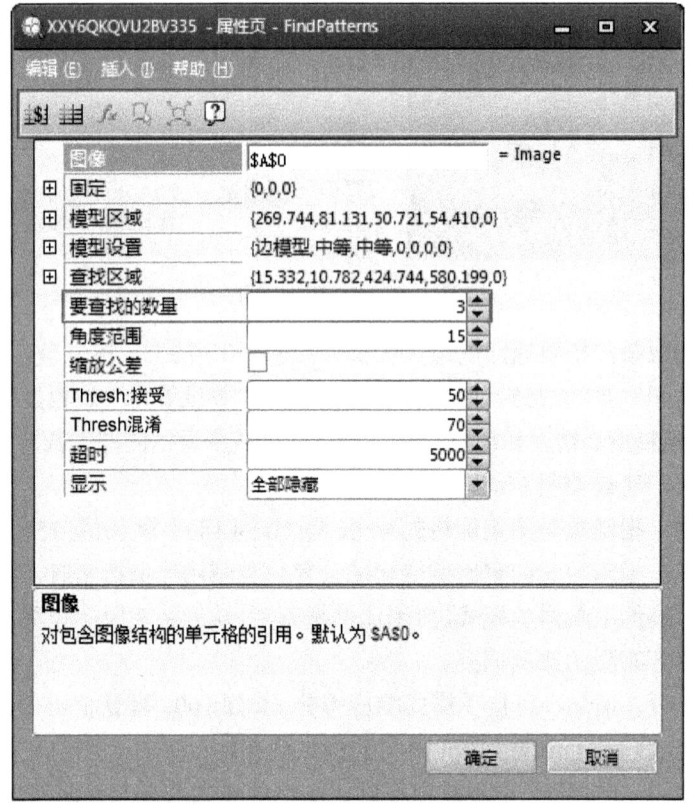

图 5-8　FindPatterns 对话框

5.2.2　ID 功能

在 EasyBuilder 中所有与识别有关的工具都在"产品识别工具"菜单下，一维码和二维码的识别也是分开的，而在电子表格中，一维码和二维码的识别是同一个工具。选择"ID"选项，下面包含 4 个不同的工具。

- ReadIDCode：解码一维码、二维码和符号中包含的信息。
- ReadIDMax：查找和解码区域内的一维或二维符号（一维/堆叠、数据矩阵、二维码和邮政符号）。该功能可以配置为各种符号和许多结果，并可以处理高度旋转和透视失真。或者，也可以用于培训数据矩阵和二维码模型，并验证质量指标。
- ValidateIDDate：它表示一个执行的验证，对使用 ID 解码器的数据执行验证。
- VerifyIDCode：对使用 ReadIDMax 函数或者 ReadIDCode 解码的"数据矩阵"符号执行附加符号验证操作。

【例 5-1】以图 5-9 所示的二维码为例，我们使用 ReadIDCode 和 ReadIDMax 工具分别识别，观察识别结果。

第 5 章　In-Sight Explorer 电子表格功能

图 5-9　识别二维码

1．使用 ReadIDCode 工具

在空白单元格处双击"ReadIDCode"按钮，弹出"ReadIDCode"对话框，如图 5-10 所示，包括图像、固定、区域、代码类型、解码设置、检验、超时、显示选项。其中图像、固定、区域、超时等选项含义与 FindPatterns 对话框中的相同。

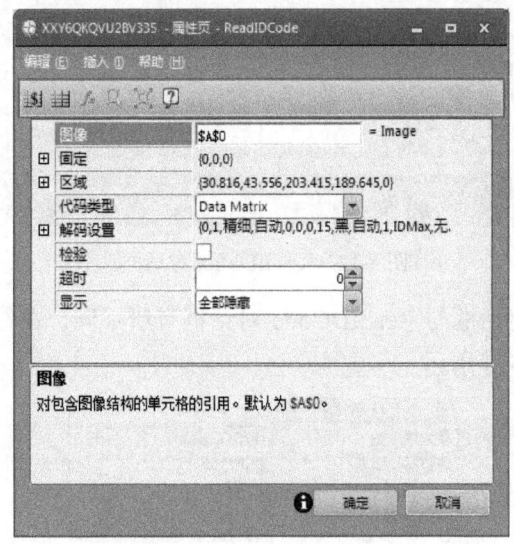

图 5-10　ReadIDCode 对话框

代码类型是指要读取的一维和二维符号的类型，里面包含多种不同类型，适合读取不同类型的符号。此外还可以选择"自动"，表示系统始终尝试读取每种代码类型，当不知道代码类型选择"自动"即可，二维码读取结果如图 5-11 所示。

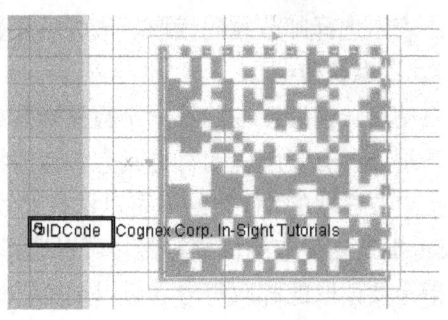

图 5-11　二维码读取结果

2. 使用 ReadIDMax 工具

在空白单元格处双击"ReadIDMax"按钮,弹出 ReadIDMax 对话框,如图 5-12 所示。

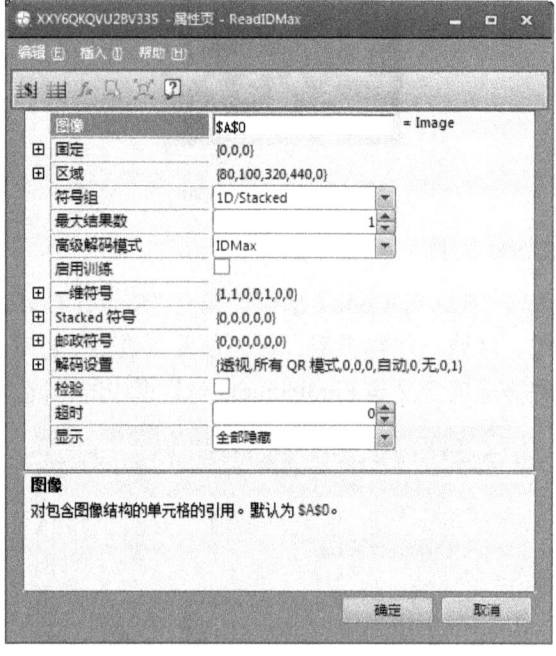

图 5-12　ReadIDMax 对话框

(1) ReadIDMax 对话框与 ReadIDCode 对话框有所不同,在符号组的下拉选项中提供了 4 个选项,如图 5-13 所示。

图 5-13　符号组选项

- 1D/Stacked:该选项为默认选项,表示选择一维和堆叠代码读取。
- 数据矩阵:表示选择数据矩阵(二维码)读取。
- QR 码:表示选择 QR 码(二维码的一种)读取。
- Postal(邮政编码):表示选择邮政编码读取。最大结果数是指定要定位和解码的最大符号数(1 到 128;默认值=1)。

(2) 启用训练:表示启动后,训练读取的第一个数据矩阵或二维码符号的模型。训练函数可以提高性能,尤其是当所有要解码的符号具有相似的特性时。

(3) 一维符号:表示指定要读取的 1D 符号(可以选择并读取多个符号)。

(4) Stacked 符号:表示指定要读取的堆叠符号(可以选择并读取多个符号)。

(5) 邮政符号:表示指定要读取的邮政符号(可以选择并读取多个符号)。

选项卡选择完毕之后,单击"确定"按钮,会在表格区域显示读取结果,对比采用 ReadIDCode 读取的结果，发现读取后的内容信息相同，如图 5-14 所示。在实际应用中，可以根据不同的读取类型选择不同的工具，无特殊情况类型，两者在功能上可以通用。

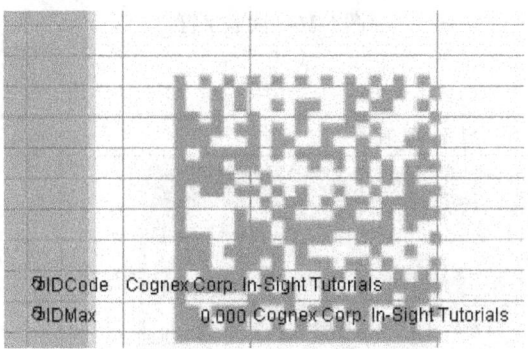

图 5-14　ReadIDMax 读取结果

5.2.3　OCV/OCR 功能

在电子表格的光学字符识别检测工具下，为我们提供了 6 种不同的工具，如图 5-15 所示。

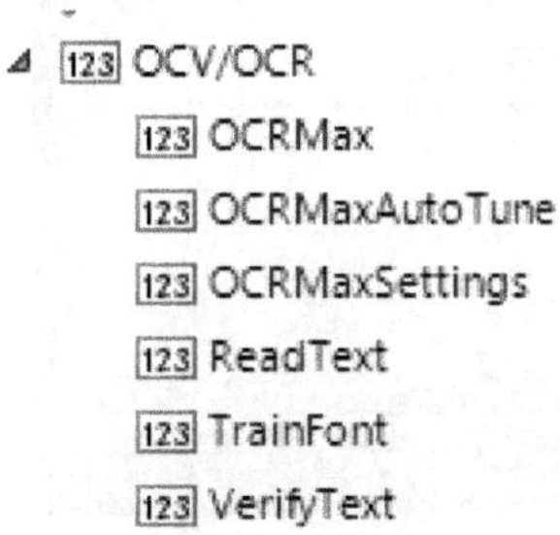

图 5-15　光学字符识别检测工具

- OCRMax：在使用用户定义的字符字体进行训练后，读取或验证选中区域内的文本字符串。
- OCRMaxAutoTune：提供对引用的 OCRMax 函数的自动调整对话框的外部访问。也就是此功能支持从远程设备自动调整，当单击按钮控件时，函数将启动引用的 OCRMax 函数的自动调整对话框。
- OCRMaxSettings：OCRMax 函数的外部分段、高级分类和字段设置，可在运行时进行调整。此功能提供设置的编程控制，支持从远程设备调整参数。
- ReadText：表示使用用户训练字体中的字符模型来读取图像区域中的文本字符串。
- TrainFont：表示训练字体字符。当从插入函数对话框中选择训练字符时，训练对话框将自动打开。
- VerifyText：验证图像区域中文本字符串中的字符。将文本字符串中的字符与用户培训字体中的字符模型进行比较，并与可能混淆的字符进行比较。

【例 5-2】采用电子表格的方式训练后读取图 5-16 中的字符。

图 5-16 读取字符

具体操作步骤如下：

操 作 界 面	操作及说明
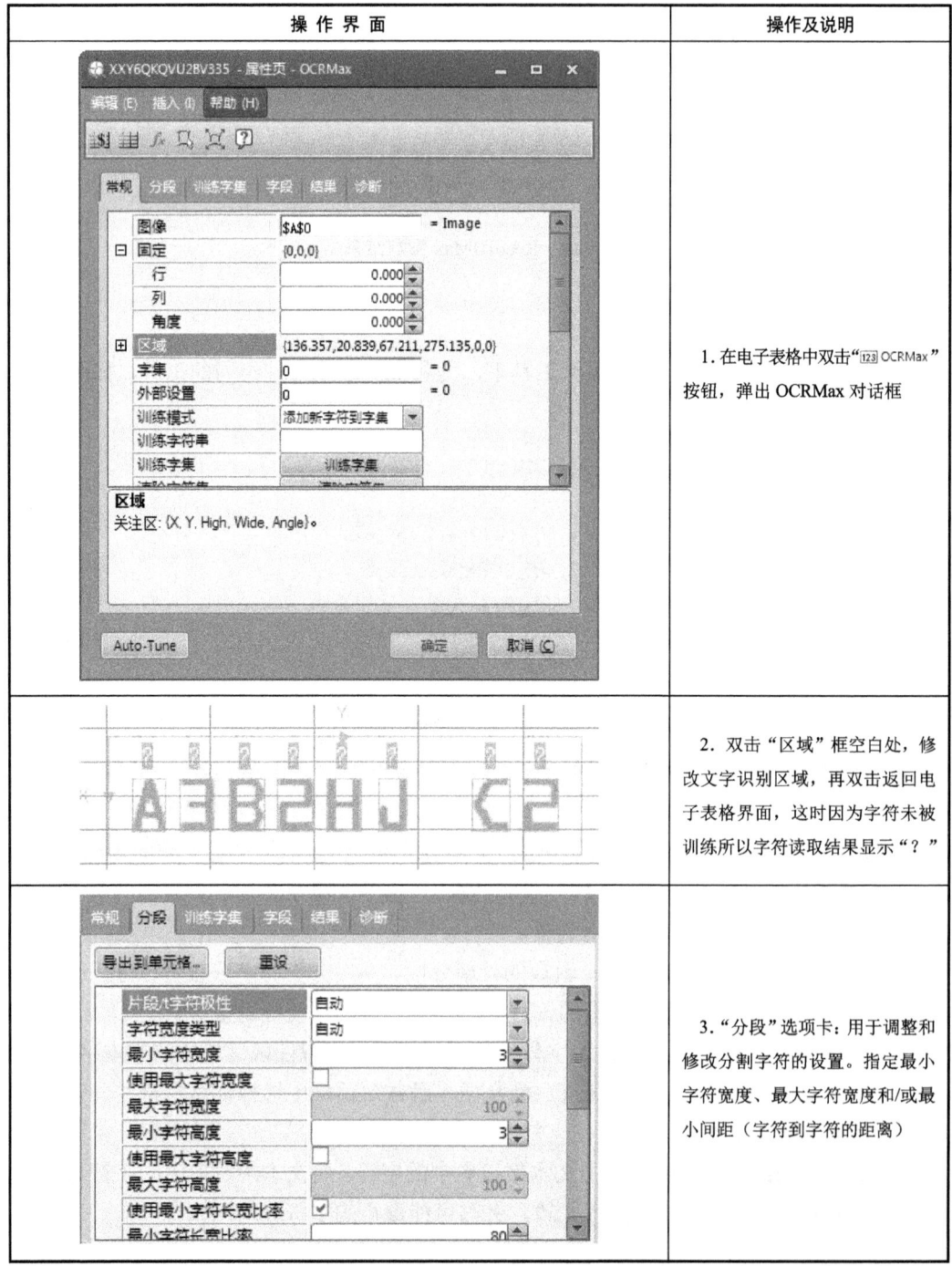	1. 在电子表格中双击"[123] OCRMax"按钮，弹出 OCRMax 对话框
	2. 双击"区域"框空白处，修改文字识别区域，再双击返回电子表格界面，这时因为字符未被训练所以字符读取结果显示"？"
	3. "分段"选项卡：用于调整和修改分割字符的设置。指定最小字符宽度、最大字符宽度和/或最小间距（字符到字符的距离）

续表

操 作 界 面	操作及说明
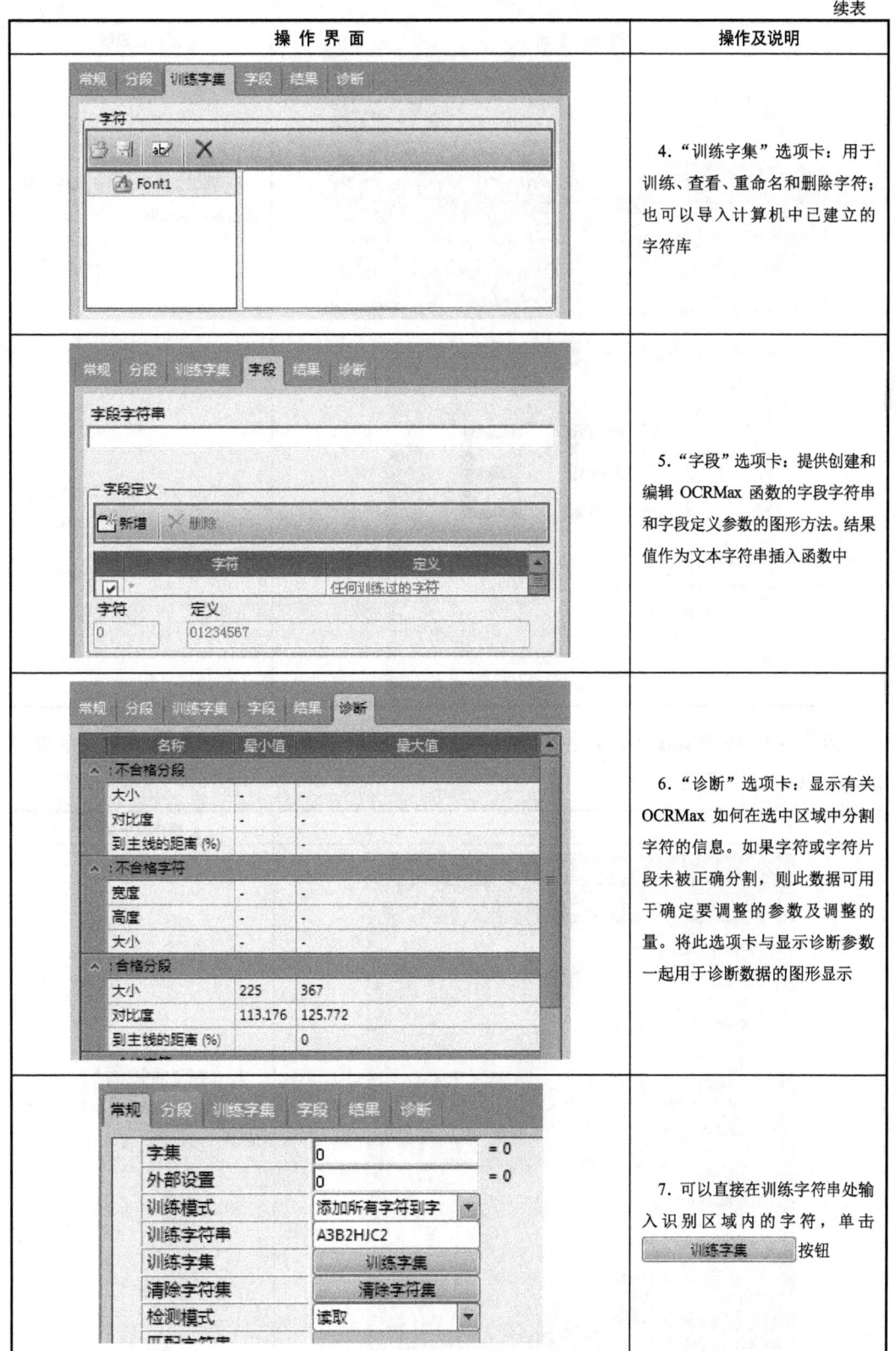	4."训练字集"选项卡：用于训练、查看、重命名和删除字符；也可以导入计算机中已建立的字符库
	5."字段"选项卡：提供创建和编辑 OCRMax 函数的字段字符串和字段定义参数的图形方法。结果值作为文本字符串插入函数中
	6."诊断"选项卡：显示有关 OCRMax 如何在选中区域中分割字符的信息。如果字符或字符片段未被正确分割，则此数据可用于确定要调整的参数及调整的量。将此选项卡与显示诊断参数一起用于诊断数据的图形显示
	7. 可以直接在训练字符串处输入识别区域内的字符，单击 训练字集 按钮

操 作 界 面	操作及说明
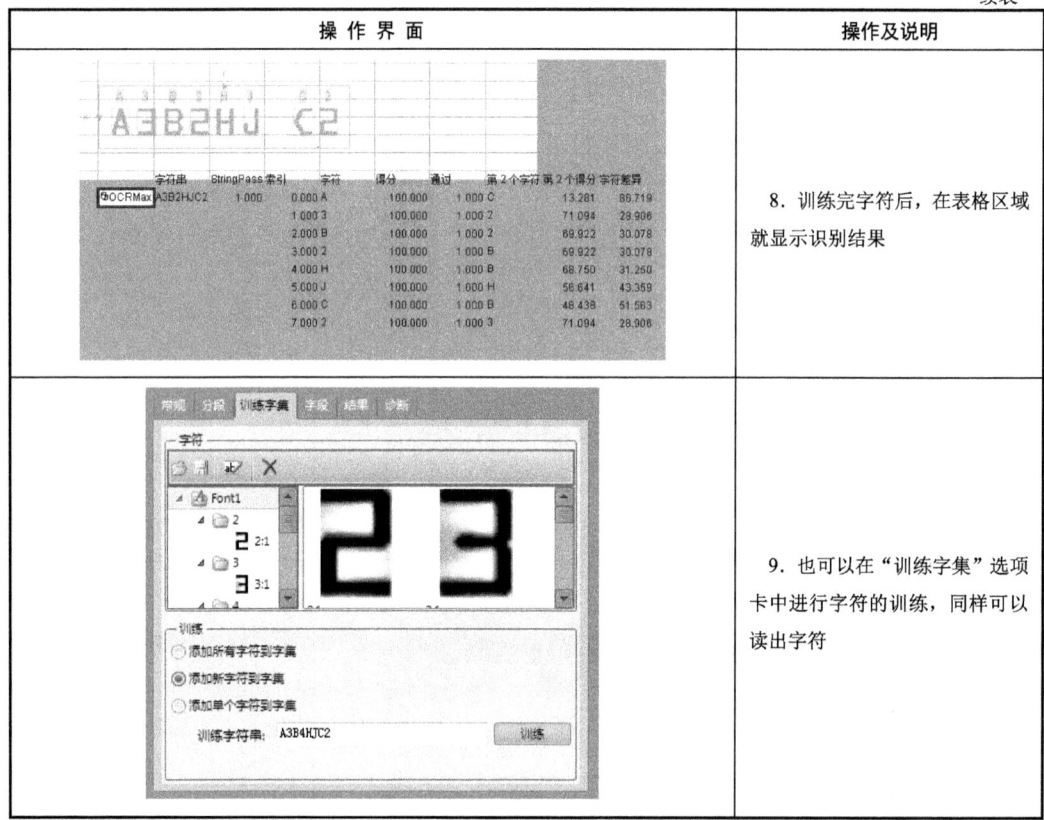	8. 训练完字符后，在表格区域就显示识别结果
	9. 也可以在"训练字集"选项卡中进行字符的训练，同样可以读出字符

除了采用 OCRMax 工具，我们还可以采用 TrainFont 和 ReadText 组合来实现字符的识别，具体操作步骤如下：

操 作 界 面	操作及说明
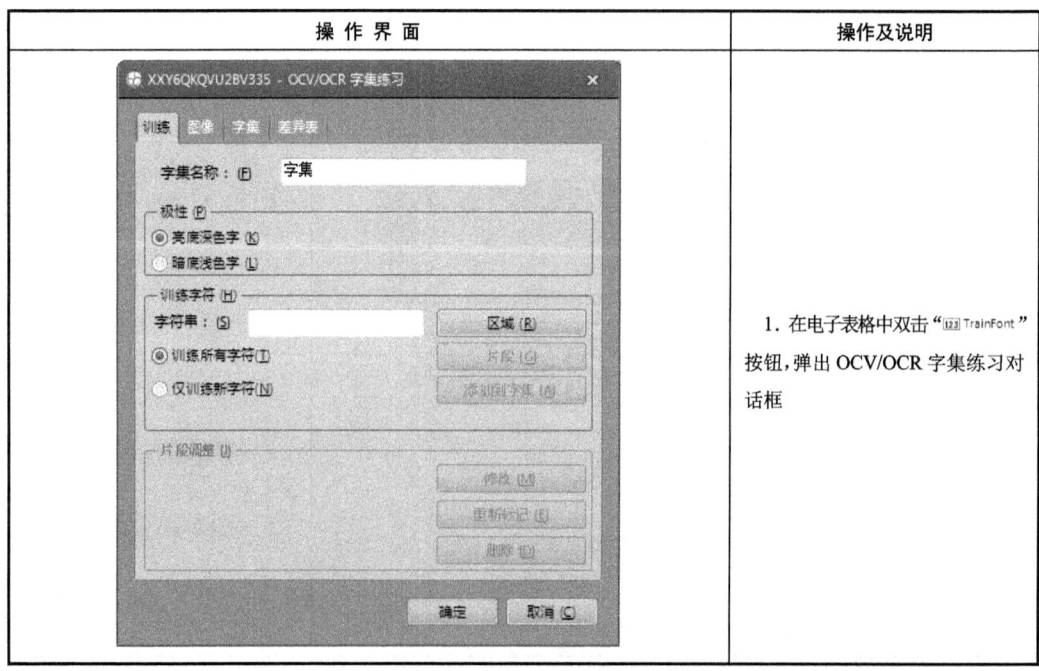	1. 在电子表格中双击"TrainFont"按钮，弹出 OCV/OCR 字集练习对话框

操作界面	操作及说明
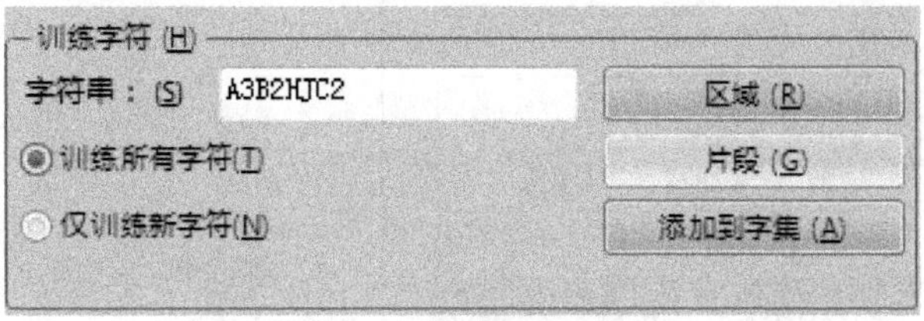 (训练字符界面，显示字符串 A3B2HJC2，图像 A3B2HJC2，字集 2、3、A、B、C、H、J)	2. 单击 区域(R) 按钮，选择字符所在的区域进行训练，在"字符串"框中输入读出字符结果。 3. 单击 片段(G) 按钮，这时会将字符串分割成字符。 4. 单击 添加到字集(A) 按钮，将训练字符结果保存到字集中，查看"字集"会看到训练的字符，训练完毕之后，这时会在选定的单元格中出现"$Font"，这个符号所代表的内容就是已训练的字集
(ReadText 属性页对话框)	5. 在电子表格中双击"ReadText"选项，弹出 ReadText 对话框，选择读取字符的区域
(字集 0 = 0，字段字符串 *******；字集 J77 = Font，字段字符串 ********)	6. 在"字集"选项中，可以指定提前训练的字集，选中字集"$Font"所在的单元格，"字段字符串"中的"*"数量表示读取结果的数量，单击 确定 按钮

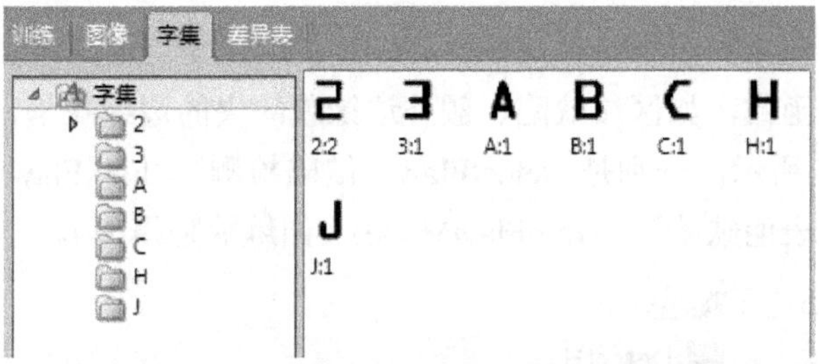

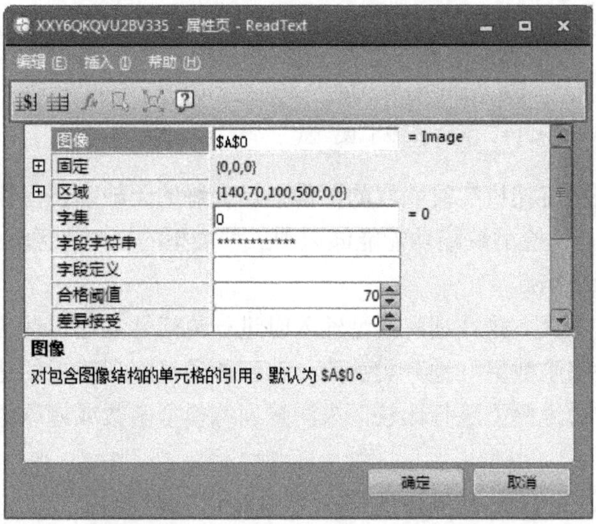

续表

操作界面	操作及说明
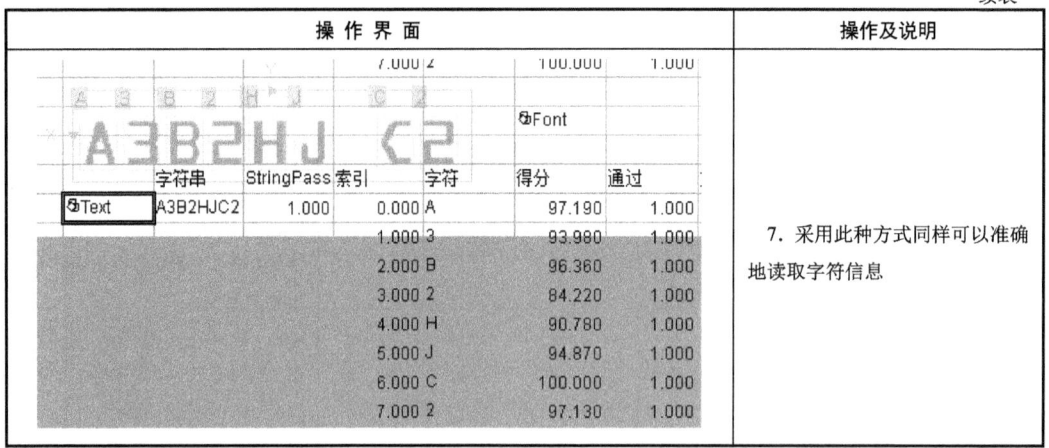	7. 采用此种方式同样可以准确地读取字符信息

5.2.4 瑕疵检测

瑕疵检测是用于查找瑕疵的函数，如区域缺陷、额外边缘或缺失的边缘缺陷，里面包含 4 个不同的工具，如图 5-17 所示，分别是 DetectFlaw（缺陷检测）、FlexFlawModel（挠曲缺陷模型）、SurfaceFlaw（表面缺陷）、TrainFlawModel（训练缺陷模型）。

图 5-17　瑕疵检测工具

- DetectFlaw：缺陷检测，是指将相机实时获取的图像与已训练的无缺陷图像模型对比，检测产品是否存在缺陷。检测缺陷功能能够识别三种类型的缺陷：区域缺陷、缺失边缘缺陷和额外边缘缺陷。
- FlexFlawModel：挠曲缺陷模型，是在训练模型输入时进行灵活性补偿以适应操作流程的变化，允许检测缺陷函数更好地分类缺陷。该函数通过将训练后的边缘模型与当前获取的图像中的边缘模型进行比较，来测量训练模型函数或遮罩函数区域内的位移。
- SurfaceFlaw：表面缺陷，是在没有模型的情况下检测运行时间内的瑕疵，主要用于检测局部强度变化，这可能表明被检查对象/零件上存在缺陷，如划痕或撕裂。
- TrainFlawModel：训练缺陷模型，用于创建将与采集的图像进行比较的完美零件/对象的模型。

【例5-3】以工件边缘瑕疵（见图5-18）为例介绍一下瑕疵工件的使用。

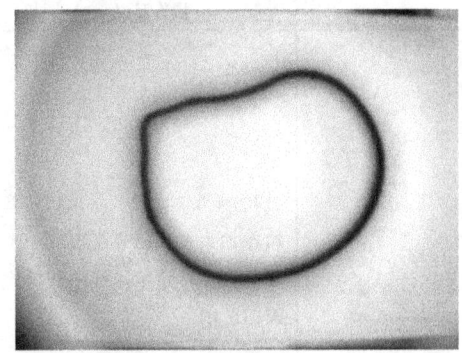
正常工件

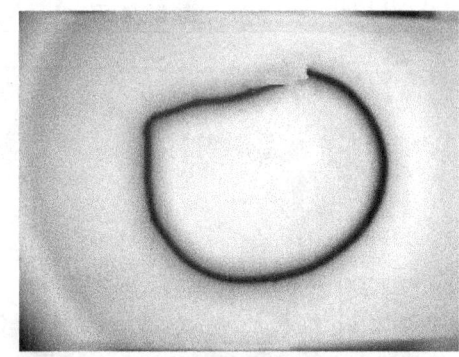
瑕疵工件1

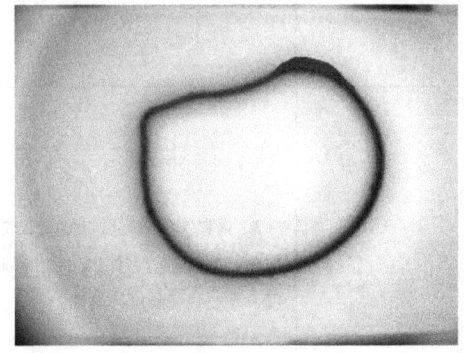
瑕疵工件2

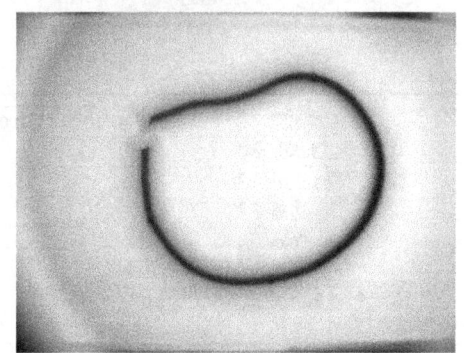
瑕疵工件3

图5-18 瑕疵工件

具体操作方法如下：

操 作 界 面	操作及说明
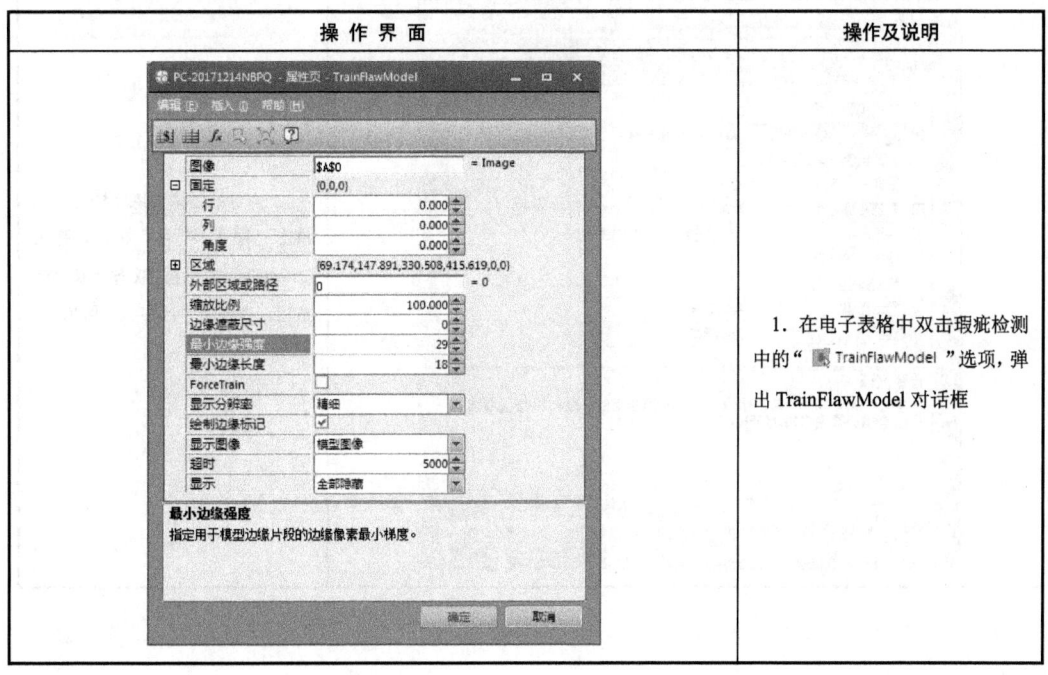	1. 在电子表格中双击瑕疵检测中的" TrainFlawModel "选项，弹出 TrainFlawModel 对话框

续表

操 作 界 面	操作及说明
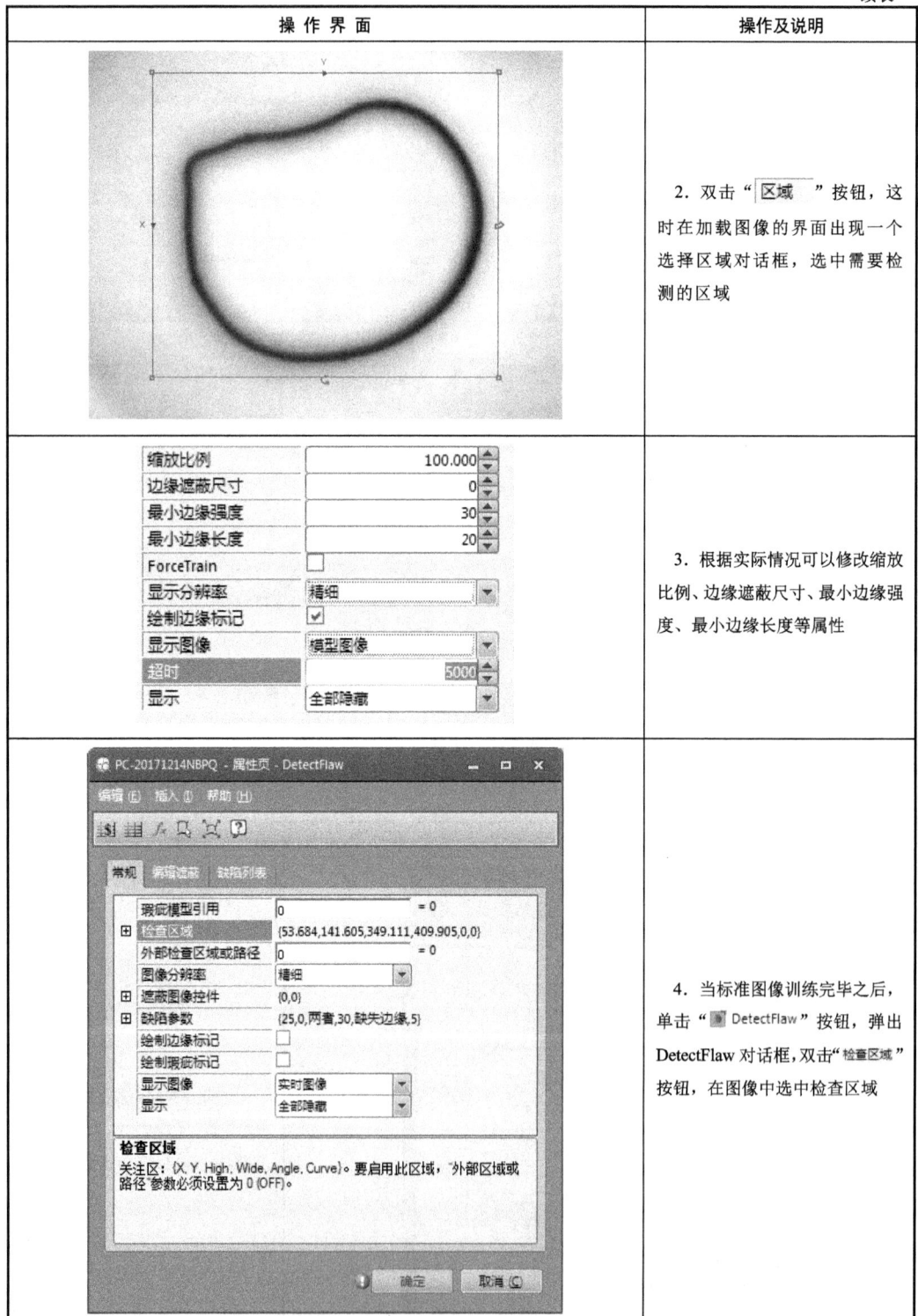	2. 双击"区域"按钮,这时在加载图像的界面出现一个选择区域对话框,选中需要检测的区域
	3. 根据实际情况可以修改缩放比例、边缘遮蔽尺寸、最小边缘强度、最小边缘长度等属性
	4. 当标准图像训练完毕之后,单击" DetectFlaw"按钮,弹出 DetectFlaw 对话框,双击"检查区域"按钮,在图像中选中检查区域

140

续表

操 作 界 面	操作及说明
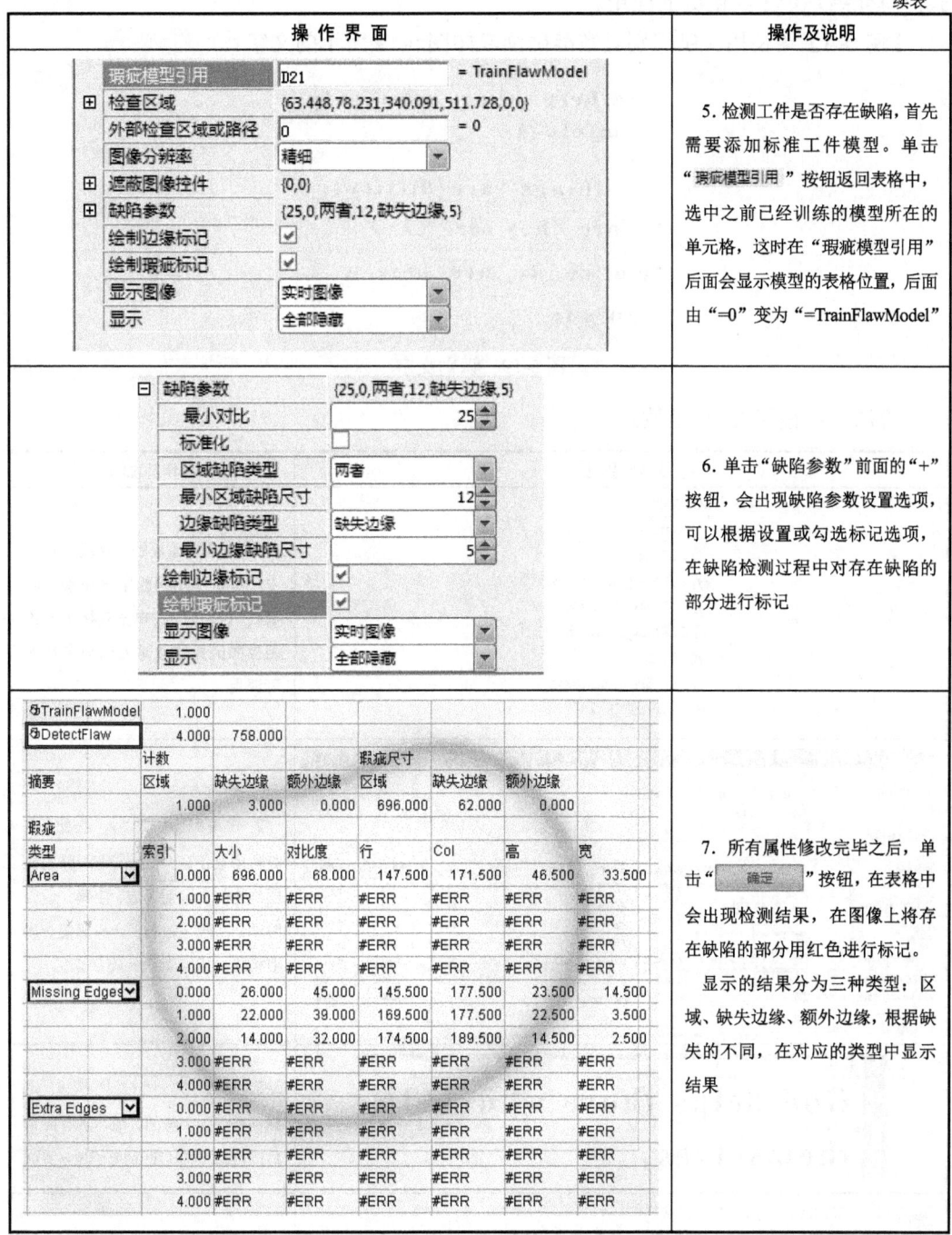	5. 检测工件是否存在缺陷,首先需要添加标准工件模型。单击"瑕疵模型引用"按钮返回表格中,选中之前已经训练的模型所在的单元格,这时在"瑕疵模型引用"后面会显示模型的表格位置,后面由"=0"变为"=TrainFlawModel"
	6. 单击"缺陷参数"前面的"+"按钮,会出现缺陷参数设置选项,可以根据设置或勾选标记选项,在缺陷检测过程中对存在缺陷的部分进行标记
	7. 所有属性修改完毕之后,单击"确定"按钮,在表格中会出现检测结果,在图像上将存在缺陷的部分用红色进行标记。 显示的结果分为三种类型:区域、缺失边缘、额外边缘,根据缺失的不同,在对应的类型中显示结果

5.2.5 综合应用

在选择面板中除了在"函数"目录下提供许多视觉工具,在"片段"目录下也包含了许多工具函数,包括斑点检测、颜色检测、缺陷检测、ID 识别、OCV&OCR 字符识别、通信等 17 个主菜单,每个主菜单下又包含许多子函数,下面我们就以操作实例的形式简单介绍几个工具函数的应用。

【例5-4】请使用文字识别函数准确读取如图5-19所示的文字。

God helps those who help themselves.

All things are difficult before they are easy.

Two heads are better than one.

图 5-19 识别文字

方法一：使用 OCR 函数。

操作界面	操作及说明
OCV & OCR 文件夹下包含：Fonts、OCR.cxd、OCRMax_MultiLine.cxd、OCRMax_SharedFont.cxd、OCRMax_ShowAndGo.cxd、OCV.cxd、OCV_ShowAndGo.cxd、VariableOCR.cxd	1. 在选择面板的"片段"菜单中，提供了不同的字符识别工具函数，使用时，在电子表格中单击相应的函数或者输入函数名称即可调用
Trains and reads characters 参数表（Fixture Ref.: Row 240.000, Col 320.000, Angle 0.000；OCR Region: Row 18.385, Col 6.830, High 54.701, Wide 580.190, Angle 0.000, Curve 0.000；Font #ERR；Execution Time 0.044 Fail；Tune；String ******；Accept Thresh 70.0；Reading Mode Speed；Confusing Background ☑；Scale Tolerance ☑）	2. 单击"OCR.cxd"按钮，在表格中会出现几行显示区，分别是固定坐标、识别区域、字集、运行时间、字段字符串、合格阈值、读取模式、混淆背景、缩放公差
Region 框选 "God helps those who help themselves."	3. 单击"OCR Region"按钮，选择需要识别字符的区域，选择完毕后按 Enter 键即可回到电子表格界面
Fixture Ref.: 240.000 320.000 0.000；OCR Region: Row 3.575, Col 4.218, High 124.392, Wide 594.993, Angle 0.000, Curve 0.000；Font #ERR；Execution Time 0.129 Fail 1.000 #ERR 0.000 0.000 #ERR 0.000 0.000	4. 因为未提前建立字符库，所以显示"#ERR"，单击"Font"按钮进入字集练习界面

续表

操 作 界 面	操作及说明
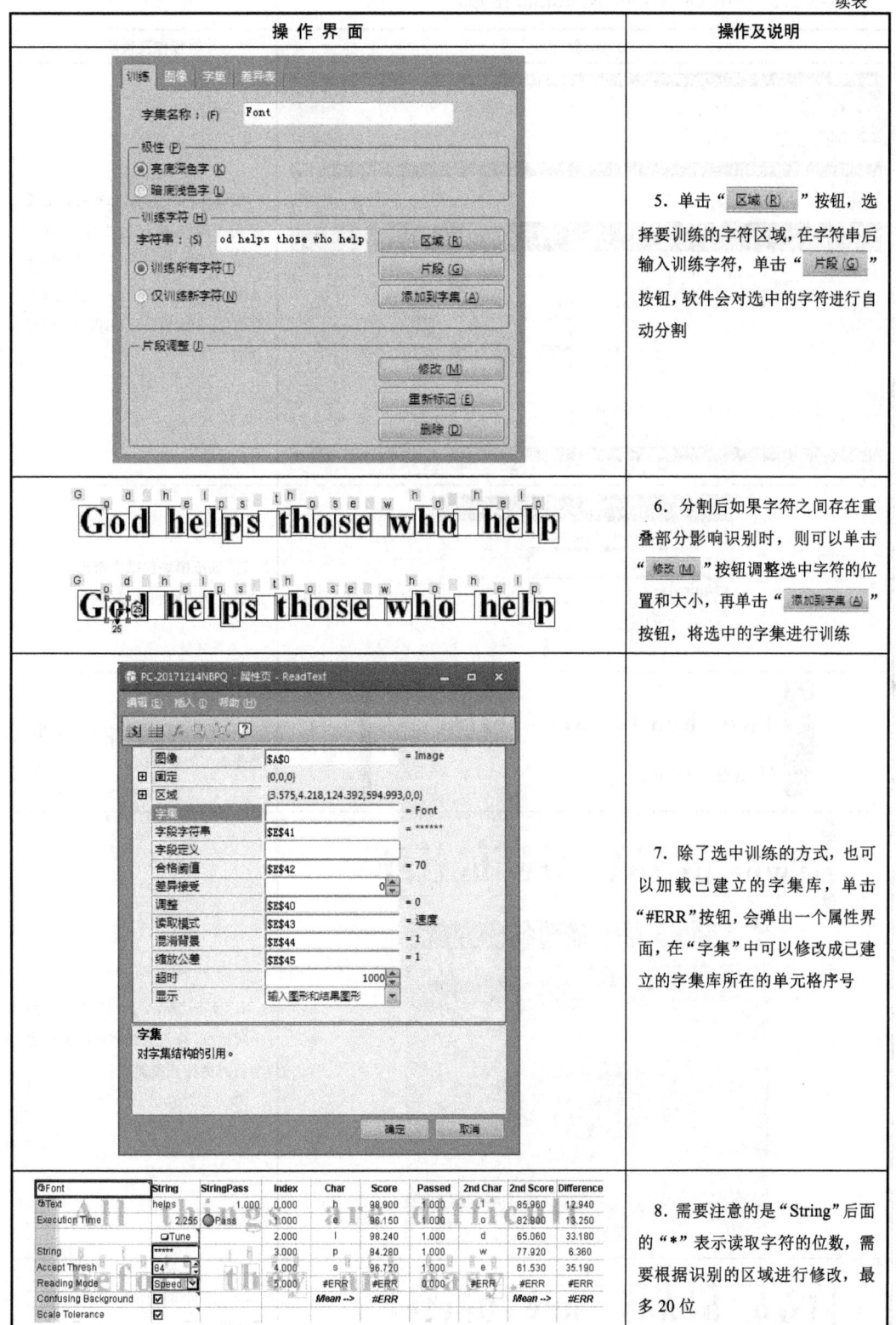	5. 单击"区域(R)"按钮,选择要训练的字符区域,在字符串后输入训练字符,单击"片段(G)"按钮,软件会对选中的字符进行自动分割
	6. 分割后如果字符之间存在重叠部分影响识别时,则可以单击"修改(M)"按钮调整选中字符的位置和大小,再单击"添加到字集(A)"按钮,将选中的字集进行训练
	7. 除了选中训练的方式,也可以加载已建立的字集库,单击"#ERR"按钮,会弹出一个属性界面,在"字集"中可以修改成已建立的字集库所在的单元格序号
	8. 需要注意的是"String"后面的"*"表示读取字符的位数,需要根据识别的区域进行修改,最多20位

方法二：使用 OCRMax_Multiline 函数。

操作界面	操作及说明
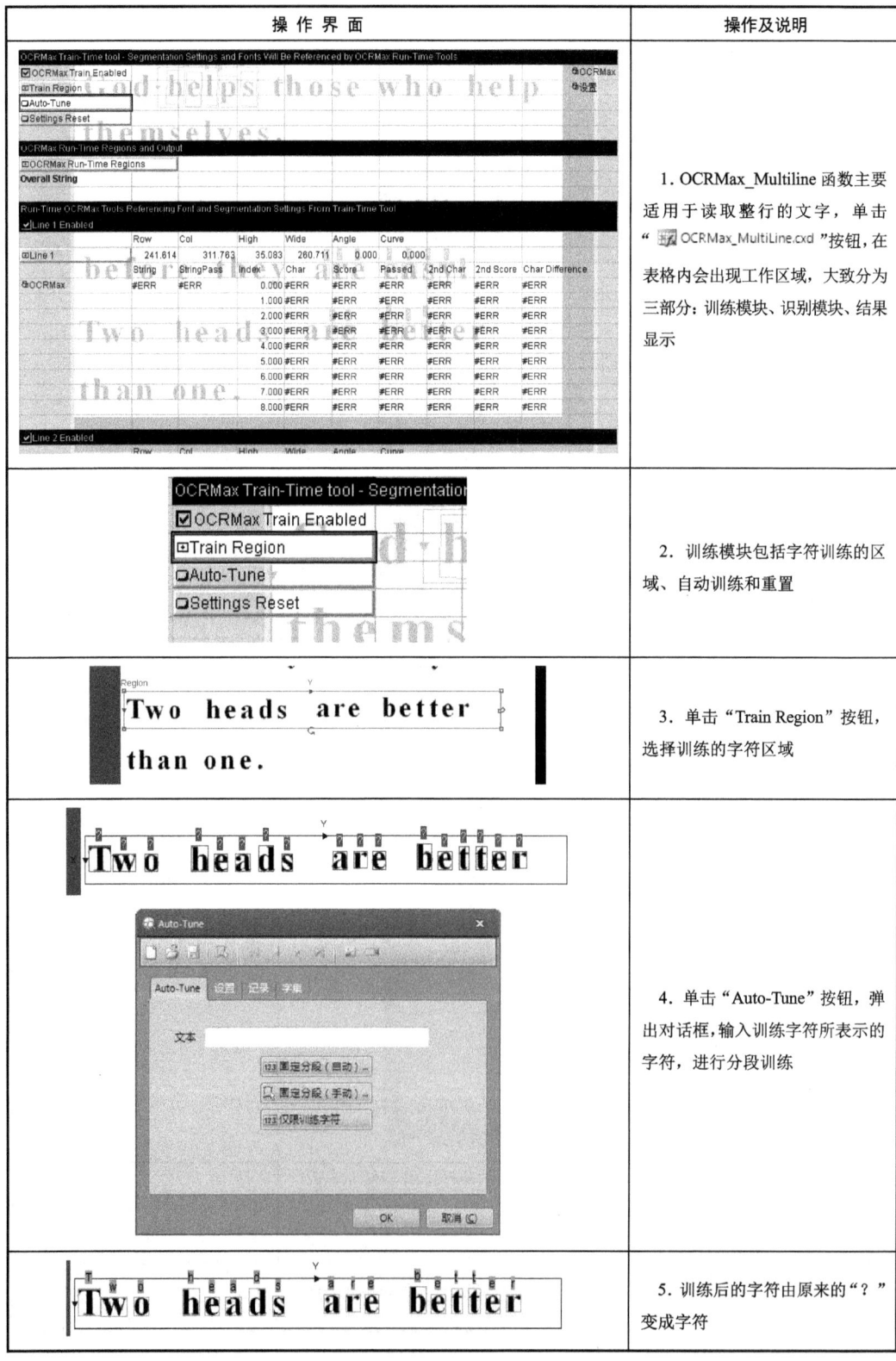	1. OCRMax_Multiline 函数主要适用于读取整行的文字，单击"OCRMax_MultiLine.cxd"按钮，在表格内会出现工作区域，大致分为三部分：训练模块、识别模块、结果显示
	2. 训练模块包括字符训练的区域、自动训练和重置
	3. 单击"Train Region"按钮，选择训练的字符区域
	4. 单击"Auto-Tune"按钮，弹出对话框，输入训练字符所表示的字符，进行分段训练
	5. 训练后的字符由原来的"？"变成字符

续表

操作界面	操作及说明
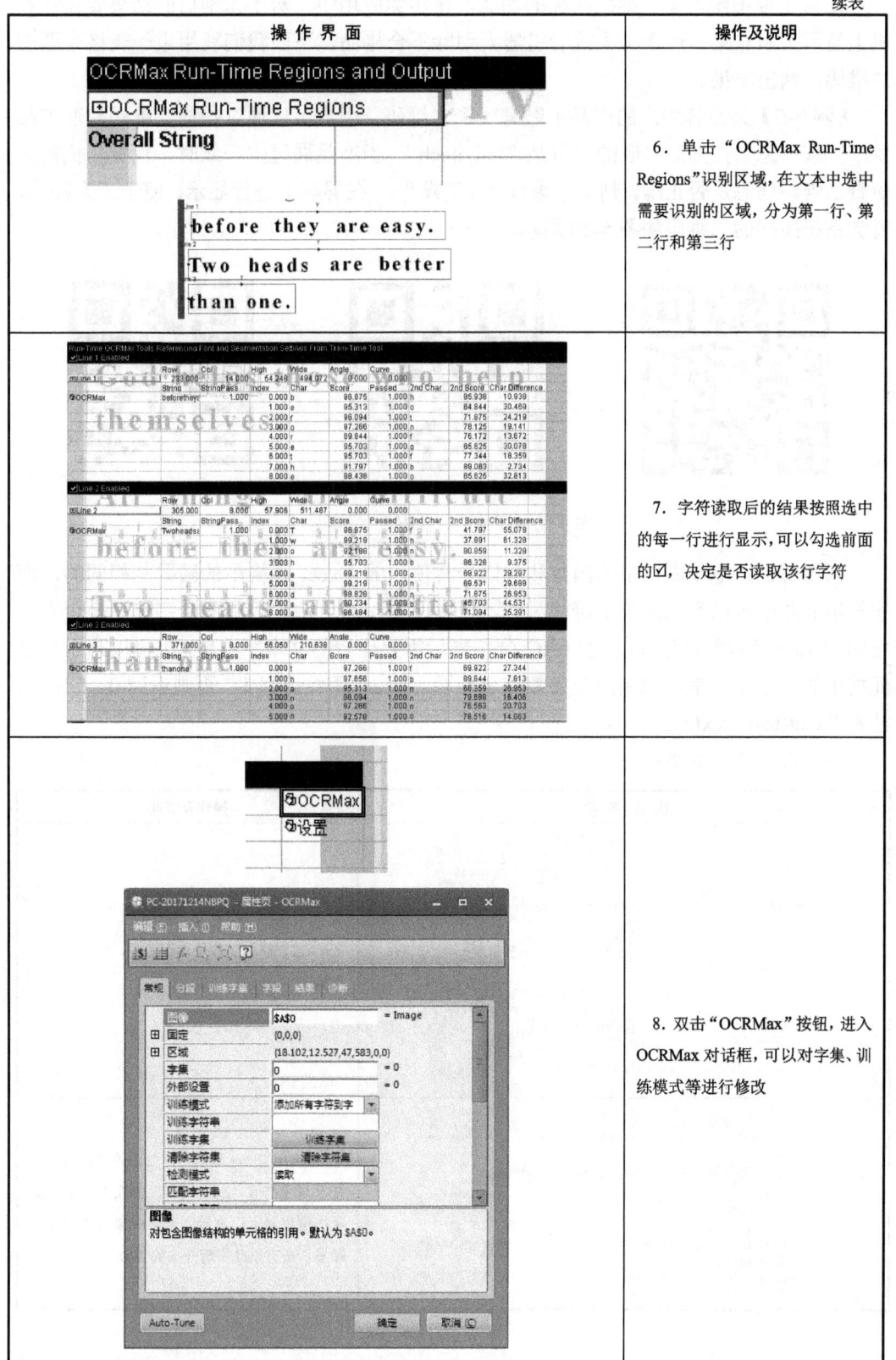	6. 单击"OCRMax Run-Time Regions"识别区域，在文本中选中需要识别的区域，分为第一行、第二行和第三行
	7. 字符读取后的结果按照选中的每一行进行显示，可以勾选前面的☑，决定是否读取该行字符
	8. 双击"OCRMax"按钮，进入OCRMax对话框，可以对字集、训练模式等进行修改

在第 4 章中学习了一维码匹配的功能，在实际应用中，对于识别后的结果要在计算机上显示判断结果，便于工人或者机器人剔除不合格品，下面我们就用电子表格来匹配二维码，输出结果。

【例 5-5】某品牌生产的产品上贴有一个二维码，用户可以通过扫描二维码获取产品生产厂家信息，扫描后对应的字符是"haiyitech"。当产品通过生产线时，视觉相机需要检查二维码信息是否正确，判定结果以"√"或"×"在屏幕上进行显示，便于工人筛选，视觉系统捕捉的二维码如图 5-20 所示。

图 5-20 视觉系统捕捉的二维码

例题解析：电子表格中的函数和我们平常使用的 Excel 表格中的函数是相同的，而字符串的匹配可以看成两束字符的对比，可以使用 Exact 函数检测两个字符串是否完全相同。Exact 函数的参数 text1 和 text2 分别表示需要比较的文本字符串，也可以是引用单元格中的文本字符串，如果两个参数完全相同，Exact 函数返回 1，否则返回 0，它的语法是 Exact(text1,text2)。

具体操作步骤如下：

操 作 界 面	操作及说明
索引　字符串 ⑤IDMax　0.000 haiyitech 索引　字符串 ⑤IDMax　0.000 haiyich	1. 首先添加二维码读取工具，对二维码进行读取
ex Exact Exp ExportData ExtractBlobs ExtractCalibration ExtractColor ExtractColorHistogram	2. 调用 Exact 函数对比二维码读取后的字符串与标准值 "haiyitech"。如果不知道函数所在位置则可以直接在表格中输入首字母，即显示所有以此字母开头的函数

续表

操 作 界 面	操作及说明
	8. 双击"Location"前面的单元格,可以引用之前判定结果,这里直接选择 Exact 函数判定单元格即可
	9. 这时就对二维码所表示的字符串进行匹配判断,并在图像上采用"√"和"×"进行结果的显示

【**例 5-6**】某生产厂加工一种元件,合格品如图 5-21(a)所示,元件不规则地通过生产线,由安装的视觉系统采集图像并检查元件是否为合格品,采集到的图像如图 5-21(b)所示,判定结果在显示屏上进行显示。

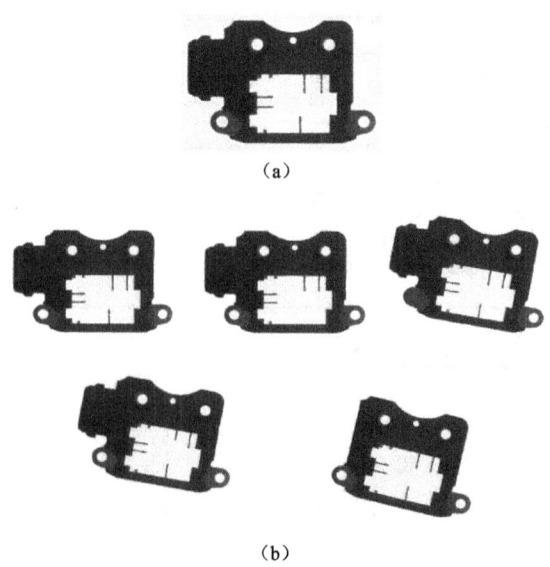

(a)

(b)

图 5-21　合格品与视觉系统采集图像

例题解析：通过观察元件的合格品可知，需要视觉检查的要素有圆孔的数量、直径、相对位置、引脚的尺寸、数量及其他要素是否完整。

具体操作如下：

操作界面	操作及说明
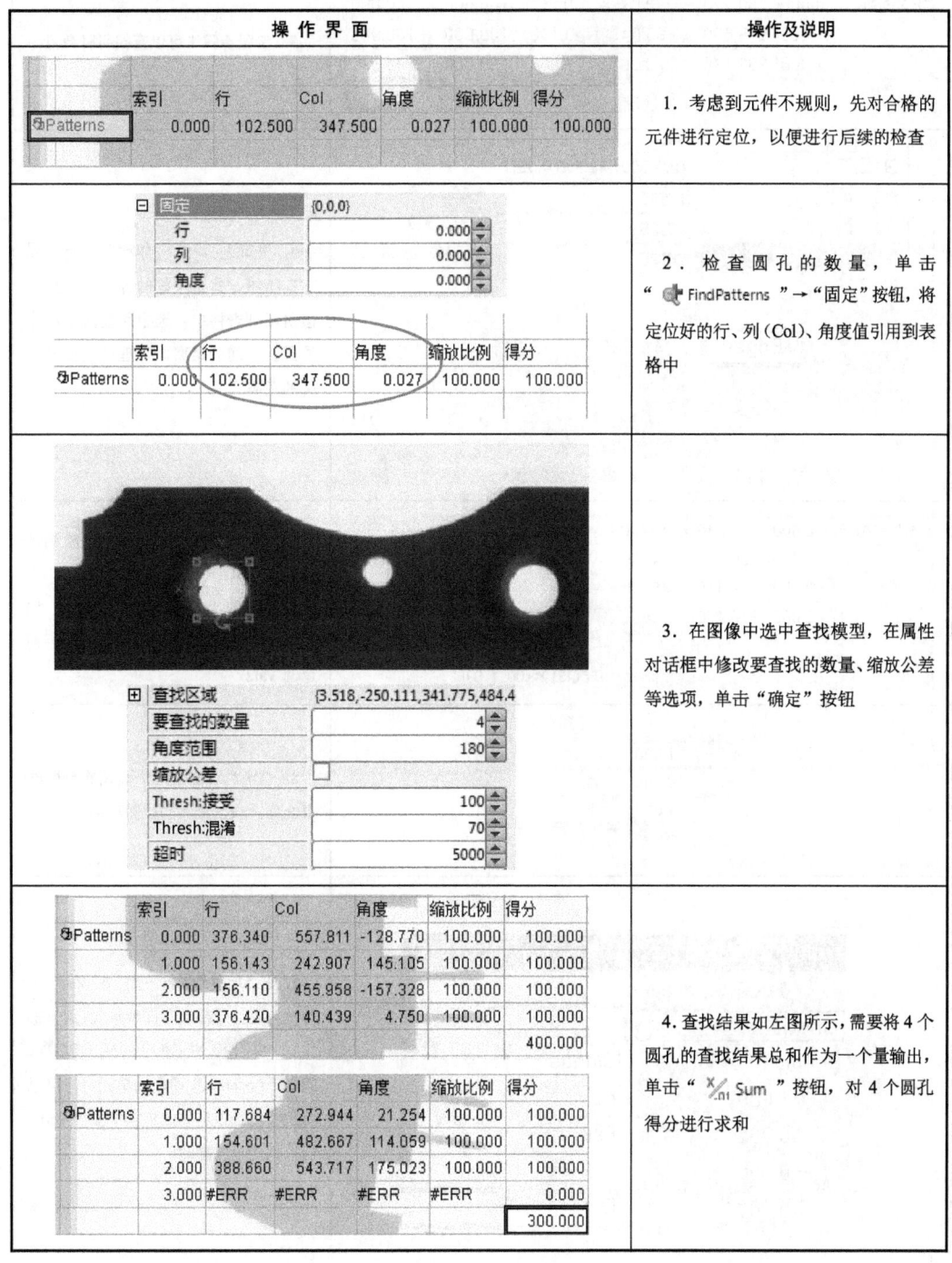	1. 考虑到元件不规则，先对合格的元件进行定位，以便进行后续的检查
	2. 检查圆孔的数量，单击"FindPatterns"→"固定"按钮，将定位好的行、列（Col）、角度值引用到表格中
	3. 在图像中选中查找模型，在属性对话框中修改要查找的数量、缩放公差等选项，单击"确定"按钮
	4. 查找结果如左图所示，需要将4个圆孔的查找结果总和作为一个量输出，单击"$\frac{x}{n1}$ Sum"按钮，对4个圆孔得分进行求和

续表

操作界面	操作及说明
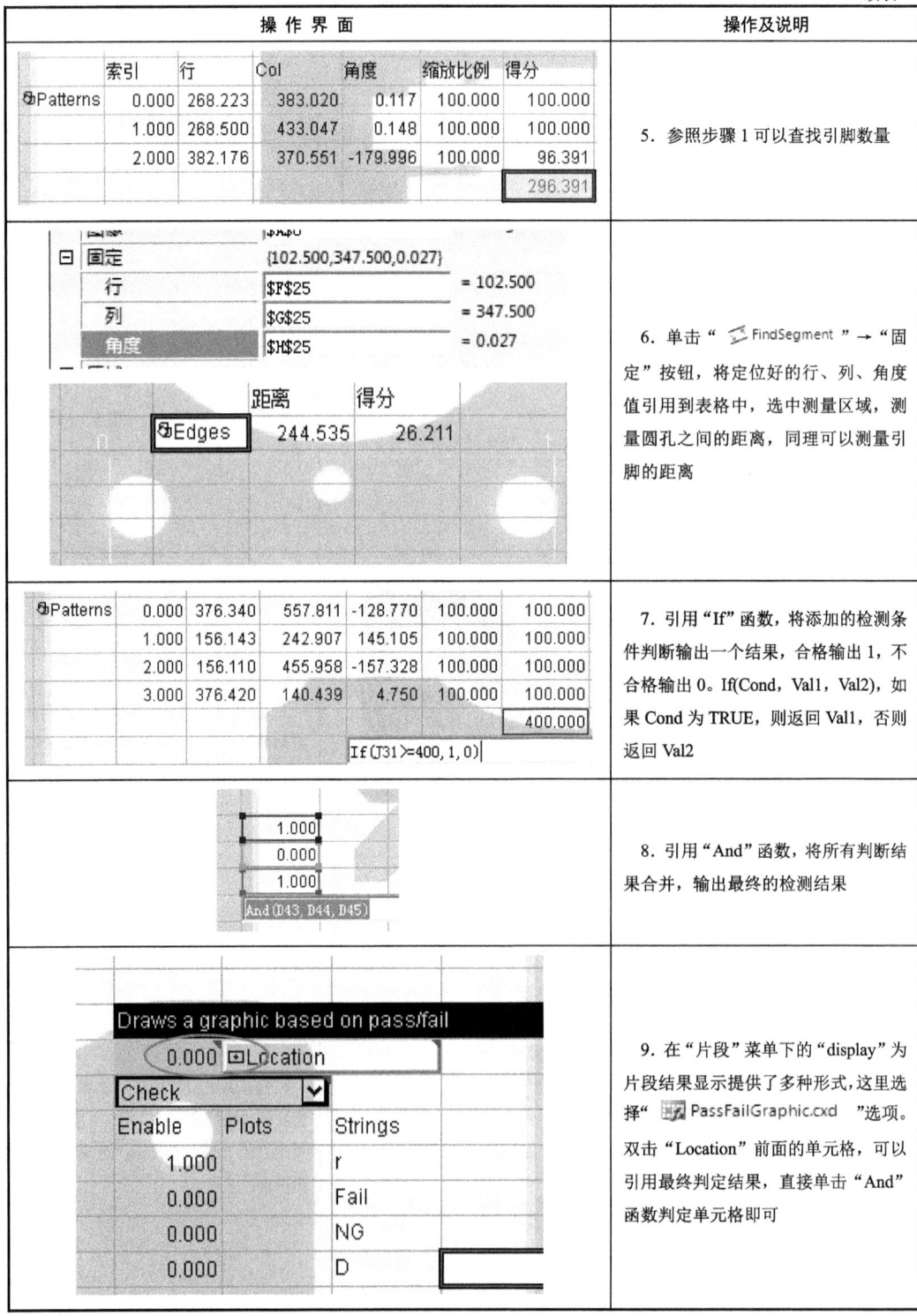	5. 参照步骤1可以查找引脚数量
	6. 单击 " FindSegment " → "固定" 按钮，将定位好的行、列、角度值引用到表格中，选中测量区域，测量圆孔之间的距离，同理可以测量引脚的距离
	7. 引用 "If" 函数，将添加的检测条件判断输出一个结果，合格输出1，不合格输出0。If(Cond, Val1, Val2)，如果 Cond 为 TRUE，则返回 Val1，否则返回 Val2
	8. 引用 "And" 函数，将所有判断结果合并，输出最终的检测结果
	9. 在 "片段" 菜单下的 "display" 为片段结果显示提供了多种形式，这里选择 " PassFailGraphic.cxd " 选项。双击 "Location" 前面的单元格，可以引用最终判定结果，直接单击 "And" 函数判定单元格即可

操作界面	操作及说明
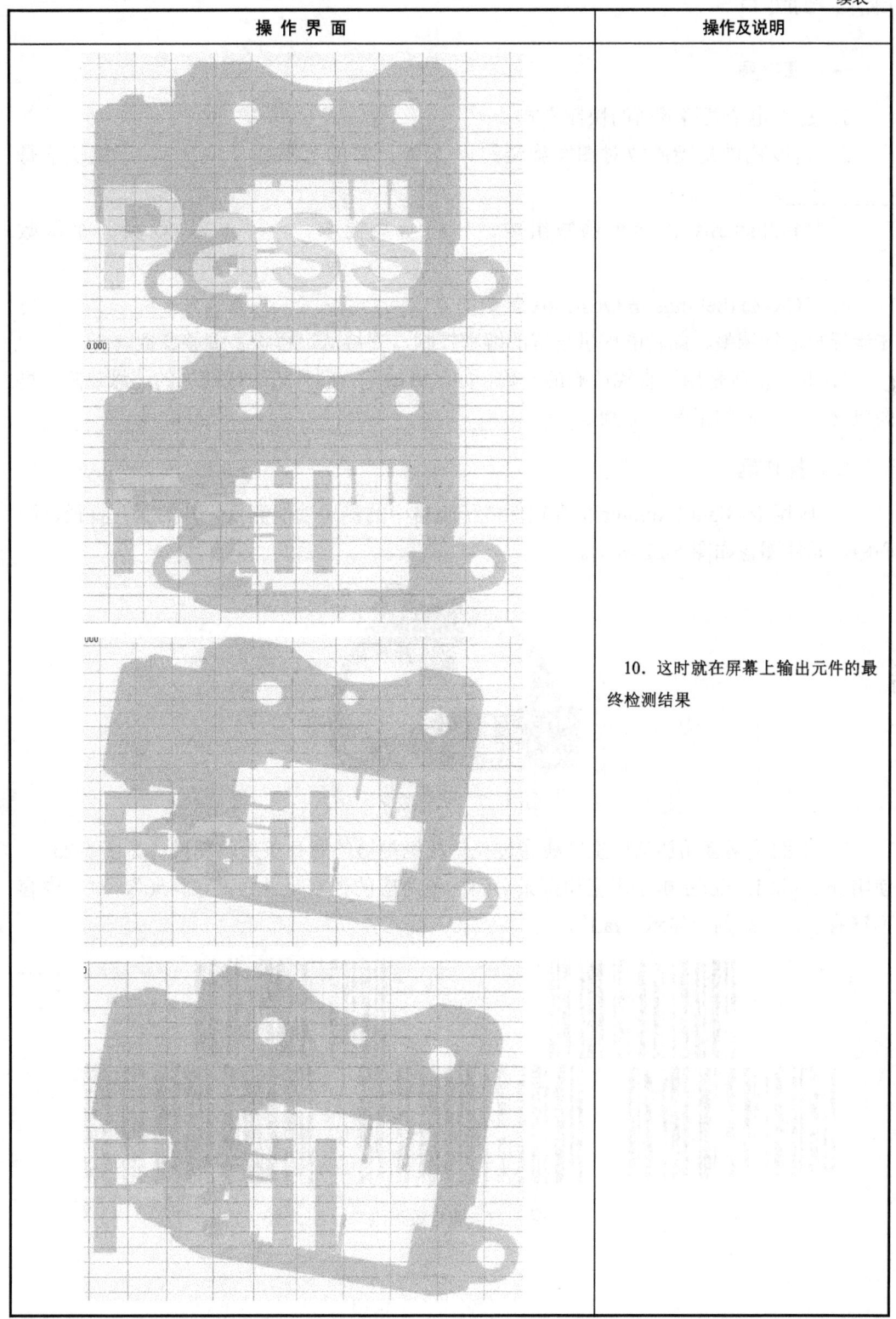	10. 这时就在屏幕上输出元件的最终检测结果

课后习题 5

一、填空题

1. 进入电子表格界面的快捷方式_____。

2. 角度范围是指函数对图案旋转的+/-公差，它的范围是_____，默认值是_____。

3. FindPatterns 由两个函数组成：一个函数提取_____，而另一个函数_____。

4. OCRMaxSettings 是 OCRMax 函数的_____、_____和_____，可在运行时进行调整，此功能提供设置的编程控制，支持从远程设备调整参数。

5. 瑕疵检测是用于查找瑕疵的函数，如区域缺陷、额外边缘或缺失的边缘缺陷，里面包含 4 个不同的工具，分别是_____、_____、_____、_____。

二、操作题

1. 应用 In-Sight Explorer 仿真软件电子表格中的测量功能测量元件的圆孔直径、圆心距，元件图像如图 5-22 所示。

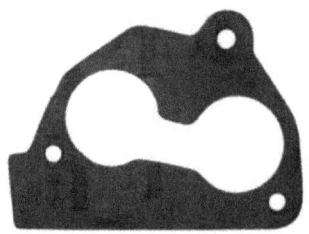

图 5-22　元件图像

2. 下面是某食品加工厂生产线通过视觉相机拍摄的瓶身条形码图像（见图 5-23），使用 In-Sight Explorer 电子表格识别条形码标签对应的数字是否为"123456"，对于内容不符的不合格品判定显示"fail"。

图 5-23　瓶身条形码

第 6 章　视觉相机的硬件与连接

6.1　视觉相机的硬件组成

6.1.1　标准组件

视觉系统出厂时除了相机还随附一些标准组件,以康耐视 In-Sight 7000 为例(本章其余配件和连接都以该型号为例,见图 6-1),它的标准组件有视觉系统、镜头盖工具包(包括镜头盖和 O 形环)、安装工具包(将视觉系统安装、固定的安装托架和 4 个 M3 螺丝)。需要注意的是,该视觉系统有两种镜头配置:M12 镜头配置和 C-Mount 镜头配置,对于 M12 镜头配置,厂家还预先安装了镜头和环形灯;而对于 C-Mount 镜头配置,出厂时不包括镜头,可以作为可选组件购买。产品具体包含的组件有完整的列表,可以在康耐视官网进行查询。

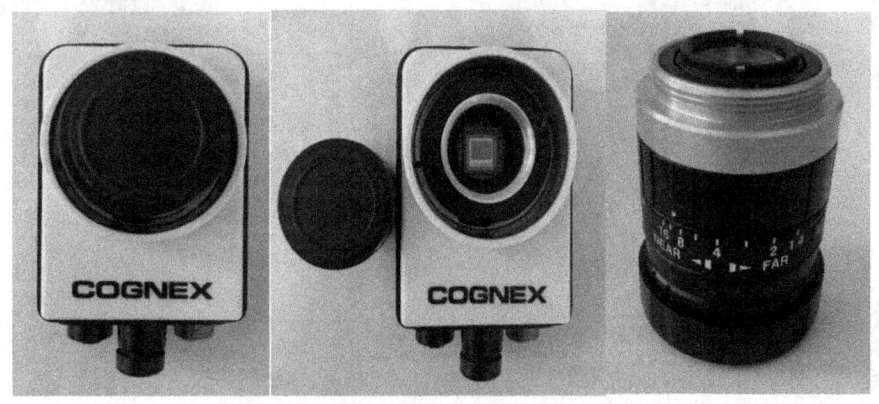

图 6-1　康耐视 In-Sight 7000 系列相机与镜头

6.1.2　电缆

在视觉相机的底部有三个接口,它们主要用于与计算机和机器人连接,而这些连接是通过电缆来完成的。需要注意的是,所有电缆接口均以"锁定"方式与视觉系统上的连接口配接,切勿强行连接,否则会造成损坏。

1. 以太网电缆

以太网电缆(见图 6-2)是用于连接视觉系统和其他的网络设备,它可以连接一个单独的设备,也可以通过网络交换机或路由器连接多个设备,如图 6-3 所示。以太网电缆一头是八芯水晶头,用于连接计算机或者交换机等,另一头是八芯母头,用于与视觉相机的公头连接。

图 6-2 以太网电缆

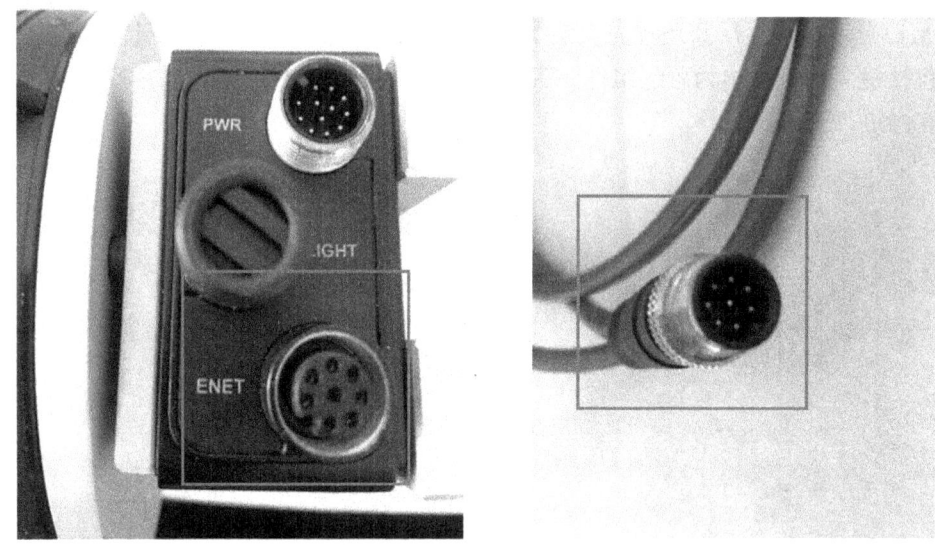

图 6-3 视觉相机与以太网电缆接口

在以太网电缆的接口上有 8 个引脚（见图 6-4），它们分别连接不同颜色的导线和连接不同的信号，以太网电缆引脚信号如表 6-1 所示。

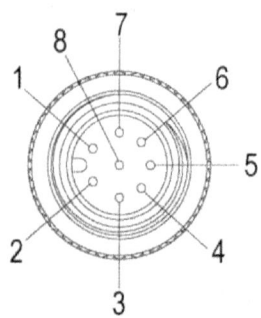

图 6-4 以太网电缆引脚

表 6-1 以太网电缆引脚信号

引 脚 号	信 号 名 称	导 线 颜 色	引 脚 号	信 号 名 称	导 线 颜 色
1	TRMB	白色/橙色	5	TPI+	白色/蓝色
2	TRMC	橙色	6	TPO+	绿色
3	TRMD	白色/绿色	7	TRMA	白色/棕色
4	TPO-	蓝色	8	TPI-	棕色

2. 光源电缆

光源电缆（见图 6-5）是用于连接视觉相机与外部光源设备的，并提供电源和频闪控制，光源电缆引脚信号如表 6-2 所示。

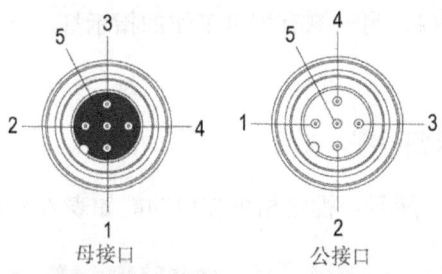

图 6-5 光源电缆引脚

表 6-2 光源电缆引脚信号

引 脚 号	信 号 名 称	导 线 颜 色	引 脚 号	信 号 名 称	导 线 颜 色
1	LIGHT POWER	棕色	4	STROBE^2	黑色
2	RESERVED	白色	5	RESERVED	灰色
3	24V COMMON	蓝色			

3. 电源和 I/O 分接电缆

电源和 I/O 分接电缆（见图 6-6），可提供与外部电源、采集触发器输入、通用输入、高速输出和 RS-232 串行通信之间的连接，电源和 I/O 分接电缆引脚信号如表 6-3 所示。

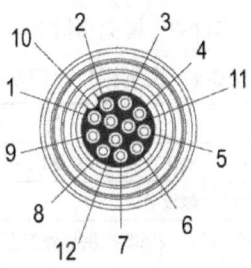

图 6-6 电源和 I/O 分接电缆

表 6-3 电源和 I/O 分接电缆引脚信号

引 脚 号	信号名称（I/O 模式）	导 线 颜 色	引 脚 号	信号名称（I/O 模式）	导 线 颜 色
1	IN2	黄色	7	+24VDC	红色
2	IN3	白色/黄色	8	24V COMMON	黑色

续表

引 脚 号	信号名称（I/O 模式）	导 线 颜 色	引 脚 号	信号名称（I/O 模式）	导 线 颜 色
3	HS OUT2	棕色	9	OUT COMMON	绿色
4	HS OUT3	白色/棕色	10	触发	橙色
5	IN 1/RS-232 接收 [1]	紫色	11	HS OUT 0	蓝色
6	INPUT COMMON	白色/紫色	12	HS OUT 1/RS-232 发送 [2]	灰色

6.2 视觉相机与组件连接

当视觉相机组件和电缆准备齐全之后，就可以进行视觉系统连接了。相机设备上一侧提供不同电缆的接线端口，另一侧有相机工作的指示灯，下面就简单介绍一下接口和指示灯的功能。

6.2.1 接口和指示灯

视觉相机接口如图 6-7 所示，视觉相机接口功能如表 6-4 所示。

图 6-7 视觉相机接口

表 6-4 视觉相机接口功能

接 口	功 能
ENET 接口	将视觉系统连接到网络，ENET 接口为外部网络设备提供以太网连接
LIGHT 接口	将视觉系统连接到外部光源设备
PWR 接口	连接电源和 I/O 分接电缆，该电缆提供与外部电源、采集触发器输入、通用输入、高速输出和 RS-232 串行通信之间的连接

在视觉相机接口的对面一侧有 5 个指示灯，如图 6-8 所示，它们表示了相机的工作状态，表 6-5 详细列出了指示灯的功能。

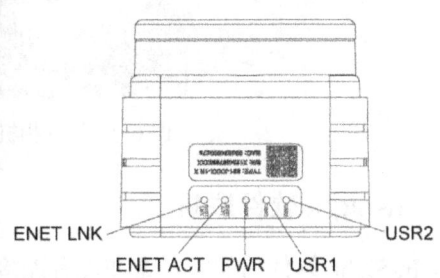

图 6-8　视觉相机指示灯

表 6-5　视觉相机指示灯功能

指 示 灯	功　　能
ENET LNK LED	当检测到网络连接时,指示灯为绿色
ENET ACT LED	当检测到网络活动时,指示灯为闪烁绿色
PWR LED	当检测到电源供电时,指示灯为绿色
USR1 LED	当处于活动状态时,指示灯为红色
USR2 LED	当处于活动状态时,指示灯为绿色

需要注意：

（1）如果 USR2 LED 绿色指示灯快闪 3 次，紧接着 USR1 LED 红色指示灯快闪 16 次，这代表视觉系统的运行有问题。

（2）当使用启动了 POWERLINK 功能的 In-Sight 视觉系统时，视觉系统的 LED 将被用来指示 POWERLINK 的工作状态。USR1 LED 将被作为 POWERLINK 的错误状态灯，而 USR2 LED 将被作为 POWERLINK 的状态显示灯。

6.2.2　视觉相机的固定

视觉相机在实际使用中，一般固定在生产线的某个位置或者固定在机器人的末端，这就需要能够正确安装固定相机。在购买视觉相机时，有的配置厂家会随附安装工具包，而有的配置不随附安装包，但是可以根据需要选购相应的组件。对于附带安装包的配置，要使用安装包内的螺丝，而且在使用安装托架固定时，螺丝的深度不要超过规定的深度，拧得过深会超出允许范围损坏相机。视觉相机的固定如图 6-9 所示。

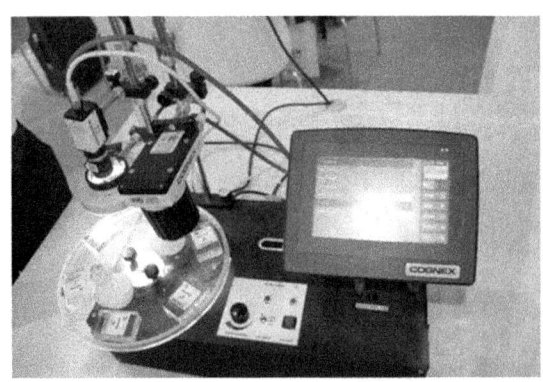

图 6-9 视觉相机的固定

6.2.3 In-Sight 软件联机

在介绍 In-Sight 软件功能时，是在没有连接相机的情况下，通过加载已经拍摄的照片建立视觉系统的仿真环境。当以太网电缆、光源电缆、电源和 I/O 分接电缆连接完毕之后，需要在软件中进行设置，进行联机操作，以便可以实时采集图形，进行识别检测。

具体操作步骤如下：

操 作 界 面	操作及说明
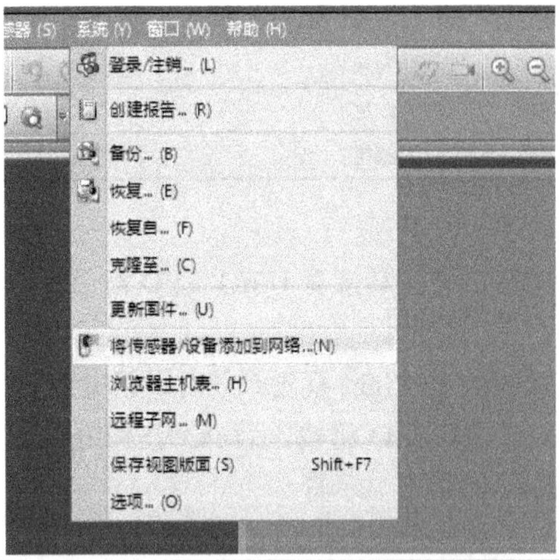	1. 单击菜单栏的"系统"选项，在下拉菜单中选择"将传感器/设备添加到网络"
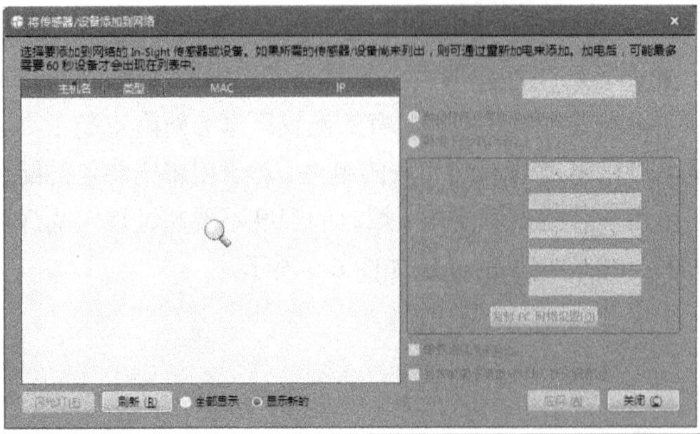	2. 这时会弹出"将传感器/设备添加到网络"对话框，等待搜索相机

第6章 视觉相机的硬件与连接

续表

操 作 界 面	操作及说明
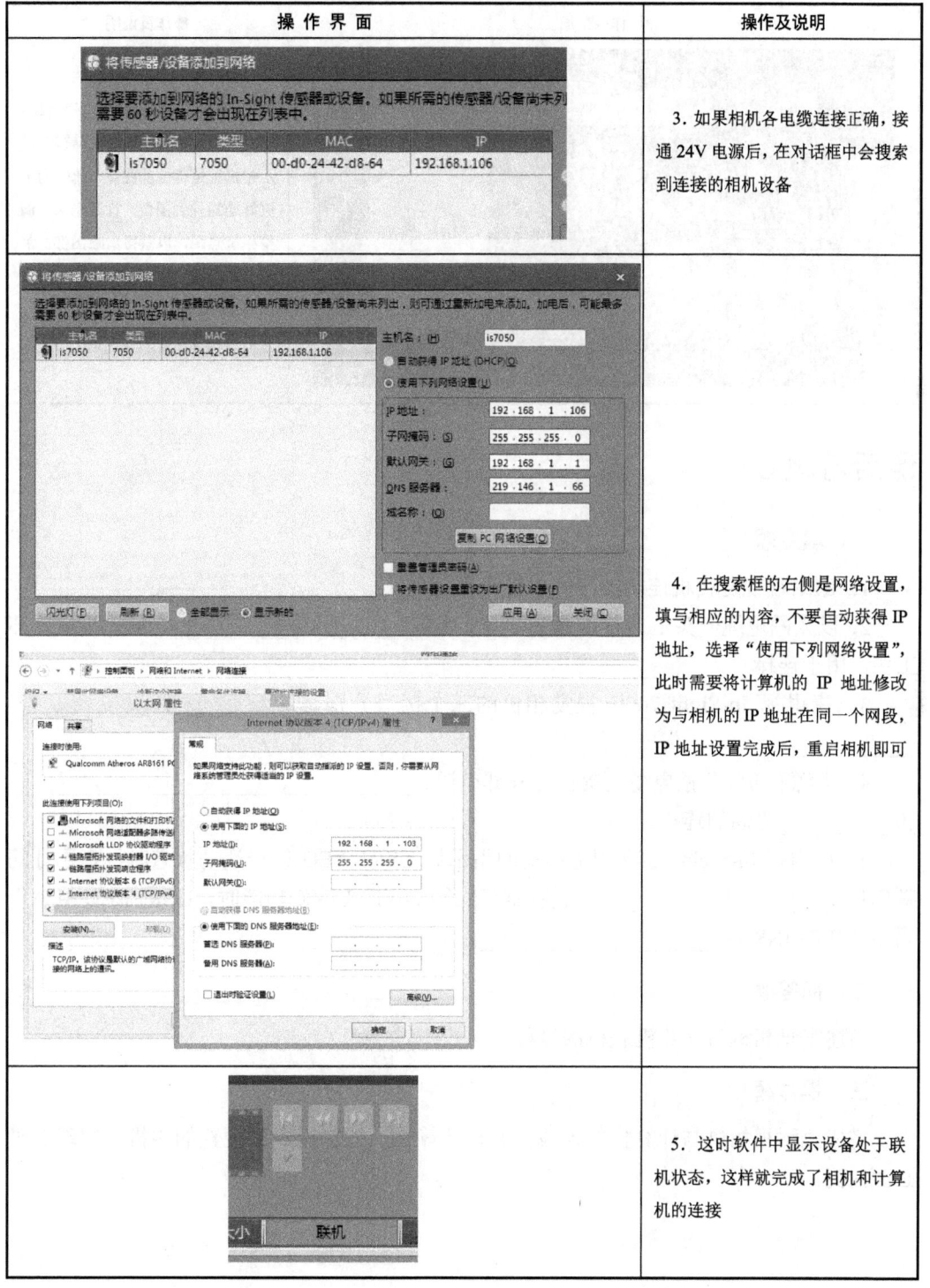	3. 如果相机各电缆连接正确，接通24V电源后，在对话框中会搜索到连接的相机设备 4. 在搜索框的右侧是网络设置，填写相应的内容，不要自动获得IP地址，选择"使用下列网络设置"，此时需要将计算机的 IP 地址修改为与相机的IP地址在同一个网段，IP地址设置完成后，重启相机即可 5. 这时软件中显示设备处于联机状态，这样就完成了相机和计算机的连接

续表

操 作 界 面	操作及说明
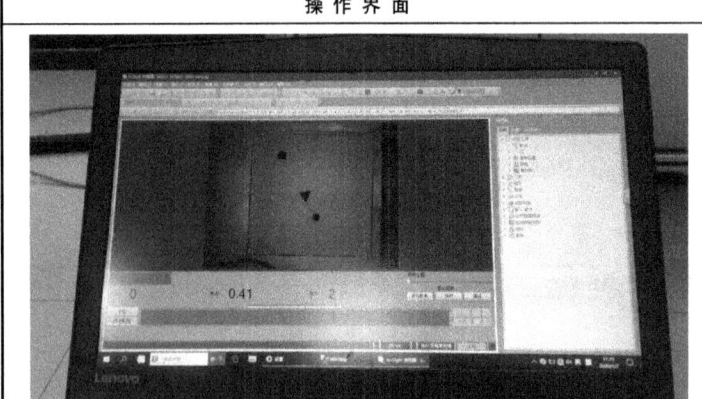	6．联机之后，进入电子编辑界面，单击"　　"按钮可以实时显示相机视野范围的图像，此时为了更好地捕捉到图像，打开光源，调整相机焦距，以获得清晰图像，单击"触发器"按钮即可拍照，也可以单击"记录"→"触发器"按钮，将拍摄图像保存到计算机中

课后习题 6

一、填空题

1．康耐视视觉相机连接的三种电缆分别是_____、_____、_____。

2．以太网电缆一头是八芯水晶头，用于连接_____，另一头是八芯工头，用于连接_____。

3．康耐视 In-Sight 7000 视觉相机的三个接口分别是_____、_____、_____。

4．电源和 I/O 分接电缆可提供与外部电源、_____、_____、_____和_____之间的连接。

5．康耐视 In-Sight 7000 视觉相机的指示灯 USR1 LED 处于活动状态时，指示灯的颜色是_____，当使用启动了 POWERLINK 功能时，USR1 LED 将被作为 POWERLINK 的_____。

二、简答题

简述视觉相机与计算机联机的过程。

三、操作题

完成康耐视相机与计算机的连线，并在计算机上能够搜索到配置的相机，实现实时画面捕捉。

第7章 机器视觉工程应用

7.1 快速实时视觉检测系统的设计

7.1.1 重要概念

1) 快速与实时

快速是指在被检测物体快速运动的情况下采集图像。对于隔行扫描相机,容易产生锯齿现象;对于逐行扫描相机,容易造成图像模糊。

实时是指在需要的时候会及时提供处理结果。实时并非快速,关键是对系统响应时间的掌握。

机器视觉系统的实时性包括软实时和硬实时两个概念。软实时是指被检测物体在传送过程中停下来一段时间,供图像采集处理;而硬实时是指被检测物体无间歇地连续传送,检测系统连续采集和处理,一旦发现问题,立刻进行处理。

2) 系统延迟

为保证机器视觉检测系统的实时性,必须要明确系统的反应时间,也称为系统延迟。反应时间是行为的开始到产生结果之间的时间。检测系统从被触发到输出信号,内部事件依次发生,每个反应时间都有一定的范围,从几纳秒到几秒。实际应用中,只需要知道每个反应时间的最大值和最小值即可。

成像过程中的时间延迟包括:触发到开始成像的延迟;相机拍摄到获取图像的延迟;图像从相机到采集卡的延迟;图像从采集卡到处理器的延迟。

图像处理过程中断延迟包括:算法消耗时间;处理结果送达 I/O 端口的延迟。

3) 触发

从机器视觉系统设计角度看,触发是指零件到达预期成像的位置,特定传感器感应到物体的存在,输出脉冲信号通知视觉系统开始采集图像。触发延迟包括零件到达的时间和视觉系统受到触发信号的时间,从几纳秒到几秒。触发方式有硬件触发和软件触发两种。

硬件触发通过光电开关或霍尔开关等传感器,检测零件是否到达视场,反应时间从几微秒到几毫秒。多数图像采集卡可以接收外部触发信号,直接开始图像获取,并输出曝光控制,不需要软件干涉,延时在 1ms 内。某些采集卡则发送中断给 CPU,由 CPU 识别中断,进入中断服务程序,发出采集命令给采集卡指示采集开始和中止。

软件触发则通过图像处理的方法检测被检测物体是否进入视场。对于离散零件,这种方法复杂且不可靠,比硬件触发方法耗时。

7.1.2 基本设计参数

一个机器视觉应用项目在总体设计初期,要考虑如何选择摄像机的类型、计算摄像机的视场、计算分辨率、计算线扫描速度、计算数据处理量、面阵相机的选择、线阵相机的选择、采集卡的选择、镜头的选择、镜头焦距的选择等。

1) 选择摄像机的类型

摄像机的类型包括线阵相机(一维线扫描方式)、面阵相机(二维面扫描方式)及三维摄像技术。根据项目的具体要求,从成本或性价比的角度考虑,一般优先选择面阵相机;而线阵相机的适用范围一般包括一维位置测量、移动的卷筒物(如纸)、大量传送的零件、圆柱体外围成像、离散部件的高分辨率成像,相机可以根据位置关系与被检测物体发生相对移动。

2) 计算摄像机的视场

被检测物体进入摄像机的视场才能获得完整的图像,在设计过程中要选择相机在何处采像、零件上要拍摄的部位、零件上会引起视觉混乱的部位(如内孔、折弯)、零件安装的部位及位置变化量,以及可能会限制相机安装的设备。

计算视场 FOV 的公式为

$$\text{FOV} = (D_p + L_v) \times (1 + P_a) \tag{7-1}$$

式中,FOV——某方向上视场大小(包括水平方向和垂直方向);

D_p——视场方向零件最大尺寸;

L_v——零件位置和角度的最大变化量;

P_a——相机对准系数,通常为 0.1。

【例 7-1】某零件为矩形,设计标准尺寸为 4cm×3cm,安装位置偏差为±0.5cm,无旋转位置偏差,由式(7-1)可知:

$$\text{FOV(水平)} = (4+1) \times (1+10\%) = 55\text{cm}$$
$$\text{FOV(垂直)} = (3+1) \times (1+10\%) = 4.4\text{cm}$$

3) 计算分辨率

科学地计算分辨率,可获得有效的检测精度和合理的成本,分辨率包括图像分辨率、空间分辨率、特征分辨率、测量分辨率和像素分辨率等 5 个概念。

(1) 图像分辨率 R_i。

图像分辨率是图像行和列的数目,由相机和采集卡决定,普通灰度面阵相机的图像分辨率一般有 640×480 和 1000×1000,线阵相机的图像分辨率特指横向像素个数,常见的有 1024、2048、4006,最大可到 8000 甚至更高。一般选择原则:选择相机的图像分辨率和采集卡的图像分辨率中的较低者。

(2) 空间分辨率 R_s。

空间分辨率是指像素中心映射到场景上的间距,如 0.1cm/像素。空间分辨率取决于视场尺寸、镜头放大倍率等因素。

（3）特征分辨率 R_f。

特征分辨率是指能被视觉系统采集到的物体最小特征的尺寸，如 0.05mm。相机和采集卡都服从 Shannon 采样定律，每个点至少用 2 个像素来描述，在实际应用中，用 3~4 个像素描述最小特征点，但同时要求较好的对比度和较低的噪声。如果对比度低，噪声高，则需要更多的像素来描述特征。当某个特征在图像中既表现为 3 个像素，又表现为 4 个像素时就会导致很难被系统识别。

（4）测量分辨率 R_m。

测量分辨率是指目标尺寸或位置可以被检测到的最小变化，如 0.01m。当原始数据为像素时，可以用数据拟合技术将图像和模型（如直线）进行拟合，理论上测量分辨率可达到 11 000 像素，而实际应用一般只能达到 0.1 像素。测量分辨率一般取决于拟合算法、每个像素位置误差、用来拟合模型的像素个数和模型拟合实际目标的程度等因素。

测量误差通常来自系统误差和偶然误差。偶然误差是不可预测、不可修正的，影响测量的准确性和可重复性；系统误差不影响测量的可重复性，可以通过校正技术修正。通常测量要求准确度是允许误差的 10 倍，测量分辨率是准确度的 10 倍，这意味着测量分辨率是允许误差的 100 倍，实际应用中通常测量分辨率为允许误差的 20 倍。

（5）像素分辨率 M_p。

像素分辨率是指像素的灰度或彩色等级，通常由采集卡或相机的数模转换得到。单色视觉系统通常每个像素用 8 位表示（256 级灰度），也可以用 10 位或 12 位表示，以满足高端图像分析的要求（如生物医学分析）；彩色视觉系统中，RGB 每个原色用 8 位表示，共 16 777 216 种颜色。

计算分辨率的公式如下：

$$R_i = \text{FOV} / R_s \tag{7-2}$$

$$R_s = \text{FOV} / R_i \tag{7-3}$$

$$R_m = R_s \times M_p \tag{7-4}$$

$$R_s = R_m / M_p \tag{7-5}$$

$$R_f = R_s \times F_p \tag{7-6}$$

式中，M_p——测量分辨率的像素表示；

F_p——最小特征的像素点数。

【例 7-2】要检测标准尺寸为 4cm×3cm 的零件上直径为 0.5mm 的孔，设特征分辨率（R_f）为 0.5mm，最小特征的像素点数（F_p）为 4，假设对比度和图像噪声均理想，求最小图像分辨率（设视场大小为 4cm×3cm）。

解：

计算空间分辨率

$$R_s = R_f / F_p = 0.5\text{mm} \div 4 \text{像素} = 0.125\text{mm/像素}$$

计算图像分辨率

$$R_i(\text{水平}) = \text{FOV}(\text{水平}) / R_s = 40\text{mm} \div 0.125\text{mm}/\text{像素} = 320\text{像素}$$
$$R_i(\text{垂直}) = \text{FOV}(\text{垂直}) / R_s = 30\text{mm} \div 0.125\text{mm}/\text{像素} = 240\text{像素}$$

得到最小图像分辨率为 320 像素×240 像素。

【例 7-3】要求将零件标准尺寸为 4cm×3cm，±0.05mm 的误差必须测量出来，软件要求能测量 0.1 像素（M_p）的精度，取允许误差与测量分辨率的比例为 20，求最小图像分辨率（设视场大小为 4cm×3cm）。

解：

计算测量分辨率
$$R_m = 0.05\text{mm} \div 20 = 0.0025\text{mm}$$

计算空间分辨率
$$R_s = R_m / M_p = 0.0025\text{mm} \div 0.1\text{像素} = 0.025\text{mm}/\text{像素}$$

计算图像分辨率
$$R_i(\text{水平}) = \text{FOV}(\text{水平}) / R_s = 40\text{mm} \div 0.025\text{mm}/\text{像素} = 1600\text{像素}$$
$$R_i(\text{垂直}) = \text{FOV}(\text{垂直}) / R_s = 30\text{mm} \div 0.025\text{mm}/\text{像素} = 1200\text{像素}$$

得到最小图像分辨率为 1600 像素×1200 像素。

4）计算线扫描速度

线扫描速度是专门针对线阵相机而言的，线扫描速度的计算公式为
$$T_s = R_s / S_p \tag{7-7}$$

式中，T_s——相机扫描次数（扫描次数/s）；

R_s——空间分辨率；

S_p——零件经过相机的速度。

【例 7-4】要求检测 18cm 宽的连续运行的编织带，移动速度为 3m/min，视场为 20cm，特征分辨率必须为 0.5mm，允许用 4 个像素来描述，求线阵相机的最小扫描速度。

解：

计算空间分辨率
$$R_s = R_f / F_p = 0.5\text{mm} \div 4\text{像素} = 0.125\text{mm}/\text{像素}$$

计算图像分辨率
$$R_i = \text{FOV} / R_s = 200\text{mm} \div 0.125\text{mm}/\text{像素} = 1600\text{像素}$$

计算扫描速度
$$S_p = 3\text{m}/\text{min} = 50\text{mm}/\text{s}$$
$$T_s = R_s / S_p = 0.125\text{mm}/\text{像素} \div 50\text{mm/s} = 0.0025\text{s}/\text{像素}$$

5）计算数据处理量

数据处理量是指计算机每秒处理的像素个数，该值用来评估计算机的处理能力：
$$R_p = R_i(\text{水平}) \times R_i(\text{垂直}) / T_i$$

式中，R_i——图像分辨率；

T_i——相邻图像采集的最短时间（对线阵相机而言，$T_i = T_s$）。

当数据处理量<100 000 000 像素/s 时，可选用一般计算机进行图像处理；

当数据处理量>100 000 000 像素/s 时，可选用图像处理计算机、带图像处理功能的采集卡，或者选用带嵌入式处理器的相机。

【例 7-5】图像分辨率为 320 像素×240 像素，每秒处理 3 个零件，计算数据处理量。

解：
$$R_p = R_i(水平) \times R_i(垂直) / T_i = 320像素 \times 240像素 \div \frac{1}{3}s = 230\,400像素/s$$

6）面阵相机的选择

在拍摄移动的物体时，面阵相机最好选择具有逐行扫描功能的，需要配合电子快门或闪光灯来抓拍图像。拍摄静止物体时，选用隔行扫描相机可降低项目的硬件成本。

在不涉及色彩分析的场合，面阵相机一般选用灰度 CCD 或 CMOS，不仅价格较便宜，而且在相同计算能力条件下，灰度相机的数据处理量是彩色相机的 2～3 倍。

选择面阵相机分辨率时，如果图像分辨率为 320 像素×240 像素，那么最经济的方法是选用 640 像素×480 像素的面阵相机来对视场采像，还可以提高空间分辨率。若空间分辨率保持不变，在软件处理方面只需要取感兴趣的区域进行处理，从而降低数据处理量。

7）线阵相机的选择

时域积分相机（Time Domain Integration，TDI）是一种典型的线阵相机。由于线阵相机采样频率比面阵相机高得多，每秒可达 20K 以上，因此需要更大的曝光强度，TDI 相机集成了并行线扫描功能，提高了相机的感光度。在实际应用过程中，要特别注意零件移动与相机扫描的同步，一般通过增量式脉冲编码器来获得同步信号。

彩色线扫描相机分为 3 线式扫描和 3CCD 式扫描两种。3 线式扫描中，红蓝绿 3 条 CCD 芯片在空间上平行相邻排列，每条 CCD 的曝光时间均不一样，因此在组合成 RGB 像素时要进行空间校正才能保证色彩不失真。而 3CCD 式扫描则能保证 3 个 CCD 曝光时间完全一致，但内部安装结构复杂，成本昂贵。

对于超大幅面的检测，一个线阵相机是不够的，往往需要采用多个线阵相机安装在一起，使得它们各自的视场保持直线，并有小段重叠。

8）采集卡的选择

采集卡的选择必须符合相机特性，即采集卡必须与相机输出相匹配。要确定相机是模拟输出还是数字输出，相机数据率是否符合采集卡吞吐量，以及是否匹配相机时序。采集卡还必须与计算机硬件和操作系统兼容，其运行环境要与图像处理软件运行环境兼容，有的采集卡还具备显示输出功能，可以直接与监视器相连来观察实时图像。更高级的采集卡具备板上处理能力，如颜色查找表 LUT 和 DSP 处理器，分担了计算机的处理负荷。

一般采集卡都应具备数字 I/O 功能，如接收传感器发来的触发图像采集信号，输出与相机时序同步信号触发闪光灯。

9）镜头的选择

机器视觉应用项目常用的镜头根据安装方式有 C 安装镜头、CS 安装镜头、F 口镜头、放大镜头等。

C 安装镜头的特点是安装法兰和像平面有一个固定距离。

CS 安装镜头的特点是适用于小型传感器相机，使用与 C 安装镜头相同的螺纹，但安装法兰到像平面的距离少了 5mm。

F 口镜头是性价比最好的，很多面阵相机和线阵相机选择 F 口镜头，但 F 口镜头最大的缺点是它的卡口安装方式。卡口安装方式是为了方便快速更换镜头，这样在设计中镜头的安装就存在一个较大的间隙，因此当机械部分传动、振动或加速时，镜头会移动，需要用锁定的方法将镜头固定。

放大镜头多应用于平面拍摄场合，工作距离很近，但焦距有限，光圈调整范围也窄，而且不自带聚焦机构。

10) 镜头焦距的选择

镜头焦距的计算方法：

$$M_i = \frac{H_i}{H_o} = \frac{D_i}{D_o} \tag{7-8}$$

$$F = \frac{D_o M_i}{1 + M_i} \tag{7-9}$$

$$D_o = \frac{F(1 + M_i)}{M_i} \tag{7-10}$$

$$LE = D_i - F = M_i F \tag{7-11}$$

式中，M_i——图像放大倍数；

H_i——图像高度；

H_o——目标高度；

D_i——图像与镜头；

D_o——目标与镜头距离；

F——镜头焦距；

LE——为了聚焦，镜头必须离开图像的距离。

镜头焦距的计算方法分以下步骤。

步骤 1：选择目标距离，如果目标距离有变化，则取中间值，到步骤 2；如果没有给定目标距离，则采用与传感器最大尺寸接近的焦距，到步骤 4；

步骤 2：计算图像放大倍数，使用预定的场景大小和图像传感器尺寸；

步骤 3：用放大倍数和目标距离计算焦距；

步骤 4：选择与计算焦距最接近的镜头；

步骤 5：再重新计算选定镜头的目标距离。

【例 7-6】场景大小定义为 8cm×6cm，图像分辨率为 320 像素×240 像素，相机分辨率选为 640 像素×480 像素，图像采集芯片 8.8mm×6.6mm，空间分辨率为 0.125mm/像素，求镜头安装方式及焦距。

解：

采用 C 安装镜头，计算放大倍数：

$$M_i = \frac{H_i}{H_o} = \frac{6.6}{60} = 0.11$$

镜头与物体距离为 10～30cm，取 20cm 来计算焦距：

$$F = \frac{D_o M_i}{1 + M_i} = \frac{200 \times 0.11}{1 + 0.11} = 19.82 \text{mm}$$

可供使用的镜头有 8mm、12.5mm、16mm、25mm 和 50mm，其中 16mm 最接近。

重新验算目标距离：

$$D_o = \frac{F(1 + M_i)}{M_i} = \frac{16 \times (1 + 0.11)}{0.11} = 16.2 \text{cm}$$

镜头伸长：

$$LE = M_i F = 16 \times 0.11 = 1.76 \text{mm}$$

镜头伸长通过一个 C 安装镜头扩展器来实现，包括一个螺纹套和两个垫圈，其中一个 1mm 厚，另一个 0.5mm 厚，在镜头与相机之间使用两个垫圈，可以使镜头伸长 1.5mm，以便相机进行聚焦。

【例 7-7】场景为 4cm×3cm，空间分辨率为 0.025mm/像素，覆盖场景的图像分辨率为 1600 像素×1200 像素，高分辨率相机才能满足此要求。考虑用两个分辨率各为 640 像素×480 像素的相机，传感器尺寸为 6.4mm×4.8mm，求镜头焦距。

解：

计算相机的视野为

$$\text{FOV}(水平) = R_i(水平) \times R_s = 640 \times 0.025 = 16 \text{mm}$$
$$\text{FOV}(垂直) = R_i(垂直) \times R_s = 480 \times 0.025 = 12 \text{mm}$$

可使用放大镜头，焦距有 40mm、60mm、90mm 和 135mm，物体与镜头距离在 40cm 和 80cm 之间，计算放大率：

$$M_i = \frac{H_i}{H_o} = \frac{4.8}{12} \times 100\% = 40\%$$

物体与镜头距离在 60cm 时，计算焦距：

$$F = \frac{D_o M_i}{1 + M_i} = \frac{600 \times 0.4}{1 + 0.4} = 171 \text{mm}$$

通过放大镜头焦距比较 135mm 镜头最合适。安装时，如果两个相机不能并列安装，可以用平面镜或棱镜改变光路。

再计算物体距离：

$$D_o = \frac{F(1 + M_i)}{M_i} = \frac{135 \times (1 + 0.4)}{0.4} = 472.5 \text{mm}$$

【例 7-8】设 2048 像素的线阵相机，场量为 20cm，芯片长为 28.67mm，选择镜头并求物体距离。

解：

镜头焦距有 35mm、50mm、90mm 和 135mm，由于没有确定物体距离，所以取镜头焦距等于或大于图像芯片的最大尺寸（采集图像长度），最接近 28.67mm 的是 35mm，计算放大倍数：

$$M_i = \frac{H_i}{H_o} = \frac{28.67}{200} \times 100\% = 14.3\%$$

计算物体距离：

$$D_o = \frac{F(1+M_i)}{M_i} = \frac{35 \times (1+0.143)}{0.143} = 280\text{mm}$$

计算镜头聚焦总长：

$$\text{LE} = M_i F = 35 \times 0.143 = 5.0\text{mm}$$

由于所有的 35mm 镜头可在 1m 内聚焦，所以不需要附加镜头扩展。

7.1.3 光照技术的设计

光照的目的是改变被检测物体与背景的对比度，在机器视觉中，对比度代表了图像信号的质量，用来区分物体与背景。设计光照时，先考虑物体与背景的差异，再用光照来加强差异。

光线的控制因素如下。

1）入射光方向

入射光方向包括光源在物体前方的前置光照和光源在物体后方的透射光照两种方式。

（1）前置光照技术。

① 镜面反射：光线通过镜面反射进入相机，容易对零件的移动敏感；

② 偏轴光：镜面反射光线不进入相机，而漫反射光进入相机，这种方式通常用来消除阴影，但不均匀；

③ 半漫射：光线来自环形光源，可在有限视场内获得比较均匀的光照；

④ 全漫射：光线来自各个方向，用来消除镜面反射和物体表面的变化；

⑤ 暗场：光线与相机中心线夹角为 90°，所有来自物体表面的镜面反射和漫反射都不进入相机，用来拍摄有强反光的不规则表面。

（2）透射光照技术。

①漫射：由半透明漫射板和背后光源组成，可以获得很好的均匀性；

②聚光器：用聚光镜头直接将光线导入相机，产生方向特性；

③暗场：用来观测透明材料的杂质，杂质阻挡进入相机，适用于获得零件的轮廓图。

2）光谱

光谱指光线的颜色或频率范围，可通过光源类型来控制，或通过光学滤镜实现。

3）偏振

偏振可消除镜面反射光。

4）光强

光强影响相机的曝光量，光强不足意味着较低的对比度。通过相机来放大感光增益，可以弥补光强的不足；但同时会放大噪声。过大的光强也会消耗能量，产生热量。

5）均匀

所有的光源都会随距离增加或角度的改变而减弱。设计光照时，通常会照明一个较大的区域，而中心区域是光线较均匀的视场。

6）物体表面特性的影响

① 反射：包括镜面反射（可能造成炫光）和漫反射（理想的漫反射是光能散发在所有方向）；

② 色彩：选择合适波长的照明，可以弱化场景内不感兴趣的色彩特征，而强化要检测的色彩特征，从而加强图像对比度；

③ 光密度：物体的材料不同、厚度不同、成分不同，穿透物体的光量也会不同；

④ 折射：物体的材料不同、折射效果也不同；

⑤ 纹理：物体表面纹理会影响反射；有些检测场合需要纹理分析，但许多场合表面纹理会成为噪声；

⑥ 高度和表面朝向：物体表面高度变化和表面朝向的不同，会影响照明的强度和反射特性。

7.1.4 设计图像处理算法的步骤

图像处理算法的设计主要分两个步骤，即图像简化和图像解释。

图像简化通过对原始图像进行预处理和图像分割来突出特征，并消除背景。

图像解释是提取被检测物体的特征，包括统计特征或几何特征，并根据预设的判据输出决策，统计特征包括如平均灰度或像素等统计信息，鲁棒但不精确；几何特征比较精确，但容易被杂质干扰。决策技术有基于统计的，如线性分类，用于零件分类或 OCR；也有基于决策树的，用于精确测量的应用场合。

图像处理算法的设计，也可以通过反求的方法，从决策输出反推到图像输入。首先选择图像解释技术，然后识别特征，最后选择图像简化算法，如果有多个特征，则要选择不同的分割算法。

在实际应用中，图像简化的耗时是最大的，通常占 80% 左右的处理时间，因此在多数情况下，尽可能设计合适的光照和仪器以获得高质量的图像，即高对比度和低噪声的图像、减少预处理的工作量。设计拍摄对象进入相机的方式，也可以减少分割的工作。分割和预处理都是非常耗时的，尤其是对象重叠或接触，基于形状的分割技术可以提高分割的可靠性，但计算量大大增加。

7.1.5 可行性证明

当项目组接到机器视觉应用项目时，需要对其进行可行性证明。证明内容如下。

1）实验条件

① 何种图像质量可以被接受？

② 能否建立测试环境，可以再现任何图像处理问题？

③ 能否验证操作方式和速度，达到实用的要求？

④ 有无最终系统的精确光照模型和摄像器材？

⑤ 有无完善的图像样本？

⑥ 图像处理能力是否满足实时性的要求？

2）环境要求

（1）相机和光源的定位。

定位中最大的问题就是调整相机和光源的位置，项目开发者要意识到相机或光源有6个自由度，其中一些是可以忽视的，而关键是自由度的调节，必须稳定可靠，而且调好后能牢固锁定。

设计定位的要求：自由度尽可能少；减少自由度之间的相互作用，便于维护。很多设计者将相机、光学器件和光源做成模块，成为光学组件，再接入视觉系统。可维护性要好，一个好的系统，能方便维护人员更换部件，而且只需要最小的重定位和重校正。

（2）校正。

视觉系统的校正，包括确定空间分辨率、确定相机的位置、确定色平衡等工作。当系统只是检测某些特征的存在时，如孔、洞等，不需要尺寸或颜色信息，所以也不需要校正。在相机校正时，尽可能采用标准件调节；在色彩校正时，可以利用固定在场景上的某个物体，作为颜色调节标准。校正方式包括多点校正或单点校正。

（3）零件移动。

零件移动会模糊图像。解决方法有提高采样速度，但产生的问题提高了数据处理量，同时还必须提高光亮度。在使用面阵相机时，零件任何可见移动都会削弱图像的清晰度。在使用逐行扫描相机时，隔行扫描相机中奇场和偶场的交错，会使垂直边的锯齿状模糊。

电子快门的工作时间是百万分之一秒级，要提高照明亮度，而且要考虑零件到达的时间，必须使用有外触发功能的相机，闪光照明也是提高照明亮度的一个选择。氙闪光灯的时序是毫秒；LED 闪光灯适用于较小的场景，时序是微秒级，闪光照明类似电子快门，也要通过采集来触发。在现场使用过程中，使用闪光照明要考虑对人眼的保护。

（4）摇晃和振动。

摇晃和振动会造成定位和校正问题，图像模糊，零件损坏，解决方法是远离光学系统与振动源。因此在器件选择时，尽量要使用工业相机、结实的 LED 光源或粗灯丝的白光源。

（5）冷。

在寒冷环境下要防止镜头凝雾，注意对光学组件进行加温和密闭，并提供干候的循环空气。

（6）热。

热会使零件老化，增加图像噪声，经验法则：温度每升高 7℃，电子元件寿命降低一半,因此要加强对光学系统和电子器件的对流和冷却。

(7)湿度。

湿度较大会造成凝结,视觉系统温度要略高于室温,并使用干燥空气。

(8)空气杂质。

灰尘、雾、杂质等会影响成像质量,可采用隔离或者使用干燥空气吹光学部件。

(9)电子干扰。

电子干扰会造成系统无法正常工作。干扰源一般来自电压波动、电压尖刺或其他设备的电磁辐射。最好的解决办法是隔离和接地。

7.2 机器人视觉分拣系统搭建

机器视觉技术与信息技术一样,在强化产业竞争力方面极为重要,具有视觉功能的工业机器人比传统工业机器人在生产效率方面有所提高,同时生产安全的问题也会得到改善。视觉引导技术是指利用摄像机代替人眼、计算机代替大脑,通过处理相机获取的图像将处理信号反馈给机器人,由机器人实现对目标物体进行抓取、分拣(见图7-1)等任务,广泛应用于物流行业、电子行业、家电行业、食品加工行业、汽车制造业等。

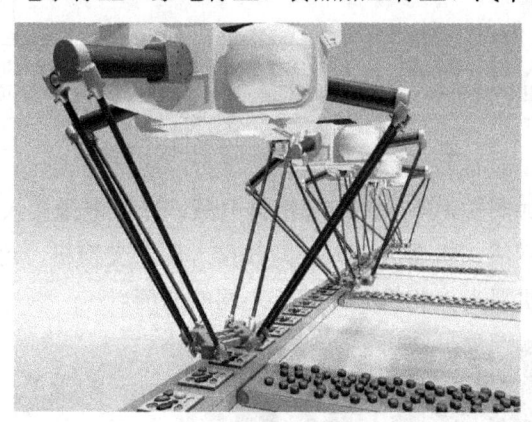

图7-1 机器人分拣

工件分拣是工业生产中的一个重要环节,传统的工件分拣方式为人工分拣,这种方式很大程度受人为因素影响,导致工作速度慢、分拣不准确及容易发生事故等。这种方式虽然能够利用机器代替人工作,但是由于示教模式的固定化,导致无法对任何物体进行分拣抓取,而且外界环境改变时需要对工业机器人重新示教,否则无法完成工作。因此,将视觉引导技术应用于工业领域,使分拣机器人对物料或工件有了位置和形状的判断,对增强工业机器人对外部环境的适应能力、对工业生产线的鲁棒性、提高生产过程的自动化水平与劳动生产率有十分重要的意义。下面就以FANUC工业机器人工作站为例,介绍一下视觉相机与机器人通信。

FANUC分拣工作站如图7-2所示,在工作站上有三个物料存储单元,分别用于存放三种不同形状的工件,工作站所要实现的功能是通过视觉相机对散放在台面的工件进行识别，由工业机器人抓取放置到相应的物料存储单元。

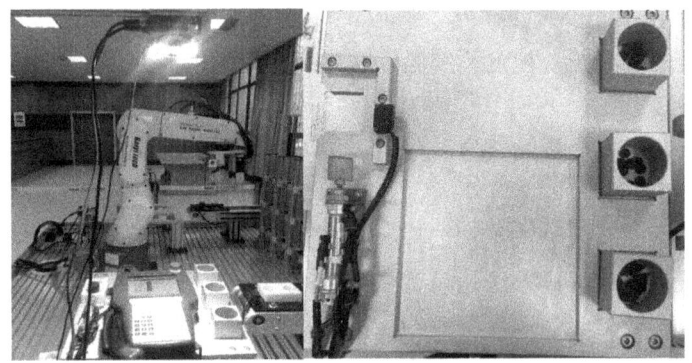

图 7-2　FANUC 分拣工作站

分拣工作站主要由 FANUC LR Mate 200iD、机器人控制柜 R-30iB Mate、康耐视 7050 视觉相机、计算机组成，分拣工作站搭建调试工作流程如图 7-3 所示。

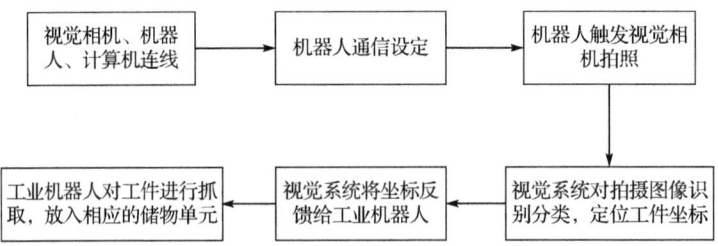

图 7-3　分拣工作站搭建调试工作流程

分拣工作站连线如图 7-4 所示，视觉相机电源、光源电源接入总电源（24V），计算机网线、相机以太网网线、机器人以太网网线接入同一交换机，这样就完成了三者之间的连线，接下来就是机器人、相机和计算机之间的通信。

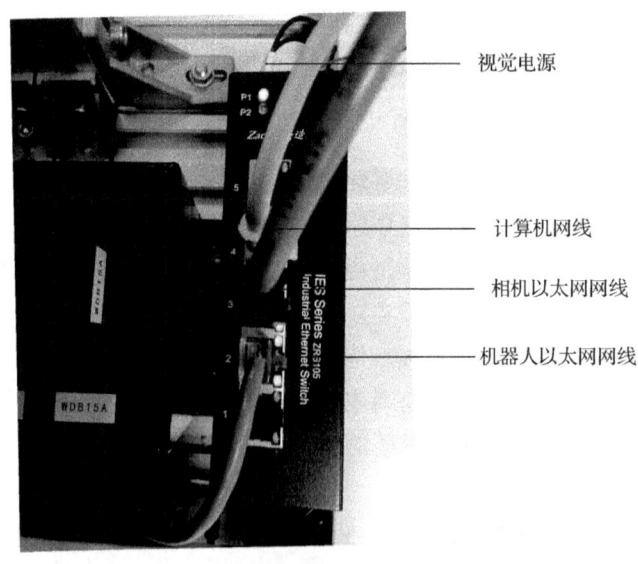

图 7-4　分拣工作站连线

7.3 机器人——视觉相机通信

视觉相机与计算机的通信在第 6 章已经介绍，下面主要讲解一下相机与机器人之间的通信。EtherNet/IP 是基于以太网的实时数据传输协议的，视觉相机、计算机与 FANUC 机器人内置以太网之间就是通过 EtherNet/IP 功能实现通信的。

7.3.1 EtherNet/IP 功能

FANUC 机器人 EtherNet/IP 功能支持在 Ethernet 网络上与其他 EtherNet/IP 设备的 I/O 发送和接收处理。EtherNet/IP（Ethernet/Industrial Protocol）是适合于工业环境的通信系统。利用 EtherNet/IP 可在工业设备之间发送和接收时效性的应用信息。这些工业设备中不仅有传感器、传动装置等一些单纯的 I/O 设备，也包括机器人、可编程逻辑控制器、焊接机及工艺控制装置等一些复杂的控制设备。

EtherNet/IP 使用 CIP（Control and Information Protocol），网络层、传输层、应用层共享 ControlNet 和 DeviceNet。EtherNet/IP 为了发送 CIP 通信信息包，使用标准 Ethernet 和 TCP/IP 技术。EtherNet/IP 的结果在开放且广泛使用的 Ethernet、TCP/IP 协议上，实现了共通的开放式应用层。

EtherNet/IP 为了发送和接收时效性控制数据，提供生产者/消费者模式。在这一模式下，1 台发送端设备（生产者）可在多台接收端设备（消费者）之间发送和接收应用信息，发送端设备不需要每组多台接收端设备发送数据。在 EtherNet/IP 中，CIP 网络和传输层均是使用 IP 多点传送来实现的。许多 EtherNet/IP 设备可接收 1 台生产设备生成的相同应用信息的断片。EtherNet/IP 使用 IEEE 802.3 的标准技术。也就是说，为了改善决定性，没有追加不标准的技术。EtherNet/IP 中为了改善决定论的性能，建议使用 100Mbps 带宽，以及可以进行全双工通信的商用开关技术。

在本工作站中，机器人与视觉系统通过交换机进行数据交换。FANUC 机器人最多支持 32 个连接。各连接可设定为扫描仪连接或适配器连接。适配器连接通常用于与生产单元式控制装置、PLC 等进行 I/O 数据的发送和接收处理。使用此功能必须对 EtherNet/IP 适配器选项发出指令。扫描仪连接可在 EtherNet/IP 网络上，与作为适配器发挥功能的远程设备进行 I/O 的发送和接收处理。使用此功能必须对 EtherNet/IP 扫描仪选项发出指令。EtherNet/IP 扫描仪选项也包括适配器功能。EtherNet/IP 在机器人的 I/O 分配中，机架号为 89。插槽编号为 EtherNet/IP 设定画面的连接号。EtherNet/IP 中可分配的 I/O 点数即机器人支持的最多点数。在扫描仪连接中，支持模拟 I/O。因此本工作站为扫描连接。

7.3.2 扫描仪设定

FANUC 机器人工作站各连接可设定为在 EtherNet/IP 网络中，与作为适配器发挥功能的远程设备进行 I/O 的发送和接收处理，如需要使用本功能，必须配备 EtherNet/IP 扫描仪选项。EtherNet/IP 扫描仪选项也包括适配器功能。机器人连接对象的 EtherNet/IP 适配器设备有 I/O 程序段等。为了使机器人开始与 EtherNet/IP 连接，必须进行设定。

设定 FANUC 机器人的扫描仪选项的步骤如下所示。

- 必要时，设定适配器设备。
- 从示教操作盘设定机器人的扫描清单。
- 有关 EtherNet/IP 的物理性 I/O，分配在机器人的逻辑性 I/O。

扫描仪连接方式选择如图 7-5 所示。

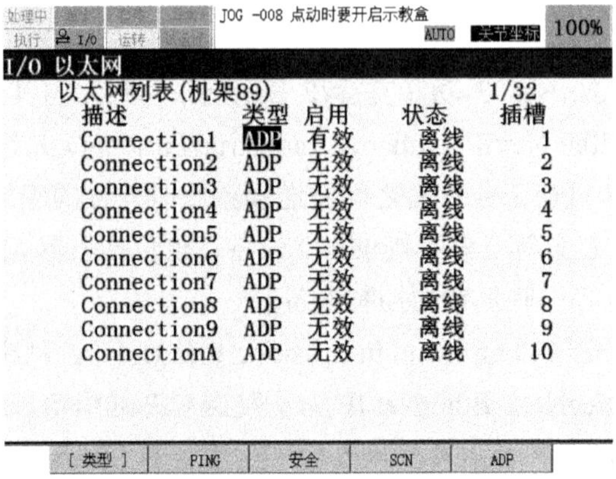

图 7-5 扫描仪连接方式选择

其中，连接方式 ADP 为适配器连接，SCN 为扫描仪连接。修改连接方式时，需要把启用修改为无效，否则无法完成类型的修改。我们把连接类型修改为 SCN 连接，进入扫描仪配置，如图 7-6 所示。

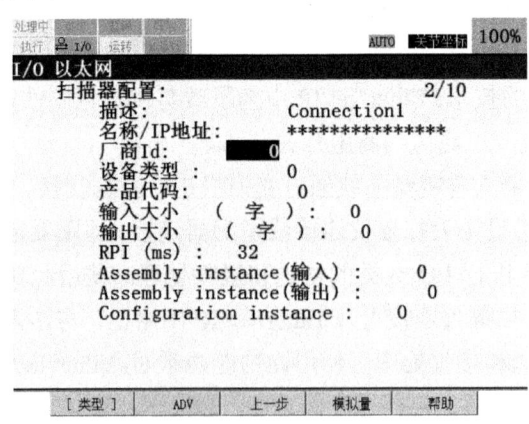

图 7-6 扫描仪配置

扫描仪设定画面项目的说明如下所示。

- 厂商 Id：此项目为连接对象的设备主机名或 IP 地址。使用主机名时，必须确保可写入本地主机表中，或通过 DNS 转换。
- 设备类型：此项目为连接对象的设备类型。
- 产品代码：此项目为连接对象的设备的产品代码。

- 输入大小：此项目为输入时设定的字或字节数。初始设定中，数据类型为 16 字节，也可以更改为 8 字节。
- 输出大小：此项目为输出时设定的字或字节数。初始设定中，数据类型为 16 字节，也可以更改为 8 字节。
- RPI（ms）：此项目为所要求的信息包间隔。最小值为 8，最大值为 5000。机器人控制装置应在 1s 内支持最多 1250 个信息包，可以根据自己的需要自行设置。
- Assembly instance（输入/输出）：输入/输出配置各自的实例值必须基于机器人所连接的对象设备进行设定。

7.3.3 FANUC 机器人 I/O 配置

根据分拣工作站的工作原理可知，机器人要触发视觉系统，使相机拍照并输出数据，机器人配置操作如下：

操 作 界 面	操作及说明
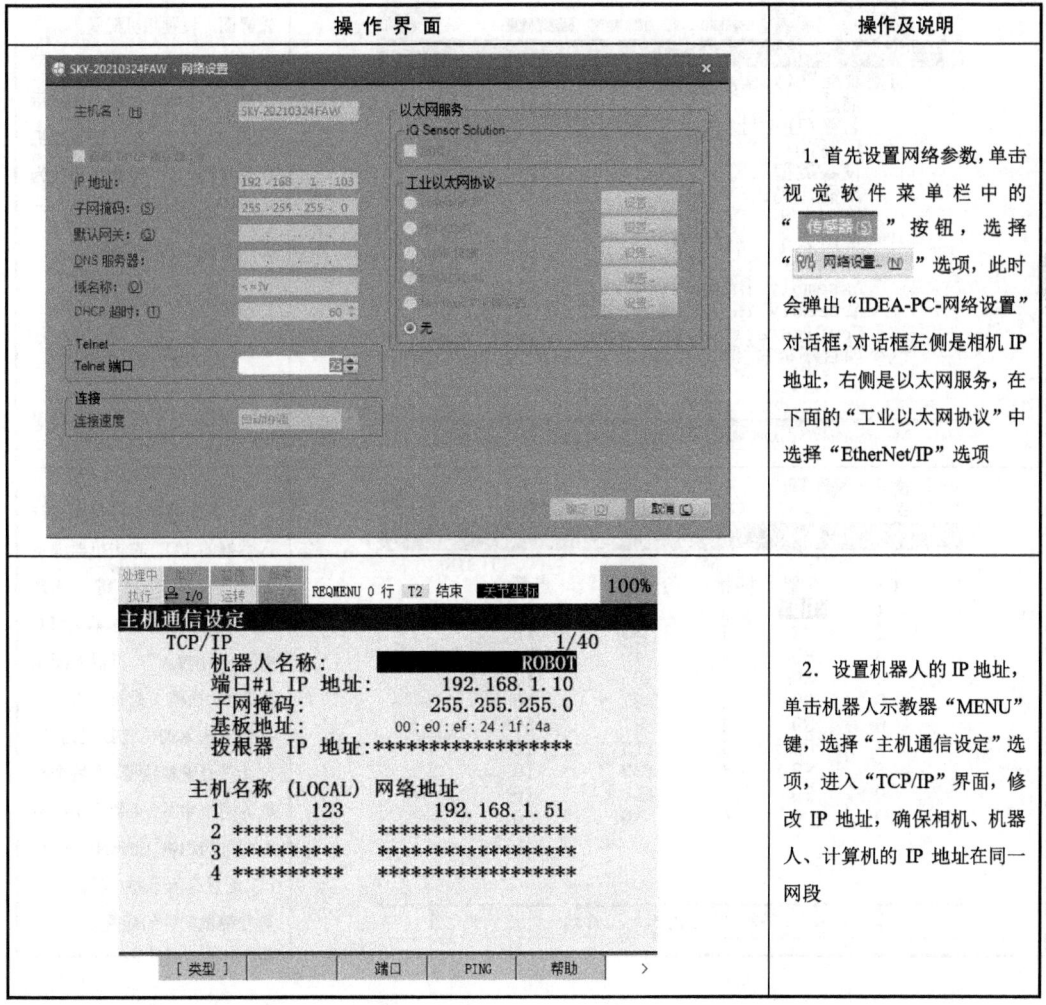	1. 首先设置网络参数，单击视觉软件菜单栏中的"传感器(S)"按钮，选择"网络设置(N)"选项，此时会弹出"IDEA-PC-网络设置"对话框，对话框左侧是相机 IP 地址，右侧是以太网服务，在下面的"工业以太网协议"中选择"EtherNet/IP"选项
	2. 设置机器人的 IP 地址，单击机器人示教器"MENU"键，选择"主机通信设定"选项，进入"TCP/IP"界面，修改 IP 地址，确保相机、机器人、计算机的 IP 地址在同一网段

操 作 界 面	操作及说明
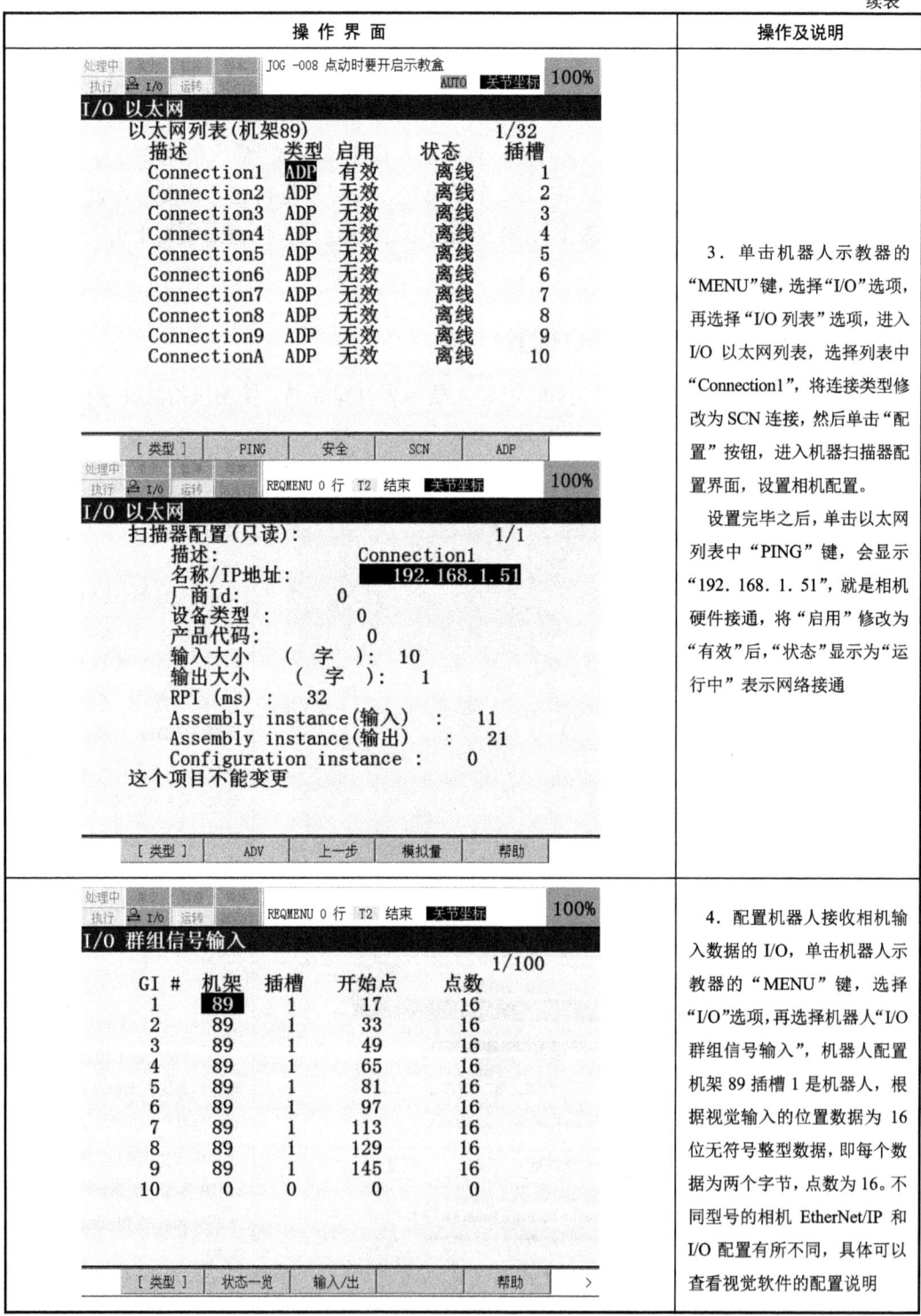	3. 单击机器人示教器的"MENU"键,选择"I/O"选项,再选择"I/O 列表"选项,进入I/O 以太网列表,选择列表中"Connection1",将连接类型修改为SCN 连接,然后单击"配置"按钮,进入机器扫描器配置界面,设置相机配置。 设置完毕之后,单击以太网列表中"PING"键,会显示"192.168.1.51",就是相机硬件接通,将"启用"修改为"有效"后,"状态"显示为"运行中"表示网络接通
	4. 配置机器人接收相机输入数据的 I/O,单击机器人示教器的"MENU"键,选择"I/O"选项,再选择机器人"I/O 群组信号输入",机器人配置机架 89 插槽 1 是机器人,根据视觉输入的位置数据为 16 位无符号整型数据,即每个数据为两个字节,点数为 16。不同型号的相机 EtherNet/IP 和 I/O 配置有所不同,具体可以查看视觉软件的配置说明

操作界面	操作及说明
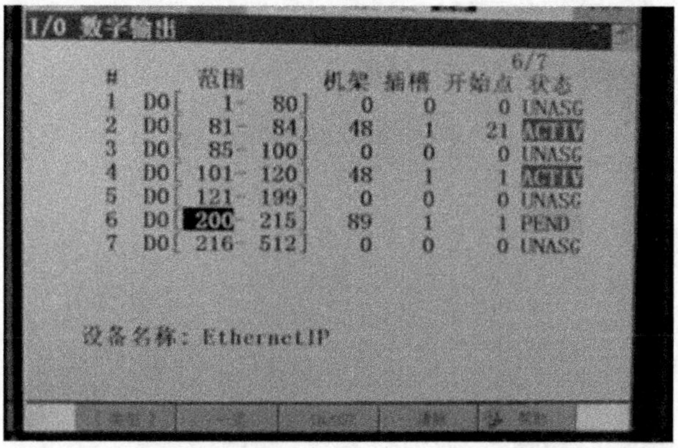	5. 设置视觉相机触发信号，机器人给视觉系统的触发信号可以通过数字 I/O 信号完成，通过 DO 信号的变化来实现光源的开合和相机触发拍照

7.4 视觉软件分拣作业

当相机、机器人、计算机通信调试完毕之后，机器人触发相机拍照，拍摄的照片会在计算机 In-Sight Explorer 视觉系统中实时显示，但需要注意的是，在康耐视视觉软件中，所有的位置信息是以像素值进行反馈的，而机器人进行动作需要的数据应该为工件的坐标值，也就是需要在像素值和坐标值之间建立一种转换关系。对于康耐视视觉相机来说可以通过校准生成新图像，将像素值的图像转换成坐标值的图像。

机器视觉像素校准的步骤：首先，制作带圆点的长方形校准板，其中板的颜色为白色，圆点颜色为黑色；然后，使用相机拍摄校准版，可以得到形变后的图像；最后，使用数学方法，得到两个图像的映射关系。

根据康耐视视觉相机型号的不同，其校准的方法也不同，大致可以分为两类：一类是相机带有自动校准功能，另一类是相机不带有自动校准功能，需要手动校准，具体校准方法如下。

1. 自动校准

对于带有自动校准功能的相机，调用自动校准的方法是，单击在电子表格界面右侧的函数中的"坐标变换"按钮，在"校准"下拉菜单列表中选择"CalibrateGrid"，CalibrateGrid 计算校准网格中的点识别的点集之间的二维转换，或棋盘格校准网格模式的顶点之间的二维转换。这时会弹出如图 7-7 所示的对话框，在它的右侧有三个选项：设置、姿势、结果，在设置选项卡中，可以设置校准网格的图案、间距和姿势数等，如果还没有校准板网格，也可以打印校准板网格，如图 7-8 所示。将校准板网格置于视觉相机视野范围，接下来使用姿势窗格获取图案的图像。一旦采集到图像，CalibrateGrid 将自动识别尽可能多的特征点。一旦单击"校准"按钮，CalibrateGrid 将开始计算校准并根据特征点的间距报告"校准分数"，结果将显示在结果窗格中。执行校准后，校准数据存储在 CalibrateGrid 单元中。

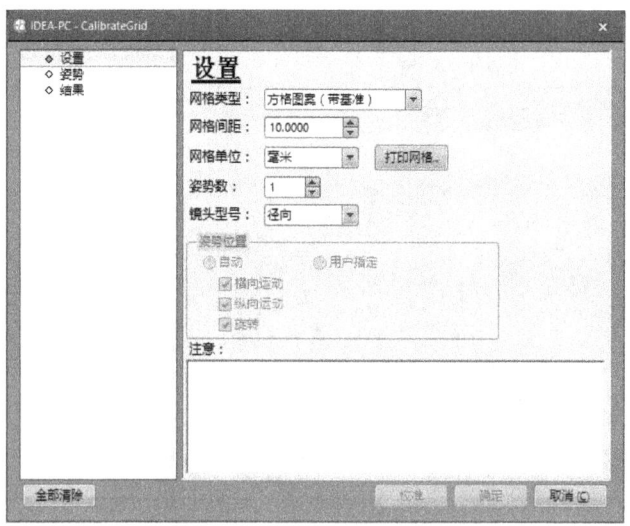

图 7-7 CalibrateGrid 对话框

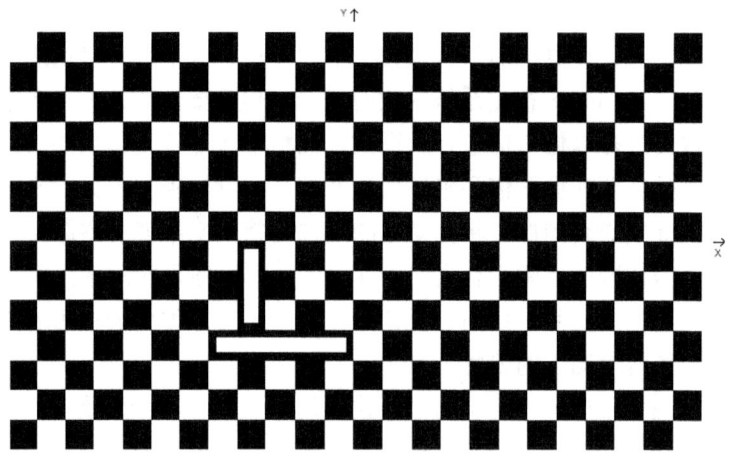

图 7-8 校准板网格

2. 手动校准

分拣工作站使用的康耐视 7050 视觉相机就是无自动校准功能的相机,需要手动校准。手动校准与自动校准最大的不同就是,它无法自动生成校准板网格,也就无法自动校准点的位置信息。需要自己绘制一幅带有网格或者斑点的校准板图片,将其置于相机视野范围内,首先使用视觉相机拍摄校准板照片,然后使用视觉软件找到校准板上特征点的位置以获得像素信息,选择的点越多校准的精度越高,在视觉软件电子表格中记录这些点的像素信息,最后移动机器人依次找到这些特征点。通过示教器查看这些点的坐标值,同样记录到表格中,使用" CalibrateAdvanced "选中特征点的像素信息和坐标信息,图 7-9 所示为特征点校准数据,此时在单元格中反馈一个 Calib 结构函数。

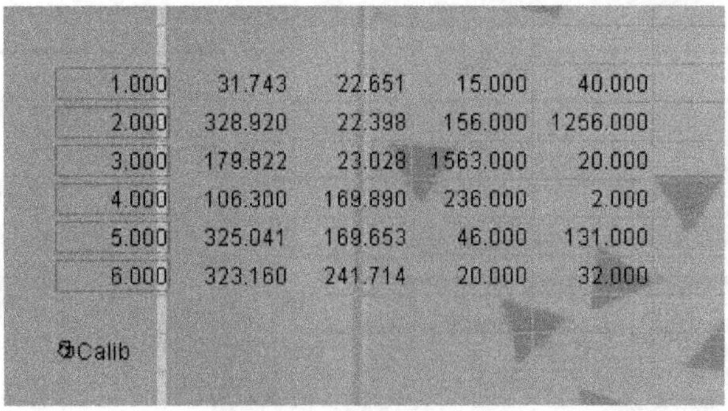

图 7-9 特征点校准数据

下面就来介绍一下视觉软件 In-Sight Explorer 分拣任务的操作方法。

操 作 界 面	操作及说明
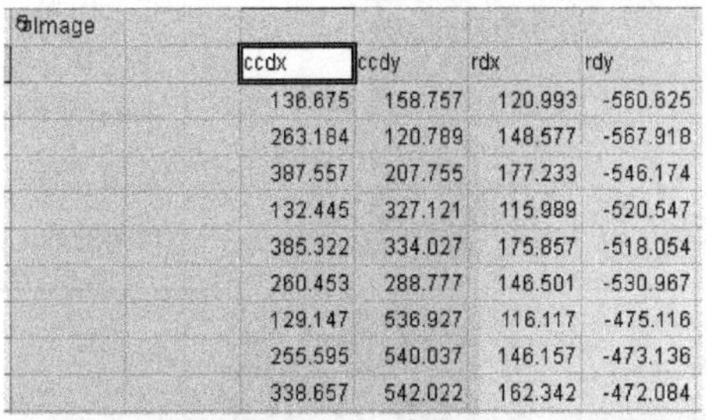	1. 在视觉软件电子表格界面进行校准板上特征点的校准，生成 Calib 结构函数
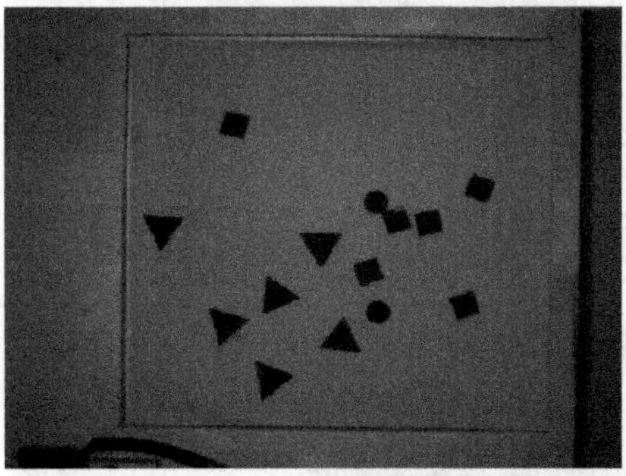	2. 机器人信号触发视觉相机打开光源，拍摄工作站工件图案
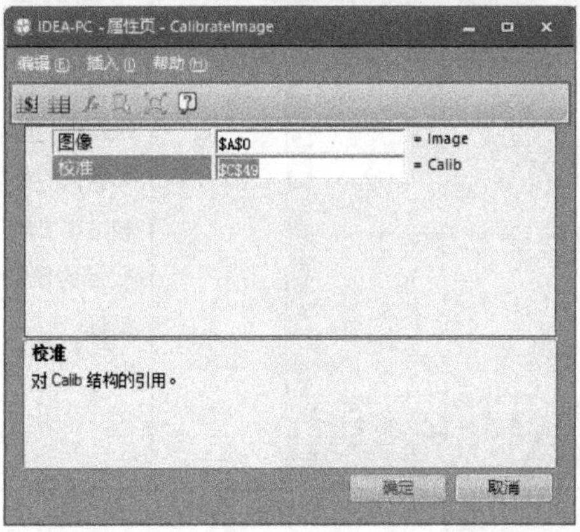	3. 根据校准函数，生成形变后的图像。在单元格空白位置单击" CalibrateImage "按钮，会弹出 CalibrateImage 对话框，图像选择默认单元格，校准选择上一步生成的 Calib 结构函数。此时在单元格中生成一个新的图像" Image "

续表

操 作 界 面	操作及说明
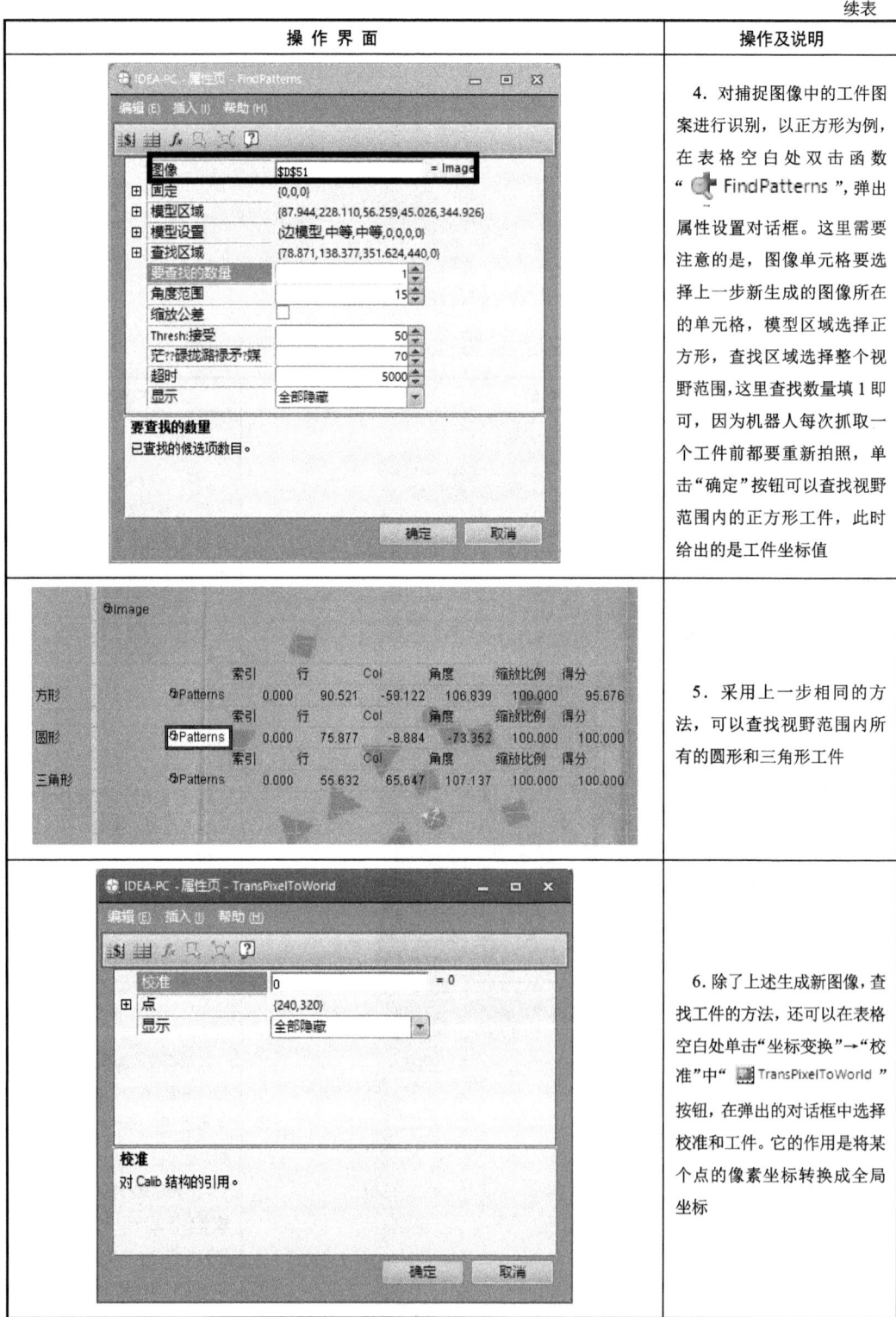	4. 对捕捉图像中的工件图案进行识别,以正方形为例,在表格空白处双击函数"FindPatterns",弹出属性设置对话框。这里需要注意的是,图像单元格要选择上一步新生成的图像所在的单元格,模型区域选择正方形,查找区域选择整个视野范围,这里查找数量填1即可,因为机器人每次抓取一个工件前都要重新拍照,单击"确定"按钮可以查找视野范围内的正方形工件,此时给出的是工件坐标值
	5. 采用上一步相同的方法,可以查视野范围内所有的圆形和三角形工件
	6. 除了上述生成新图像,查找工件的方法,还可以在表格空白处单击"坐标变换"→"校准"中"TransPixelToWorld"按钮,在弹出的对话框中选择校准和工件。它的作用是将某个点的像素坐标转换成全局坐标

180

操 作 界 面	操作及说明
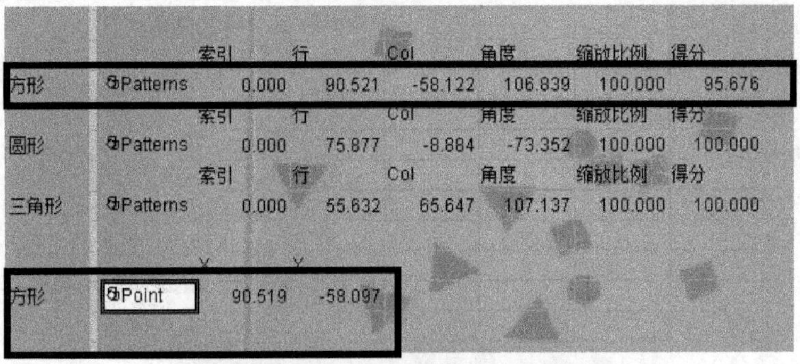 (图:方形/圆形/三角形 Patterns 坐标数据,方形 Point 90.519 -58.097)	7. 通过对比，可以发现针对同一个工件，两者得到的坐标值相近，所以采用任何方式都可以，但是需要注意的是，采用" TransPixelToWorld "选择点时，尽量选择工件的中心点，可以提高位置精确度
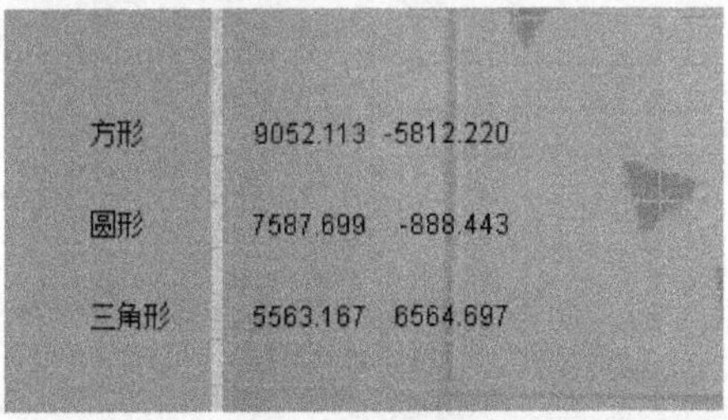 (图:方形 9052.113 -5812.220，圆形 7587.699 -888.443，三角形 5563.167 6564.697)	8. 为了消除误差，提高精确度，可以将工件坐标值进行放大，这里放大 100 倍
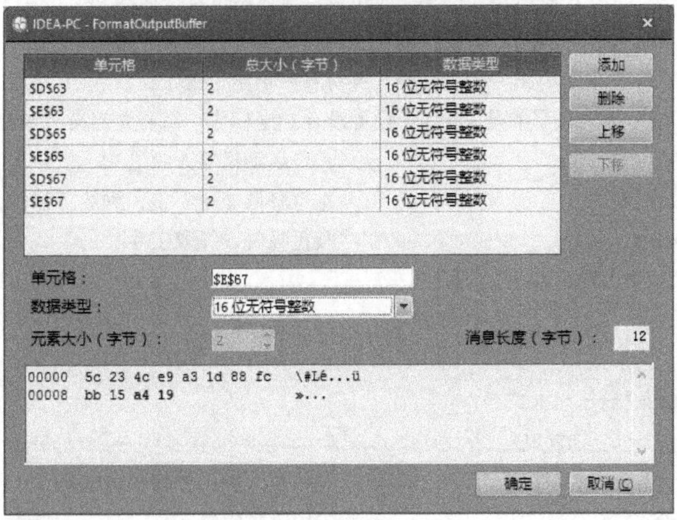 (图:IDEA-PC - FormatOutputBuffer 对话框)	9. 选择"输入/输出"菜单中的" FormatOutputBuffer "选项，会弹出 FormatOutputBuffer 对话框，在对话框中添加三种工件的 X、Y 坐标数据，注意数据类型选择 16 位无符号整数。单击"确认"按钮，然后单击触发器，即可将数据信息输入机器人中，在机器人组信号里会接收到位置数据

7.5 机器人程序编写

视觉系统识别图像，将不同工件的位置坐标输入给机器人后，由机器人完成分拣抓取工作，机器人程序编写参考如下：

```
1:     UTOOL_NUM=2                    // 激活 2 号工具坐标系
2:     UFRAME_NUM=9                   // 激活 2 号工具坐标系
3:     DO [109:fang done ]=OFF
4:     WAIT DI [207]=ON
```

```
 5:    DO [200 ]=ON                              // 打开拍照功能
 6: J  P [1] 100% CNT100                         // 移动到机器人初始位置
 7:    LBL [1]                                   // 开始抓取第一种工件循环
 8: L  P [1] 800mm/sec CNT100
 9:    DO [ 112:light open ]=PULSE,0.7sec        // 打开光源
10:    WAIT   .50(sec )
11:    DO [ 201 ]=PULSE,0.2sec                   // 拍照
12:    WAIT   .50(sec )
13:    R [20]=GI [1]/100                         //  因为视觉软件发送坐标数据是放大
了 100 倍,所以除以 100
14:    R [21]=GI [2]/100
15:    R [22]=GI [3]/100
16:    R [23]=GI [4]/100
17:    R [24]=GI [5]/100
18:    R [25]=GI [6]/100
19:    IF R [20]=0 , JMP LBL [2]                 // 判断是否收到第一种工件的坐标值,
为 0 时跳转 LBL [2],抓取第二种工件
20:    PR [20]=P [1]         // 将机器人的第一个位置点赋值给位置寄存器 PR [20]
21:    PR [20,1]=R [20]      // 将第一种工件的 X 坐标值赋值给位置寄存器
22:    PR [20,2]=R [21]      // 将第一种工件的 Y 坐标值赋值给位置寄存器
23:    PR [20,3]=39  // 因为采用的是 2D 视觉设备没有 Z 坐标值,需要先定义 Z 坐标值
24: J  PR [20] 40% CNT100                        // 关节运动机器人到达 PR [20]位置
25:    PR [20,3]=(-61)                           // 垂直降低 Z 坐标值,到达工件位置
26:    DO [114:blow]=ON                          // 吸盘吸气,抓取工件
27:     J  PR [20] 500mm/sec FINE
28:    WAIT   .20(sec )
29:    PR [20,3]=39
30: L  PR [20]  800mm/sec CNT30
31: L  P [3]   800mm/sec CNT20
32: L  P [2]   300mm/sec FINE                    // 到达第一种工件物料盒位置
33:    DO [114:blow]=OFF                         // 关闭吸盘吸气
34:    DO [113:adsorption]=PLUSE,0.2sec          // 吸盘吹气,放置工件
35: L  P [3]   800mm/sec CNT80
36:
37:    LBL [2]
38: L  P [1] 800mm/sec CNT100
39:    DO [ 112:light open ]=PULSE,0.7sec        // 打开光源
40:    WAIT   .50(sec )
41:    DO [ 201 ]=PULSE,0.2sec                   // 拍照
42:    WAIT   .50(sec )
```

```
43:    IF  R [22]=0 , JMP LBL [3]    // 判断是否收到第二种工件的坐标值，为 0 时跳
转 LBL [3]，抓取第三种工件
44:    PR [21]=P [1]
45:    PR [21,1]=R [22]               // 将第二种工件的 X 坐标值赋值给位置寄存器
46:    PR [21,2]=R [23]               // 将第二种工件的 Y 坐标值赋值给位置寄存器
47:    PR [21,3]=39
48: J  PR [21]  40%  CNT100
49:    PR [21,3]=(-61)
50:    DO [114:blow]=ON               // 吸盘吸气，抓取工件
51:      J  PR [21]  500mm/sec FINE
52:    WAIT  .20(sec )
53:    PR [21,3]=39
54: L  PR [21]   800mm/sec CNT30
55: L  P [4]   800mm/sec CNT20
56: L  P [5]   300mm/sec FINE          // 到达第二种工件物料盒位置
57:    DO [114:blow]=OFF               // 关闭吸盘吸气
58:    DO [113:adsorption]=PLUSE,0.2sec  // 吸盘吹气，放置工件
60: L  P [4]   800mm/sec CNT80

61:    LBL [3]
62: L  P [6]  800mm/sec CNT100
63:    DO [ 112:light open ]=PULSE,0.7sec  // 打开光源
64:    WAIT  .50(sec )
65:    DO [ 201 ]=PULSE,0.2sec          // 拍照
66:    WAIT  .50(sec )
67:    IF  R [24]=0 , JMP LBL [4]    // 判断是否收到第二种工件的坐标值，为 0 时跳
转 LBL [4]，抓取第三种工件
68:    PR [22]=P [1]
69:    PR [22,1]=R [24]               // 将第三种工件的 X 坐标值赋值给位置寄存器
70:    PR [22,2]=R [25]               // 将第三种工件的 Y 坐标值赋值给位置寄存器
71:    PR [22,3]=39
72: J  PR [22]  40%  CNT100
73:    PR [22,3]=(-61)
74:    DO [114:blow]=ON               // 吸盘吸气，抓取工件
75:      J  PR [22]  500mm/sec FINE
76:    WAIT  .20(sec )
77:    PR [22,3]=39
78: L  PR [22]   800mm/sec CNT30
79: L  P [7]   800mm/sec CNT20
80: L  P [8]   300mm/sec FINE          // 到达第三种工件物料盒位置
```

```
81:    DO [114:blow]=OFF                    // 关闭吸盘吸气
82:    DO [113:adsorption]=PLUSE,0.2sec     // 吸盘吹气，放置工件
83: L  P [7]   800mm/sec CNT80
84:
85:    LBL [4]
86:    R [30]=R [20]+R [22]
87:    R [31]=R [30]+R [24]
88:    IF  R [31]=0 , JMP LBL [5] // 判断是否工件全部抓取完毕,完毕跳转到LBL [5]
89:    IF  R [31]>0 , JMP LBL [1] // 为全部抓取跳转到LBL [1]，从头开始运行
90:
91:    LBL [5]
92:    DO [109:fang done]=PULSE,25.5sec   // 反馈信号表示已完成全部抓取
93:    UALM [1]
94:    ABORT
[END]
```

课后习题 7

一、填空题

1．视觉相机、计算机与 FANUC 机器人内置以太网之间就是通过_____功能实现通信的。

2．FANUC 机器人最多支持_____个连接，各连接可设定为_____或_____。

3．机器视觉系统触发方式有硬件触发和软件触发两种，其中硬件触发通过_____或_____等传感器，检测零件是否到达视场，反应时间从几微秒到几毫秒。

4．RPI(ms)为所要求的信息包间隔。最小值为_____，最大值为_____。机器人控制装置应在 1s 内支持最多_____个信息包，可以根据自己的需要自行设置。

二、简答题

简述分拣工作站的工作流程。

三、计算题

1．要求将零件标准尺寸为 4cm×3cm，±0.05mm 的误差必须测量出来，软件要求能测量 0.1 像素（M_p）的精度，取允许误差与测量分辨率的比例为 20，求最小图像分辨率（设视场大小为 4cm×3cm）。

2. 设 2048 像素的线阵相机,场量为 20cm,芯片长为 28.67mm,选择镜头并求物体距离。

四、操作题

完成康耐视相机、计算机和机器人的通信调试,编写视觉、机器人程序,实现机器人自动完成搬运码垛任务。

附录 康耐视 In-Sight Explorer 库函数

A	
Abs(Val)	返回 Val 的绝对值
Accumulate(事件, 值, 重设, 预设)	保存某个指定值的运行合计。返回当前累计总数。与 ClockedSum 不同，该函数使用上一作业执行的值
ACos(Val)	返回 Val 的反余弦值（度）
And(Val1, Val2, [Val3,…])	返回可变长度值列表的逻辑与运算结果
Annulus(Fixture, Annulus, Show)	返回 Annulus 结构，它存储固定的圆环
ASin(Val)	返回 Val 的反正弦值（度）
ATan(Val)	返回 Val 的反正切值（+/-90°）
ATan2(DY, DX)	返回向量(DY, DX)的反正切值（+/-180°）
B	
BGetFloat(Binary, Offset, [Byte/Word Order])	返回 Binary 结构中的浮点值。Offset：以字节为单位的偏移。Endian：0 = big-endian、1 = little-endian、2 = big-endian（字交换）、3 = little-endian（字交换）
BGetInt(Binary, Offset, Bytes, [Sign], [Byte/Word Order])	返回 Binary 结构中的整数值。Offset Bytes：1、2、4。Sign：0 = 有符号、1 = 无符号。Endian：0 = big-endian、1 = little-endian、2 = big-endian（字交换）、3 = little-endian（字交换）
BGetString(Binary, Offset, Bytes, [Byte Swap])	返回 Binary 结构中的字符串。Offset：以字节为单位的偏移。Bytes：要提取的长度。Byte Swap：0 = 不执行字节交换、1 = 执行字节交换
BitAnd(Val1, Val2, [Val3,…])	返回可变长度值列表的按位与运算结果。注意：只处理较低的 16 位
BitNot(Val)	返回 Val 的逻辑取反运算结果。注意：只处理较低的 16 位
BitOr(Val1, Val2, [Val3,…])	返回可变长度值列表的按位或运算结果。注意：只处理较低的 16 位
BitXor(Val1, Val2, [Val3,…])	返回可变长度值列表的按位异或运算结果。注意：只处理较低的 16 位
BLen(Binary)	返回 Binary 结构中的长度
BlobToBlob(斑点0,索引0,斑点1,索引1,查找依据,显示)	测量两个斑点边界之间的最小或最大距离。返回 Dist 结构
BlobToLine(斑点,索引,线,查找依据,显示)	测量斑点边界与线之间的最小或最大距离。返回 Dist 结构
BlobToPoint(斑点,索引,点,查找依据,显示)	测量斑点边界与点之间的最小或最大距离。返回 Dist 结构
BlobToRadian（斑点,索引,交叉,显示）	测量斑点边界与指定角度上的点之间的距离。返回 Dist 结构。基于所选的对齐方式，创建围绕斑点的界限矩形
BStringf(Byte/Word Order, Format-String, Value,…)	根据指定的格式构造一个 Binary 结构。Endian：0 = big-endian、1 = little-endian、2 = big-endian（字交换）、3 = little-endian（字交换）。Format-string: %c;%h;%d;%f;%b;%s
Button(Name, Trigger)	在单元格中插入带标签的按钮控件。单击它会返回 1.0；否则返回 0.0

续表

C	
Calibrate(Pixel Point 0, World Point 0, Pixel Point 1,…)	从四个已知点构造坐标变换。返回 Calib 结构
CalibrateAdvanced(Pixel Row 0, Pixel Col 0, World X 0, World Y0,…)	从一到三十二个已知点对构造坐标变换。返回 Calib 结构
CalibrateGrid(图像)	使用正方形网格来校准系统
Caliper(图像,固定,区域,…)	找到多条直边并按照指定条件排序。通过对线段取平均数将边对组合为单一边。返回排过序的 Edges 结构
Chart(Event, Value, Number, Name, Range:Min, Range:Max)	在单元格中插入发生每个事件时更新的图表显示
CheckBox(Name)	在单元格中插入带标签的复选框控件。选中时返回 1.0；否则返回 0.0
Choose(Index, Val0, [Val1,…])	返回可变长度列表中的被检索参数的值
CircleFromNPoints(Point Row 0, Point Col 0, Point Row 1, PointCol 1, Point Row 2, Point Col 2, [Point Row 3, Point Col 3,…Show])	通过系列点构造一个圆。返回 CircleFit 结构
CircleToCircle(Circle 0, Circle 1, Show)	测量两个圆之间的最短距离。返回 Dist 结构。注意：如果两个圆彼此分离，则距离为正值；如果相交，距离为 0.0；如果包含，则为负值
ClockedMax(事件,值,重设,预设)	返回一个运行最大值
ClockedSum(事件,值,重设,预设)	保存某个指定值的运行合计。返回当前累计总数
Code(Text)	返回文本字符串中第一个字符的代码
ColorLabel(Name, Fore Color, Back Color)	将指定颜色的字符串插入指定颜色的单元格中
Column(Cell)	返回电子表格单元格的列号。注意：列 A = 0.0，列 Z = 25.0
CombinedFormatOutputBuffer(FormatCell1,[FormatCell2,…])	将分开的缓冲区合并成一个
CompareImage(Image, Fixture, Region,…)	比较关注区和模板图像。返回带有白色像素的图像结构，此区域与模板在特定容限内不匹配时返回白色像素
ComputeImageSharpness(图像,固定,区域,…)	返回计算出的输入图像的图像清晰度值
ComputeStats(事件,值,脱机计数,…)	计算所引用值的统计信息
Concatenate(Arg1, [Arg2,…])	连接可变数量的参数。返回一个字符串。注意：将数字参数转换成文本
Cos(Angle)	返回相应角（单位为度）的余弦值
Count(Event, Max Value, Reset, Preset)	以指定整数开始，每发生一个事件加一。返回当前运行合计
CountError(Cell1, [Cell2,…])	返回一个或多个单元格或单元格范围中的错误数
CountPassFail(事件,值,脱机计数,…)	计数并返回给定引用值的通过、失败、错误和总事件数。通过：值 > 0；失败：值 = 0；#ERR：值 < 0
Cross(Fixture, Cross, Show)	返回交叉结构，它存储了固定的交叉标记

续表

D	
Degrees(Radians)	给出以弧度为单位的角度时，返回以度为单位的角度
DelayLine(事件,数据,步数,重设)	缓存某个值的历史。返回存储相应缓冲器的延时结构。与 ShiftRegister 不同，该函数使用上一作业执行的值
Dialog(Label, Title, High, Wide)	创建通过带标签的按钮进行访问的对话
E	
EditAnnulus(Fixture, Move, Size, Name, Show)	在单元格中插入交互式圆环控件
EditCircle(Fixture, Move, Size, Name, Show)	在单元格中插入交互式圆控件
EditCompositeRegion(固定,添加,删除,编辑,移动,旋转,命名,显示)	在单元格中插入交互式 CompositeRegion 控件
EditFloat(Min, Max)	在单元格中插入数字编辑框控件。返回一个约束在 Min 到 Max 范围中的浮点值
EditInt(Min, Max)	在单元格中插入数字编辑框控件。返回一个约束在 Min 到 Max 范围中的整数
EditLine(Fixture, Move Point 0, Move Point 1, Name, Show)	在单元格中插入交互式直线控件
EditMaskedRegion(Fixture, Add Masks, Remove Masks, Edit Masks,Move, Size, Rotate, Name, Show)	在单元格中插入交互式遮蔽区域控件
EditString(Max String Length)	在单元格中插入字符串编辑框控件。返回约束在 0 到最大字符长度范围中的字符串
EditPoint(Fixture, Move, Name, Show)	在单元格中插入交互式点控件
EditPolygon(固定,添加,删除,编辑,移动,缩放,旋转,命名,显示)	在单元格中插入交互式 Polygon 控件
EditPolylinePath(Fixture, Add Points, Remove Points, Move Points,Move Entire Polygon, Scale, Rotate, Name, Show)	在单元格中插入交互式折线路径控件
EditRegion(Fixture, Move, Size, Rotate, Bend, Name, Show)	在单元格中插入交互式区域控件
EditString(Max String Length)	在单元格中插入字符串编辑框控件。返回约束在 0 到最大字符长度范围中的字符串
ErrFree(cell or cell-range)	将#ERR 单元格转换为空单元格，以消除错误传播
Event(Trigger, Manual)	在指定的触发器上执行，用于更新所有从属单元格。返回事件结构
Exact(Text1, Text2)	将 Text1 与 Text2 进行比较。如果相等，则返回 1.0；否则返回 0.0。注意：Exact 区分大小写
Exp(Val)	返回 e 的 Val 次幂的值
ExportData(Event, Host Name, User Name, Password, File Name,Cell)	将一个单元格中的数据导出到闪存、RAM 磁盘或 FTP 服务器
ExtractBlobs(Image, Fixture, Region,…)	提取图像的斑点并可选择按区域对其进行排序。返回斑点结构
ExtractCalibration(图像)	从变换的图像中提取校准。返回 Calib 结构
ExtractHistogram(Image, Fixture, Region, Show)	计算某个区域的灰度直方图。返回 Hist 结构

F	
Find(FindText, SrcText, [StartChar])	在 SrcText 内从 StartChar 开始查找 FindText。返回第一个匹配字符的索引。注意：Find 函数区分大小写并从第一个字符开始查找
FindBlobs(Blobs, Number to Find,…)	用一组加权的标准值对斑点结构内的斑点评分。返回斑点结构
FindCircle(Image, Fixture, Annulus,…)	找到最佳圆周边。返回边结构
FindCircleDefects(Image, Fixture, Annulus,…)	查找环形区域内的非圆形或非径向缺陷。返回存储二进制阈值化图像的图像结构
FindCircleMinMax(Image, Fixture, Annulus,…)	检查连续边的圆形。返回边结构
FindCurve(Image, Fixture, Region,…)	找到最佳曲边。返回边结构
FindLine(Image, Fixture, Region,…)	找到最佳直边。返回边结构
FindMultiLine(Image, Fixture, Region,…)	找到多条直线。返回边结构
FindPatMaxPatterns(Image, Fixture, Region,…)	搜索图像内的图案。返回图案结构
FindPatterns(图像,固定,区域,…)	使用 PatFind 从图像提取区域或边模型；可选择搜索此类模型。返回 Patterns 结构
FindSegment(Image, Fixture, Region,…)	找到由黑色或白色片段定义的边对。返回边结构
Fixture(Fixture, Show)	返回 Fixture 结构，它存储固定坐标
FormatInputBuffer(格式)	设置二进制输入数据格式
FormatOutputBuffer(WithErr,Format,Value1, [Value2,…])	根据指定的格式构造二进制数据
FormatString(格式字符串, [文本或值,…])	返回一个格式为%format-string 的字符串。格式字符串：%c=字符；%d=整数；%f=浮点；%o=八进制；%s=字符串；%u=无符号；%x 或 %X=十六进制；%e=科学符号
G	
Get2DModulation(IDVerify)	返回二维符号的 ISO 15415:2004 调整。必须启用 ISO 15415:2004 衡量标准
GetAIDescription(Structure, Index)	返回与 Index'th 字段中的 AI 相关联的说明字符串
GetAllTime(图像)	返回作业的执行时间（毫秒）。注意：必须在单元格 A0 中引用 AcquireImage 函数
GetAngle(Structure, [Index])	返回角度值
GetArea(Structure, [Index])	返回面积值
GetBarHeight(IDVerify)	返回指定类型条的平均高度。0 = 短/限时；1 = 按字母升序；2 = 按字母降序
GetBarPitch(IDVerify)	返回条码的平均间距
GetBarSkew(Structure)	返回各条的平均倾斜值
GetBarSpace(Structure)	返回条间的平均间距
GetBarVoid(IDVerify)	返回条码的平均空白间距（没有油墨的区域）
GetBarWidth(Structure)	返回各条的平均宽度
GetBaselineShift(IDVerify)	返回条的平均基线偏移
GetBGReflectance(IDVerify)	返回平均背景反射系数
GetBkgdUniformity(IDVerify)	测量符号背景亮度的变化
GetBrightPixelCount(Image)	返回大于阈值的像素数

续表

G	
GetBufferData(ReadBuffer, Index)	返回 ReadEIP、ReadProfinet、ReadDeviceNet 或 ReadModbus 结构中的被检索数据
GetCAGECode(结构)	返回 DoD UID 数据中的"箱代码"
GetCAGECodeID(结构)	返回表示 DoD UID 数据中的"箱代码"的标识符
GetCaliperAngle(InspectEdge, [Caliper])	返回已建立索引的卡尺的角度值
GetCaliperCol(InspectEdge, [Caliper])	返回已建立索引的卡尺的列坐标
GetCaliperHigh(InspectEdge, [Caliper])	返回已建立索引的卡尺的高度
GetCaliperRow(InspectEdge, [Caliper])	返回已建立索引的卡尺的行坐标
GetCaliperWide(InspectEdge, [Caliper])	返回已建立索引的卡尺的宽度
GetCellSeparability(IDVerify)	测量符号内前景和背景单元的差异程度
GetChar(Structure, [Index1], [Index2])	返回索引处的字符
GetChi2(LineFit)	返回 chi 平方的值
GetClearanceBottom(IDVerify)	返回到条码底部的间隙（空白区）（仅在符号被成功解码时有效）
GetClearanceLeft(IDVerify)	返回到条码左侧的间隙（空白区）（仅在符号被成功解码时有效）
GetClearanceRight(IDVerify)	返回到条码右侧的间隙（空白区）（仅在符号被成功解码时有效）
GetClearanceTop(IDVerify)	返回到条码顶部的间隙（空白区）（仅在符号被成功解码时有效）
GetClock(Time, Format-String)	返回包含日期和时间的格式化字符串
GetClutter(Structure, [Index])	返回 PatMax 训练的图案匹配的混乱程度得分
GetCodeName(Structure)	返回 ReadIDCode 函数中代码类型的名称
GetCodeType(Structure)	返回 ReadIDCode 函数中代码类型的值
GetCol(Structure, [Index1], [Index2])	返回一个列坐标。注意：Index2（仅限边）指定一个端点（0 或 1）
GetColor(Structure, [Index])	返回颜色值，0.0 代表黑色，1.0 代表白色
GetContrast(Structure, [Index])	以灰度级别方式返回前景和背景之间的对比度。注意：对于 PatMax 和 ID 工具，会返回对比度百分比；而对于 ID 工具，必须选中"检验"复选框
GetCount(Structure)	返回计数值
GetCoverage(Structure, [Index])	返回 PatMax 训练的图案匹配的覆盖百分比
GetCurve(Structure)	返回弯曲角度值（逆时针度数）
GetDarkPixelCount(Image)	返回小于阈值的像素数
GetDataFormat(结构, [索引])	返回用于对数据解码的格式
GetDecodability(Structure)	返回符号（所有字符、所有扫描线）的最小可解码性
GetDefect(Structure)	返回最大元素反射系数不一致性与平均符号对比度的比值
GetDefectGapBoundsAngle(InspectEdgeForDefect/Width, [Index],[Type], [Pair])	返回缺陷/间距的界限矩形的角度值
GetDefectGapBoundsCol(InspectEdgeForDefect/Width, [Index],[Type], [Pair])	返回缺陷/间距的界限矩形的列坐标
GetDefectGapBoundsCurve(InspectEdgeForDefect/Width, [Index],[Type], [Pair])	返回缺陷/间距的界限矩形的曲线值

续表

G	
GetDefectGapBoundsHigh(InspectEdgeForDefect/Width, [Index],[Type], [Pair])	返回缺陷/间距的界限矩形的高度值
GetDefectGapBoundsRow(InspectEdgeForDefect/Width, [Index],[Type], [Pair])	返回缺陷/间距的界限矩形的行坐标
GetDefectGapBoundsWide(InspectEdgeForDefect/Width,[Index], [Type], [Pair])	返回缺陷/间距的界限矩形的宽度值
GetDefectGapCaliperIndex(InspectEdgeForDefect/Width, [Index],[Type], [Pair], [Start/Stop])	返回缺陷/间距开始或停止位置的卡尺索引
GetDefectGapCount(InspectEdgeForDefect, [Pair], [Type])	返回缺陷或间距数
GetDefectGapValue(InspectEdgeForDefect/Width, [Index], [Type],[Pair], [Size/Area/Width])	返回缺陷/间隙的大小、面积或宽度
GetDiagnosticsCode(结构)	返回诊断代码
GetDiagnosticsString(结构)	返回诊断信息
GetDistance(Structure, [Index])	返回距离值
GetDistortionAngle(IDVerify)	返回符号的 X 轴与 Y 轴之间角度减去 90°（垂直）所得的角度误差度数
GetDistortionAngleGrade(IDVerify)	返回畸变角的 IAQG 9132 等级
GetDotCenter(IDVerify)	表示符号内单元的中心与其期望位置的拟合程度百分比
GetDotDiameter(IDVerify)	返回各单元直径的平均值，表示成期望单元直径的百分比
GetDotOvality(IDVerify)	返回各单元宽度和高度的平均差值，表示为期望单元大小的百分数
GetECLevel(Structure)	返回二维符号的纠错级别。必须选中 ID 工具中的"检验"复选框
GetECMin(Structure)	返回符号中连续元素间的最小边响应
GetEdgeCol(InspectEdgeForDefect, [Caliper], [Edge], [Pair])	返回已建立索引的卡尺的边缘的列坐标
GetEdgeContrast(InspectEdgeForDefect, [Caliper], [Edge], [Pair])	返回已建立索引的卡尺的边缘的对比度值
GetEdgeCount(InspectEdgeForDefect/Position, [Caliper])	返回已建立索引的卡尺的边数
GetEdgeDistance(边缘, [索引])	返回以像素表示的成对的各边缘之间的距离
GetEdgeFromCenter(InspectEdgeForDefect [Caliper], [Edge], [Pair])	返回与已建立索引的卡尺的边缘中心的距离
GetEdgeFromFit(InspectEdgeForDefect, [Caliper], [Pair])	返回与已建立索引的卡尺边缘的"线拟合"的距离
GetEdgePairCol(InspectEdgeWidth, [Caliper], [Edge], [Pair])	返回已建立索引的卡尺的边缘的列坐标
GetEdgePairCount(InspectEdgeWidth, [Caliper])	返回为已建立的卡尺找到的边对数目

续表

G	
GetEdgePairRow(InspectEdgeWidth, [Caliper], [Edge], [Pair])	返回已建立索引的卡尺的边缘的行坐标
GetEdgePairWidth(InspectEdgeWidth, [Caliper], [Edge])	返回已建立索引的卡尺的边对的宽度值
GetEdgePosCol(InspectEdgePosition, [Caliper], [Edge])	返回已建立索引的卡尺的边缘的列坐标
GetEdgePosContrast(InspectEdgePosition, [Caliper], [Edge])	返回已建立索引的卡尺的边缘的对比度值
GetEdgePosFromCenter(InspectEdgePosition, [Caliper], [Edge])	返回与已建立索引的卡尺的边缘中心的距离
GetEdgePosFromFit(InspectEdgePosition, [Caliper])	返回与已建立索引的卡尺边缘的线拟合的距离
GetEdgePosRow(InspectEdgePosition, [Caliper], [Edge])	返回已建立索引的卡尺的边缘的行坐标
GetEdgePosScore(InspectEdgePosition, [Caliper], [Edge])	返回已建立索引的卡尺的边缘的分数值
GetEdgeRow(InspectEdgeForDefect, [Caliper], [Edge], [Pair])	返回已建立索引的卡尺的边缘的行坐标
GetEdgeScore(InspectEdgeForDefect, [Caliper], [Edge])	返回已建立索引的卡尺的边的分数值
GetElapsedTime(图像)	返回两次连续图像采集之间的时间（毫秒）。注意：必须在单元格 A0 中引用 AcquireImage 函数
GetElongation(Blobs, [Index])	返回延长值
GetErrorCode(Structure)	如果函数失败，返回诊断代码
GetErrorCount(结构)	返回二维符号中发现的错误数。必须选中 ID 工具中的"检验"复选框。注意：引用 Count 或 Stats 结构时将会返回错误数
GetErrorString(Structure)	返回诊断信息
GetExposure(Image)	返回最近采集的曝光时间（毫秒）。注意：必须在单元格 A0 中引用 AcquireImage 函数
GetExtremePoints(InspectEdgeForDefect, [Pair], [Side])	返回具有距"线拟合"最远边的卡尺索引
GetExtremePosPoints(InspectEdgePosition, [Side])	返回具有距"线拟合"最远边的卡尺索引
GetExtremeReflectance(IDVerify)	返回二维符号的 ISO 15415:2004 极端反射比结果。必须启用 ISO 15415:2004 衡量标准
GetExtremeWidth(InspectEdgeWidth, [Extreme])	返回具有指定极限宽度值的卡尺的索引
GetFailCount(Structure)	Returns number of failed results
GetFieldData(结构,索引)	返回 ndex'th 字段中编码的数据
GetFieldIdentifier(结构,索引)	返回 Index'th 字段中编码的标识符

G	
GetFilename(FTP)	返回 FTP 结构的文件名
GetFinderConfCon(IDVerify)	测量符号的定位图形的连贯性（依据 AIM 规范）
GetFinderConfDot(IDVerify)	测量点喷符号的定位图形符合 AIM 规范的程度
GetFitEdgeAngle(InspectEdgeForDefect, [Pair])	返回"线拟合"与第一个点之间的角度值
GetFitEdgeCenterCol(InspectEdgeForDefect, [Pair])	返回曲线拟合中心的列坐标
GetFitEdgeCenterRow(InspectEdgeForDefect, [Pair])	返回曲线拟合中心的行坐标
GetFitEdgeCol(InspectEdgeForDefect, [Pair], [Point])	返回线拟合的点的列坐标
GetFitEdgePosAngle(InspectEdgePosition)	返回线拟合与第一个点之间的角度值
GetFitEdgePosCenterCol(InspectEdgePosition)	返回曲线拟合中心的列坐标
GetFitEdgePosCenterRow(InspectEdgePosition)	返回曲线拟合中心的行坐标
GetFitEdgePosCol(InspectEdgePosition, [Point])	返回线拟合的点的列坐标
GetFitEdgePosRadius(InspectEdgePosition)	返回与曲线拟合中心的距离
GetFitEdgePosRow(InspectEdgePosition, [Point])	返回线拟合的点的行坐标
GetFitEdgeRadius(InspectEdgeForDefect, [Pair])	返回与边对的曲线拟合中心的距离
GetFitEdgeRow(InspectEdgeForDefect, [Pair], [Point])	返回线拟合的点的行坐标
GetFitError(Structure, [Index])	返回 PatMax 训练的图案匹配的拟合错误得分
GetFixedPatternDamage(IDVerify)	返回二维符号的 ISO 15415:2004 固定型损坏衡量结果。必须启用 ISO 15415:2004 衡量标准
GetFontLabel(Font, Index)	返回被检索字集数据库字符的字符标记
GetFontName(Font)	获取指定字集的名称
GetFontNumCharacter(Font)	返回字集数据库中的字符数
GetFormat(Structure)	返回二维符号函数中符号格式的值
GetGrade(Structure, [Structure])	返回一维或二维符号的总体质量等级。必须选中 ID 工具中的"检验"复选框。如果提供第二个 IDCode 结构，请测试 RSS/CS 等级和连接
GetGrainCoarse(Structure)	返回由 TrainPatMaxPattern 自动计算的粗糙粒度或手动输入的相应值
GetGrainFine(Structure)	返回由 TrainPatMaxPattern 自动计算的精细粒度或手动输入的相应值
GetGridCols(Structure)	返回二维符号中的列数
GetGridNonUniformity(IDVerify)	返回二维符号的 ISO 15415:2004 网格不一致性结果。必须启用 ISO 15415:2004 衡量标准
GetGridRows(Structure)	返回二维符号中的行数

续表

G	
GetGrowth(Structure)	返回二维符号的打印增长的测试结果。必须选中 ID 工具中的"检验"复选框
GetGrowthHorizontal(IDVerify)	返回沿二维符号水平方向的打印增长
GetGrowthVertical(IDVerify)	返回沿二维符号垂直方向的打印增长
GetGTIN(结构)	返回 DoD UID 数据中的 GTIN（箱代码+箱代码内的原始部件号）
GetGTINID(结构)	返回表示 DoD UID 数据中 GTIN（箱代码 + 箱代码内的原始部件号）的标识符
GetHigh(Structure, [Index])	返回高度值
GetHoles(Blobs, [Index])	返回孔个数
GetIAQGOverallGrade(IDVerify)	返回依据 IAQG 9132 规格的总体符号等级
GetImageBufferCount(Event)	返回所使用的图像缓冲区数
GetImageBufferOverrunCount(Event)	返回自重置统计数据或上次发生联机/脱机事件以来，由于缺乏图像缓冲区而丢失的采集数
GetImageSharpness(IDVerify)	测量图像中各边的清晰度
GetInfoCode(图案, [索引])	返回图案的信息代码
GetInfoString(Patterns, [Index])	返回图案的信息字符串
GetInvalidDataLength(结构)	返回有错误的数据子字符串的长度
GetInvalidDataPosition(结构)	返回有错误的数据子字符串的起始位置
GetLatest(结构)	返回 ComputeStats 引用的最新有效值
GetLearned(Structure)	返回 ID 符号的学习状态，0.0 表示无效或未学习，而 1.0 表示有效
GetLearnedGridCol(IDCode)	返回学习"QR 码"或"数据矩阵"符号中的列数
GetLearnedGridRow(IDCode)	返回学习"QR 码"或"数据矩阵"符号中的行数
GetLineScanAcqEncoderSteps(Event)	如果正在采集图像，返回从图像起点的编码器步数，否则返回 0.0
GetLineScanAcqLineCount(Event)	如果正在采集图像，返回迄今为止所采集的图像线数，否则返回 0.0
GetLineScanAcqStepsPerSecond(Event)	返回上次采集期间的每秒平均编码器步数。对于软件编码器，返回固定值 1000000.0
GetLineScanAcqTime(Event)	返回采集最后一个图像所需的时间，以毫秒为单位
GetLineScanAcqTimeoutCount(Event)	返回自重置统计数据或上次发生联机/脱机事件以来，由于图像超时而丢弃的图像采集数
GetLineScanEncoderSteps(Event)	返回自重置统计数据或上次发生联机/脱机事件以来的编码器步数
GetLineScanExposureConflict(Event)	如果软件编码器线间期太短，与曝光时间不相适应，则返回 1.0，否则返回 0.0
GetLineScanFillLines(A0)	返回图像中用黑色填充的线数（由于线超出限度而裁剪或丢失的线）。注意：必须在单元格 A0 中引用 AcquireImage 函数
GetLineScanLineCount(Event)	返回自重置统计数据或上次发生联机/脱机事件以来所采集的图像线数
GetLineScanLineOverrunCount(Event)	返回自重置统计数据或上次发生联机/脱机事件以来，由于编码器超速而丢失的线数
GetMax(Structure)	返回最大值
GetMaxBarHeight(IDVerify)	返回指定类型条的最大高度。0＝短/限时；1＝按字母升序；2＝按字母降序

续表

G	
GetMaxBarPitch(IDVerify)	返回条码的最大间距
GetMaxBarSkew(Structure)	返回各条的最大倾斜值
GetMaxBarSpace(Structure)	返回条间的最大间距
GetMaxBarVoid(IDVerify)	返回条码的最大空白间距（没有油墨的区域）
GetMaxBarWidth(Structure)	返回最宽条的宽度
GetMaxBaselineShift(IDVerify)	返回条码的最大基线偏移
GetMaxBGReflectance(IDVerify)	返回最大背景反射系数
GetMaxCol(Structure, [Index])	返回最大（最右侧）列坐标
GetMaxColRow(Structure, [Index])	返回最大（最右侧）列坐标处的行坐标
GetMaxContrast(Structure)	返回最大对比度值
GetMaxDist(Structure)	返回各输入点到对象的最大距离
GetMaxDistIndex(Structure)	返回距离对象最远的输入点的索引
GetMaxOverInkSize(IDVerify)	返回条码的最大溢墨尺寸
GetMaxRow(Structure, [Index])	返回最大（最底部）行坐标
GetMaxRowCol(Structure, [Index])	返回最大（最底部）行坐标处的列坐标
GetMean(Structure)	返回平均值
GetMin(Structure)	返回最小值
GetMinBarHeight(IDVerify)	返回指定类型条的最小高度。0＝短/限时；1＝按字母升序；2＝按字母降序；3＝长/完全
GetMinBarPitch(IDVerify)	返回条码的最小间距
GetMinBarSkew(Structure)	返回各条的最小倾斜值
GetMinBarSpace(Structure)	返回条间的最小间距
GetMinBarVoid(IDVerify)	返回条码的最小空白间距（没有油墨的区域）
GetMinBarWidth(Structure)	返回最窄条的宽度
GetMinBaselineShift(IDVerify)	返回条码的最小基线偏移
GetMinBGReflectance(IDVerify)	返回最小背景反射系数
GetMinCol(Structure, [Index])	返回最小（最左侧）列坐标
GetMinColRow(Structure, [Index])	返回最小（最左侧）列坐标处的行坐标
GetMinContrast(Structure)	返回最小对比度值
GetMinOverInkSize(IDVerify)	返回条码的最小溢墨尺寸
GetMinRow(Structure, [Index])	返回最小（最顶端）行坐标
GetMinRowCol(Structure, [Index])	返回最小（最顶端）行坐标处的列坐标
GetMirror(Structure)	返回符号是否被镜像，0.0 表示未被镜像，1.0 表示被镜像
GetModulation(Structure)	返回最小边响应（ECMin）与符号平均对比度的比值
GetNBars(Structure)	返回条码中发现的条数
GetNFound(Structure)	返回所找到数量的值
GetNonUniformity(Structure)	返回二维符号的轴向不一致性的测试结果。必须选中 ID 工具中的"检验"复选框
GetNoReadStatus(IDCode)	返回诊断代码以提供有关 ReadIDCode 失败的信息
GetNoReadString(IDCode)	返回诊断字符串以提供有关 ReadIDCode 失败的信息

续表

G	
GetNPoints(结构)	返回点数
GetNPointsUsed(Structure)	返回使用的点数
GetNSubregions(CompositeRegion)	返回子区域数
GetNBars(Structure)	返回条码中发现的条数
GetNumCalipers(InspectEdge)	返回 InspectEdge 函数中的卡尺数
GetNumDataFormats(结构)	返回用于为数据编码的格式数
GetNumEdges(Structure)	返回每条有效扫描线从被检验符号各组分找到的边的总数
GetNumFields(结构)	返回数据中编码的字段数
GetNumSamples(结构)	返回用于计算的样品总数
GetOneBarBaselineShift(IDVerify, [索引])	返回被检索条码的基线偏移
GetOneBarBGReflectance(IDVerify, [索引])	返回被检索条码的背景反射系数
GetOneBarCol(IDVerify, [索引])	返回被检索条码的列号
GetOneBarContrast(IDVerify, [索引])	返回被检索条码的对比度
GetOneBarHeight(IDVerify, [索引])	返回被检索条码的高度
GetOneBarOverInkSize(IDVerify, [索引])	返回被检索条码的溢墨尺寸
GetOneBarPitch(IDVerify, [索引])	返回被检索条码的间距
GetOneBarRow(IDVerify, [索引])	返回被检索条码的行号
GetOneBarSkew(IDVerify, [索引])	返回被检索条码的倾斜值
GetOneBarSpace(IDVerify, [索引])	返回被检索条码的间距
GetOneBarType(IDVerify, [索引])	返回被检索条码的类型。0 = 短/限时；1 = 按字母升序；2 = 按字母降序；3 = 长/完全
GetOneBarVoid(IDVerify, [索引])	返回被检索条码的空白间距
GetOneBarWidth(IDVerify, [索引])	返回被检索条码的宽度
GetOnline(事件)	返回联机状态：0=脱机，1=联机。事件参数必须引用联机/脱机事件
GetOperation(CompositeRegion, 索引)	返回指定子区域的操作
GetOutsideArea(Patterns, [Index])	返回在搜索区外找到的匹配区域的百分比
GetOutsideFeatures(Patterns, [Index])	返回在搜索区外找到的匹配特性百分比
GetOverInkSize(IDVerify)	返回条码的平均溢墨尺寸
GetPartNum(结构)	返回 DoD UID 数据中的"部件号"
GetPartNumID(结构)	返回表示 DoD UID 数据中"部件号"的标识符
GetPassCount(Structure)	返回通过结果的数量
GetPassed(Structure, [Index])	返回通过/失败状态。如果成功，则为 1.0；而失败为 0.0
GetPercDotOSFail(IDVerify)	返回符号中超出点大小或椭圆度范围的 ON 单元格的百分比
GetPercDotOSFailGrade(IDVerify)	返回超出点大小或椭圆度范围的 ON 单元格百分比的 IAQG9132 等级
GetPercDotPositionFail(IDVerify)	返回符号中超出位置公差范围的 ON 单元格的百分比
GetPercDotPositionFailGrade(IDVerify)	返回超出位置公差范围的 ON 单元格百分比的 IAQG 9132 等级
GetPerimeter(Structure, [Index])	返回周长值
GetPixelValue(Image, Fixture, Point)	返回图像中指定点的灰度值（0～255）
GetPosition(边缘, [索引])	返回以像素表示的边缘或边缘对中心的区域 X 位置
GetQuietZonesCheck(Structure)	返回在符号空白区发现的最大不均匀性与平均符号对比度的比值

续表

G	
GetRadius(Structure, [Index])	返回指定圆或弧的半径
GetRange(结构)	返回最小值和最大值之间的范围
GetRawStream(Structure)	返回读取符号中的未解码数据流
GetRefDecode(IDVerify)	指示符号是否被成功解码
GetReflectanceDark(Structure)	返回符号的暗色（最小）反射系数
GetReflectanceLight(Structure)	返回符号的亮色（最大）反射系数
GetResolution(Structure)	返回 ID 符号主要特征的分辨率（以像素表示）。对于二维符号，分辨率为平均单元大小。对于一维符号，分辨率为最小条宽度
GetResult(Result, Index)	返回由网络发送者发送的结果
GetRow(Structure, [Index1], [Index2])	返回一个行坐标。注意：Index2（仅限边）指定一个端点（0 或 1）
GetScale(Structure, [Index])	返回缩放值
GetScaleX(Structure, [Index])	返回 X 方向的缩放比例
GetScaleY(Structure, [Index])	返回 Y 方向的缩放比例
GetScore(Structure, [Index1], [Index2])	返回分数值（0～100）
GetSDev(Structure)	返回标准偏差值
GetSDevBarHeight(IDVerify)	返回指定类型条高度的标准偏差。0 = 短/限时；1 = 按字母升序；2 = 按字母降序；3 = 长/完全
GetSDevBarPitch(IDVerify)	返回条码间距的标准偏差
GetSDevBarSkew(Structure)	返回各条的倾斜值标准偏差
GetSDevBarSpace(Structure)	返回条间间距的标准偏差
GetSDevBarVoid(IDVerify)	返回条码空白间距（没有油墨的区域）的标准偏差
GetSDevBarWidth(Structure)	返回条宽的标准偏差
GetSDevBaselineShift(IDVerify)	返回条码基线偏移的标准偏差
GetSDevBGReflectance(IDVerify)	返回背景反射系数的标准偏差
GetSDevContrast(Structure)	返回对比度值的标准偏差
GetSDevDotCenter(IDVerify)	测量点位置偏移错误的标准偏差
GetSDevDotDiameter(IDVerify)	返回所有单元直径的标准偏差
GetSDevDotOvality(IDVerify)	返回各单元宽度和高度间的标准偏差百分数
GetSDevOverInkSize(IDVerify)	返回条码溢墨尺寸的标准偏差
GetSerialNum(结构)	返回 DoD UID 数据中的序列号
GetSerialNumID(结构)	返回表示 DoD UID 数据中序列号的标识符
GetSigma(CircleFit)	返回 sigma 值
GetSpread(Blobs, [Index])	返回扩展值
GetString(Structure)	返回引用的 Structure 中的字符串。注意：仅限 AcquireImage，返回由网络"主系统"发送的字符串
GetSubregionType(CompositeRegion, 索引)	返回指定子区域的形状类型
GetSum(Structure)	返回和数值
GetSymbologyIdentifier(Structure)	返回引用的 Structure 中的 3 字符"符号体系标识符"代码
GetSymSeparability(IDVerify)	测量符号与其环境的差异度
GetThresh(Structure)	返回手工或最佳的二进制阈值

续表

G	
GetTime(Cell1, [Cell2,…])	返回单元格的执行时间（毫秒）
GetTotalCount(Structure)	返回结果的总数
GetTrained(Patterns)	如果 TrainPatMaxPattern 成功训练了图案，则返回 1，否则返回 0
GetUID(结构)	返回 DoD UID 数据中的 UID
GetUIDID(结构)	返回表示 DoD UID 数据中 UID 的标识符
GetUnusedEC(Structure)	返回二维符号中未使用纠错的百分比。必须选中 ID 工具中的"检验"复选框
GetValid(结构)	返回引用的数据流是否有效
GetValue(Structure, Index)	Hist：返回指定容器内的值数目。延时：在指定的时间增量后返回值
GetVariance(Structure)	返回当前图像中计算值的方差。返回所引用值的方差
GetVerifyDecoded(IDVerify)	返回符号是否被成功解码
GetWide(Structure, [Index])	返回宽度值
GetWidth(InspectEdgeWidth, [Caliper])	返回已建立索引的卡尺的宽度值
GetWidthCount(InspectEdgeWidth, [Type])	返回特定缺陷类型的缺陷数
H	
HistContrast(Hist, [FirstBin, LastBin], [Color])	返回直方图的灰度对比度值。注意：如果引用 ColorHist 结构，则会添加 Color 参数
HistCount(Hist, [FirstBin, LastBin], [Color])	返回直方图的一定容器范围内的像素数。注意：如果引用 ColorHist 结构，则会添加 Color 参数
HistHead(Hist, [FirstBin, LastBin], [Color])	返回直方图的第一个非零灰度值的索引。注意：如果引用 ColorHist 结构，则会添加 Color 参数
HistHeadPercentage(Hist, Percentage, [FirstBin, LastBin], [Color])	返回表示直方图百分比的灰度级值索引
HistMax(Hist, [FirstBin, LastBin], [Color])	返回直方图的一定容器范围内的最普通（典型）的灰度值。注意：如果引用 ColorHist 结构，则会添加 Color 参数
HistMean(Hist, [FirstBin, LastBin], [Color])	返回直方图的一定容器范围内的平均灰度值。注意：如果引用 ColorHist 结构，则会添加 Color 参数
HistMin(Hist, [FirstBin, LastBin], [Color])	返回直方图的一定容器范围内的最不典型的灰度值。注意：如果引用 ColorHist 结构，则会添加 Color 参数
HistSDev(Hist, [FirstBin, LastBin], [Color])	返回直方图的一定容器范围内的标准偏差值。注意：如果引用 ColorHist 结构，则会添加 Color 参数
HistSum(Hist, [FirstBin, LastBin], [Color])	返回直方图的一定容器范围内的灰度值总和。注意：如果引用 ColorHist 结构，则会添加 Color 参数
HistSumSquare(Hist, [FirstBin, LastBin], [Color])	返回直方图的一定容器范围内的值平方和。注意：如果引用 ColorHist 结构，则会添加 Color 参数
HistTail(Hist, [FirstBin, LastBin], [Color])	返回直方图的一定容器范围的最后一个非零灰度值索引。注意：如果引用 ColorHist 结构，会添加 Color 参数
HistTailPercentage(Hist, Percentage, [FirstBin, LastBin], [Color])	返回表示直方图百分比的灰度级值索引
HistThresh(Hist, [FirstBin, LastBin], [Color])	返回直方图的最佳二进制阈值。注意：如果引用 ColorHist 结构，则会添加 Color 参数

续表

I	
If(Cond,Val1,Val2)	如果 Cond 为 TRUE，则返回 Val1；否则返回 Val2
ImageMath2(图像,固定,区域,…)	对引用图像的关注区执行基本的图像算术运算。返回包含图像运算结果的 Image 结构
ImportData(Event,Host Name,User Name,Password, File Name)	从 xd 文件导入数据
InRange(Val, Start, End)	如果 Min(Start,End)≤Val≤Max(Start,End)，则返回 TRUE
InspectEdge(Image, Fixture, Region,…)	通过放置卡尺来提取边候选项，从而执行高级边分析。返回 InspectEdge 结构
InspectEdgeForDefect(Image, Fixture, Region,…)	使用 InspectEdge 数据结构作为输入，沿包含缺陷和间距的边或边对检测瑕疵。返回 InspectEdgeForDefect 结构
InspectEdgePosition(Image, Fixture, Region,…)	使用 InspectEdge 数据结构作为输入，查找沿"线拟合"的点的最小和最大位置。返回 InspectEdgePosition 结构
InspectEdgeWidth(Image, Fixture, Region,…)	使用 InspectEdge 数据结构作为输入，检测相关缺陷和间距的宽度，以及边对之间的最小和最大宽度。返回 InspectEdgeWidth 结构
L	
Latch(Event, Value)	根据每个事件返回值
LatchImage(图像,固定,区域,事件,显示)	每次事件发生时都缓存当前图像区域
LatchString(Event, String)	根据每个事件返回字符串
Left(Text, NumChars)	返回 Text 的最左侧的字符
Len(Text)	返回 Text 中的字节数
Line(Fixture, Line, Show)	返回 Line 结构，它存储固定的直线
LineFromNPoints(Point Row 0, Point Col 0, Point Row 1, Point Col1, [Point Row 2, Point Col 2,…, Show])	通过系列点构造一条直线。返回 LineFit 结构
LineScanStatReset(Event)	重置线扫描统计数据。默认情况下被禁用，这样就只会调用一次重置
LineToCircle(Line, Circle, Show)	测量直线到圆的最短距离。返回 Dist 结构。注意：如果它们相交，则距离为 0.0，并且点就是交点
LineToLine(Line 0, Line 1, Show)	测量两条直线之间夹角（逆时针度数）。返回 Dist 结构。注意：如果它们相交，则距离为 0.0。如果平行，则距离为正值且角度为 0、+180 或-180
Link(标签,主机名,对话标签/左上方单元格,光标位置)	创建到本地机或远程传感器上的对话或单元格的链接。标签/位置可以是主电子表格中的对话、向导或单元格位置的标签
ListBox(String0, [String1,…])	在单元格中插入列表框。返回选定列表项从零开始的索引
Lower(Text)	返回自 Text 转换的小写字符串
M	
Max(Val0, [Val1,…])	返回可变长度值列表的最大值
MaxI(Val0, [Val1,…])	返回可变长度值列表的最大值的索引
Maximum(事件,值,重设,预设)	返回一个运行最大值。与 ClockedMax 不同，该函数使用上一作业执行的值

续表

	M
Mean(Val0, [Val1,⋯])	返回可变长度值列表的平均值
MessageBox(Title, Text, Status, Timeout, Style)	弹出显示输入文本的消息框
Mid(Text, StartChar, NumChars)	返回 Text 中自指定位置开始的指定数目的字符。StartChar：指 Text 中从零开始的索引。NumChars 是要返回的字符数
MidLineToMidLine(Line 0, Line 1, Show)	测量两条线段中点之间的最短距离。返回 Dist 结构
Min(Val0, [Val1,⋯])	返回可变长度值列表的最小值
MinI(Val0, [Val1,⋯])	返回可变长度值列表的最大值的索引
Minimum(事件,值,重设,预设)	返回一个运行最小值。与 ClockedMin 不同，该函数使用上一作业执行的值
Mod(Val1, Val2)	返回 Val1 除以 Val2 的余数
MultiStatus(Value, Start Bit, Number of Bits, Reverse Order, Color 0,Color 1)	显示指示位值的一行 16 个状态灯。如果相应位等于 1，则显示 Color 1 的灯；否则显示 Color 0 的灯
	N
NeighborFilter(Image,Fixture,Region,Operation,⋯)	用根据各相邻像素的值更改每个像素的过滤器处理某一区域。返回存储所处理图像的图像结构
Not(Val)	返回 Val 的逻辑取反运算结果
Now(Event)	从内部时钟读取日期和时间，并将相应日期和时间作为格式化文本字符串插入。返回时间结构
NthMax(N, Val0, [Val1,⋯])	返回可变长度列表中的第 N 大的值
NthMaxI(N, Val0, [Val1,⋯])	返回可变长度列表中的第 N 大的值的索引
NthMin(N, Val0, [Val1,⋯])	返回可变长度列表中的第 N 小的值
NthMinI(N, Val0, [Val1,⋯])	返回可变长度列表中的第 N 小的值的索引
	O
Or(Val1, Val2, [Val3,⋯])	返回可变长度值列表的逻辑或运算结果
	P
Packet(Length Location, Length Size, Endian, Length Adjustment,Buffer Size, Format String)	定义将由 TCPDevice 函数读取或发送的二进制信息包格式。返回信息包结构
PairDistance(Edges, First Edge, Second Edge)	返回边对内各边之间的距离
PairEdges(Edges, Number of Pairs,⋯)	将多个边结果组合成对。返回边结构
PairMaxDistance(Edges)	返回多个边对的最大边对距离
PairMeanDistance(Edges)	返回多个边对的平均边对距离
PairMinDistance(Edges)	返回多个边对的最小边对距离
PairSDevDistance(Edges)	返回多个边对的边对距离标准偏差
PairsToEdges(Edges, Number of Pairs, Show)	通过对线段取平均数将边对组合为单一边。返回边结构
Pi	返回圆周率的值
PlotArc(Arc, Name, Color, Show)	绘制弧
PlotCircle(Circle, Name, Color, Show)	绘制圆。返回绘图结构
PlotCompositeRegion(CompositeRegion, Color, Show)	绘制一个组合区域。返回绘图结构
PlotCross(Cross, Name, Color, Show)	绘制交叉标记。返回绘图结构

续表

P	
PlotLine(Line, Name, Color, Show)	绘制直线
PlotPoint(Point, Name, Color, Show)	绘制点符号。返回绘图结构
PlotRegion(Region, Name, Color, Show)	绘制区域
PlotString(String, Point, Color, Show)	绘制字符串。返回绘图结构
Point(Fixture, Point, Show)	返回 Point 结构，它存储固定的点
PointFilter(Image, Fixture, Region, Operation,…)	用独立更改每个像素的过滤器处理某一区域，忽略相邻像素。返回存储所处理图像的图像结构
PointToCircle(Point, Circle, Show)	测量点到圆的最短距离。返回 Dist 结构。注意：如果点落在圆外，则距离为正；如果点落在圆上，则距离为 0.0；如果点落在圆内，则距离为负
PointToLine(Point, Line, Show)	测量点到直线的最短距离。返回 Dist 结构。注意：如果点落在直线上，则角度为 0.0
PointToPoint(Point 0, Point 1, Show)	测量两点之间的最短距离。返回 Dist 结构。注意：如果 Point 0 = Point 1，则角度为 0.0
PointToPointAngle(Point 0, Point 1)	返回线段与图像行轴之间的角度。注意：如果 Point 0 = Point 1，则角度为 0.0
PointToPointDistance(Point 0, Point 1)	返回两个点之间的距离
Power(Base, Exp)	返回 Exp 次方的 Base
PushMSStack(Event)	将每个缓冲器的内容转移到机器状态堆栈的下一个缓冲器中
Q	
QueryDevice(Event, Device, Data)	将数据写入指定的设备，然后从同一设备读取数据。设备必须为客户端类型。返回查询结构
R	
Radians(Degrees)	给出以角度为单位的角时，返回以弧度为单位的角
Rand(Event)	返回随机数：0.0≤num<1.0。每个事件触发一个新的随机数字。注意：Rand 必须是单元格中的唯一项
ReadCameraTrigger(Event)	读取相机触发器的状态。以值的形式返回状态(0 = OFF, 1 = ON)
ReadCCLinkBitBuffer(Event,FormatInputBuffer)	从所连接的 CIO-MICRO-CC 扩展 I/O 模块的 CC-Link 位区读取数据
ReadCCLinkWordBuffer(Event,FormatInputBuffer)	从所连接的 CIO-MICRO-CC 扩展 I/O 模块的 CC-Link 字区读取数据
ReadDevice(Device)	接收来自指定设备的数据。返回读取结构
ReadDeviceNet(Event, Port, Mapping, Compatibility)	通过 Port 将 DeviceNet 中的数据读入电子表格。使用 Mapping 分析该数据。返回 ReadDeviceNet 数据结构
ReadDeviceNetBuffer(事件,端口,缓冲区)	通过端口将 DeviceNet 中的数据读入电子表格。使用 FormatInputBuffer 分析该数据。返回 ReadDeviceNet 数据结构
ReadDiscrete(Event, Start Bit, Number of Bits)	读取一系列输入位
ReadEIP(Event, MapSpec)	使用以太网/IP 协议将来自以太网的数据读入（消费）电子表格。使用"映射"分析数据，返回 ReadEIP 结构

续表

R	
ReadEIPBuffer(事件,缓冲区)	使用 Ethernet/IP 协议将来自以太网的数据读入（取出）电子表格。使用 FormatInputBuffer 分析数据，返回 ReadEIPBuffer 结构
ReadIDCode(Image, Fixture, Region,…)	读取并可选择检验一维和二维条码及符号体系中包含的字母数字串。返回一个带有解码字符串的 IDCode 结构
ReadMC(Event,IPAddress,Port,Protocol,SourceDevice, Timeout,Inputbuffer)	使用 MELSEC 协议读取数据
ReadMessage(Event)	从本机模式连接将输入字符串读入电子表格。返回字符串
ReadModbusBuffer(Event,FormatInputBuffer, Byte/Word Order)	从本地 Modbus 服务器的用户输入寄存器体读取数据。使用 FormatInputBuffer 分析数据。返回 ReadModbus 结构
ReadProfinetBuffer(事件,缓冲区)	使用 Profinet 协议将来自以太网的数据读入（取出）电子表格。使用 FormatInputBuffer 分析数据。返回 ReadPNIO 结构
ReadResult(AcquireCell, HostName, Timeout)	读取来自网络发送者的结果。返回结果结构
ReadSerial(Event, Port)	从串行端口将输入字符串读入电子表格。返回字符串
ReadText(Image, Fixture, Region, Font,…)	查找并读取文本字符串中的字符。返回文本结构
Region(Fixture, Region, Show)	返回 Region 结构，它存储固定的区域
Replace(SrcText, StartChar, NumChars, NewText)	用 NewText 替换 SrcText 中从 StartChar 开始的字符。返回经 NewText 修改后的 SrcText。StartChar：一个索引。NumChars：要替换的数量。NewText：要插入的文本
Right(Text, NumChars)	返回 Text 中最右侧的字符。NumChars 为返回的字符数
Round(Val)	返回被圆整为最邻近整数值的 Val
RoundDown(Val)	返回与 Val 邻近的较小下舍入整数值
RoundUp(Val)	返回被截断成相邻更大整数的 Val
Row(Cell)	返回电子表格单元格的行号
S	
ScaleImage(图像,固定,区域,缩放类型,…)	将图像区域重新调整为一个以左上角为原点的未旋转和未弯曲的矩形。返回存储所处理图像的图像结构
SDev(Val1, Val2, [Val3,…])	返回可变长度值列表的标准偏差
SegmentFromLines(Line 0, Line 1, Show)	通过对两条线段取平均数构造一条线段。返回直线结构
Select(Title, Index, Auto, Control0, [Control1,…])	使用变量列表中的 Index 参数打开对话、向导、链接或选择控件的函数
SetEvent(Trigger)	执行时向指定事件发送信号。用于 AcquireImage()和 Event()的软触发器源
ShiftRegister(事件,数据,步数,重置)	缓存某个值的历史。返回存储缓冲区的 ShiftRegister 结构
Sin(Angle)	返回以度为单位的角的正弦值
Sleep(持续时间, Cell1, [Cell2,…])	在指定的毫秒数内暂停执行作业。暂停发生在最后一个引用的单元格执行完毕后
SortBlobs(Blobs, Number to Sort,…)	按指定标准排序斑点结构。返回斑点结构
SortEdges(Edges, Number to Sort, Sort By, Show)	按照指定标准对边结构进行排序。返回经排序的边结构

续表

S	
SortPatterns(Patterns, Number to Sort, Sort By, Fixture, Show)	按照指定标准对图案结构排序。返回经排序的图案结构
Sqrt(Val)	返回 Val 的平方根
Status(Status,Label:Green,Label:Yellow,Label:Red)	插入带有用户指定标签的模拟 LED 状态灯
StatusLight(Status, Label:Positive, Label:Zero, Label:Negative,…)	插入带有标签的模拟 LED 状态灯；状态灯和标签的颜色均可由用户指定
Strcspn(SrcText, CharList)	在 SrcText 内搜索 CharList（字符集）中所包含的第一个字符。返回 SrcText 中第一个匹配字符的索引。注意：Strcspn 区分大小写
Stringf(格式字符串, [文本或值,…])	返回一个使用典型'printf'惯例格式化的字符串。格式化字符串：%c=字符；%d=整数；%f=浮点；%o=八进制；%s=字符串；%u=无符号
Strspn(SrcText, CharList)	在 SrcText 内搜索 CharList 字符集中不包含的第一个字符。返回 SrcText 中第一个非匹配字符的索引。注意：Strspn 区分大小写
Strtol(IntegerText)	将一个以整数开始的文本字符串转换成与其对应的整数值。返回一个整数。注意：忽略随后的非整数字符并截断浮点输入值
Substitute(SrcText, OldText, NewText, [Instance])	使用 NewText 替换 SrcText 内的 OldText。返回编辑后的字符串。注意：除非指定一个 Instance 编号，否则替换所有实例
Sum(Val1, [Val2,…])	返回可变长度列表的值的总和
Switch(FindCase, Default, [Case0, Val0, Case1, Val1,…])	返回索引匹配项的值，否则返回默认值
T	
Tan(Angle)	返回以度为单位的 Angle 的正切值
TCPDevice(HostName,Port,Protocol,Packet, Timeout)	定义 TCP/IP 插槽设备。返回设备结构
Timer(Time-String, Trigger)	在指定的间隔后或每天在指定的时间触发电子表格事件
Token(Text, Delimiter, Instance)	从具有指定分隔符的列表中返回 Text 的一个指定 Instance
TrainFont(Image, Show)	使用 OCV/OCR 字集训练向导训练字集。返回字集结构
TrainPatMaxPattern(Image, Fixture, Region,…)	提取并训练图像的图案以便和 FindPatMaxPatterns 一起使用。返回图案结构
TransBlobsToFixture(Fixture, Blobs, Number to Convert)	对斑点结构进行固定坐标变换。返回转变为固定坐标的斑点结构
TransBlobsToWorld(Calib, Blobs, Number to Convert)	对斑点结构进行坐标变换。返回转变为全局坐标的斑点结构
TransEdgesToFixture(Fixture, Edges, Number to Convert)	对边结构进行固定坐标变换。返回转变为固定坐标的边结构
TransEdgesToWorld(Calib, Edges, Number to Convert)	对边结构进行坐标变换。返回转变为全局坐标的边结构
TransFixtureToPixel(Fixture, Point, Show)	将某个点的固定坐标转换成像素坐标。返回点结构
TransFixtureToWorld(Calib, Fixture, Show)	将在像素坐标系中的固定坐标转换成场景坐标系中的固定坐标。返回固定坐标结构

续表

T	
TransformImage(图像,校准,区域,显示)	基于 CalibrateGrid 变换纠正图像失真。返回存储已处理图像的 Image 结构
TransPatternsToFixture(Fixture, Patterns, Number to Convert)	对图案结构进行固定坐标变换。返回转变为固定坐标的图案结构
TransPatternsToWorld(Calib, Patterns, Number to Convert)	对图案结构进行坐标变换。返回转变为全局坐标的图案结构
TransPixelToFixture(Fixture, Point, Show)	将某个点的像素坐标转换成固定坐标。返回点结构
TransPixelToWorld(Calib, Point, Show)	将某个点的像素坐标转换成全局坐标。返回点结构
TransWorldToPixel(Calib, Point, Show)	将某个点的全局坐标转换成像素坐标。返回点结构
Trim(Text)	删除 Text 的开头、结尾和内部的多余空格。返回编辑后的字符串。注意：Trim 会在各词之间保留一个空格
Trunc(Val)	返回被截成整数的 Val。所得结果是不含小数部分的 Val
U	
Upper(Text)	返回自 Text 转换的大写字符串
V	
ValidateIDData(IDCode,验证选项,…)	对使用 ID 码解码的数据执行验证返回 IDValid 结构
Value(NumericText)	将以数字值开始的文本字符串转换成其相应值。返回一个数字值。注意：该值忽略随后的非数字字符
VerifyIDCode(IDCode,…)	对 IDMax™ 解码的"数据矩阵"符号执行附加符号验证操作。返回 IDVerify 结构
VerifyText(Image, Fixture, Region, Font, String, Accept, Tune,Show)	查找并检验文本字符串中的字符。返回文本结构
W	
Wizard(Name,Mode,Dialog0,Dialog1,[Dialog2,…])	通过对话框集合创建向导。将 Mode 设为 0 可在"菜单"模式下运行，或设置为 1 可在"序列"模式下运行
WriteCCLinkBitBuffer(Event,FormatOutputBuffer)	向所连接的 CIO-MICRO-CC 扩展 I/O 模块的 CC-Link 位区写入数据
WriteCCLinkWordBuffer(Event,FormatOutputBuffer)	向所连接的 CIO-MICRO-CC 扩展 I/O 模块的 CC-Link 字区写入数据
WriteDevice(Event, Device, Data1, [Data2,…])	将数据写入指定的设备。返回写入结构
WriteDeviceNet(事件,端口,MapSpec,兼容性, Value1, [Value2,…])	通过端口将电子表格中的一个或多个值写入 DeviceNet，格式由 MapSpec 确定
WriteDeviceNetBuffer(事件,端口,缓冲区)	通过端口将电子表格中的一个或多个值写入 DeviceNet，格式由 FormatOutputBuffer 单元格确定
WriteDiscrete(事件,开始位,位数,值)	将电子表格中的值写入一系列离散输出位
WriteEIP(事件,MapSpec, Value1, [Value2,…])	通过 Ethenet /IP 协议从电子表格中写入一个或多个值，格式由 MapSpec 确定
WriteEIPBuffer(事件,缓冲区)	通过 Ethernet/IP 协议从电子表格中写入一个或多个值，格式由 FormatOutputBuffer 单元格确定
WriteFTP(事件,主机名,用户名,密码,文件名,存储数据格式,字符串,添加)	将字符串写入或添加到 FTP 服务器上的指定文件中。返回 FTP 结构

续表

W	
WriteImageFTP(事件,主机名,用户名,密码,图像,文件名,最大存储数量,重置,存储数据格式,屏幕捕捉)	将当前图像发送到指定 FTP 服务器。返回 FTP 结构
WriteImageSFTP(Event, Host Name, User Name, Password, Image,File Name, Max Append Value, Reset, Data Format, Screen Capture)	将当前图像发送到指定的 SFTP 服务器。返回 SFTP 结构
WriteMC(Event, IPAddress, Port, Protocol, DestinationDevice,Timeout, Outputbuffer)	使用 MELSEC 协议写入数据
WriteMessage(事件,字符串)	通过 Native 模式连接写出字符串。返回字符串
WriteModbusBuffer(Event, FormatOutputBuffer, Byte/Word Order)	向本地 Modbus 服务器的检查结果寄存器体写入数据。使用 FormatOutputBuffer 格式化要写入寄存器体的数据。返回写入的寄存器数
WriteMSStack(事件,字符串)	将字符串添加到机器状态堆栈的第一个缓冲器中的运行状态信息上（字符串的最大长度为 255）
WriteProfinetBuffer(事件,缓冲区)	通过 Profinet 协议从电子表格写入一个或多个值（格式由 FormatOutputBuffer 单元格来设置）
WriteResult(事件, Cell1, [Cell2,…])	将指定单元格的数据传输给网络接收者。返回结果结构
WriteSerial(事件,端口,字符串)	将字符串写入指定的串行端口
WriteSMTP(事件,SMTPServer,收件人,抄送,发件人,主题,重要性,图像附件,图像格式,屏幕捕捉,消息文本)	发送电子邮件消息。该消息可包含图像附件。返回 SMTP 结构

参考文献

[1] 陈兵旗. 机器视觉技术[M]. 北京：化学工业出版社，2018.
[2] 斯蒂格，尤里奇，威德曼. 机器视觉算法与应用[M]. 北京：清华大学出版社，2018.
[3] 杨高科. 图像处理、分析与机器视觉（基于 LabVIEW）[M]. 北京：清华大学出版社，2018.
[4] 陈宇云. 灰度图像的边缘检测研究[D]. 电子科技大学，2009.
[5] 程光. 机器视觉技术[M]. 北京：机械工业出版社，2019.
[6] 陈兵旗. 机器视觉技术及应用实例详解[M]. 北京：化学工业出版社，2014.
[7] 黄鹤. 图像处理与机器视觉[M]. 北京：人民交通出版社，2018.
[8] 韩九强. 机器视觉技术及应用[M]. 北京：高等教育出版社，2009.
[9] 蒋正炎，许妍妩，莫剑中. 工业机器人视觉技术及行业应用[M]. 北京：高等教育出版社，2018.
[10] 崔吉，崔建国. 工业视觉实用教程[M]. 上海：上海交通大学出版社，2018.
[11] 余文勇，石绘. 机器视觉自动检测技术[M]. 北京：化学工业出版社，2013.
[12] 孙碧亮. 基于机器视觉的检测算法研究及其在工业领域的应用[D]. 华中科技大学，2006.

反侵权盗版声明

电子工业出版社依法对本作品享有专有出版权。任何未经权利人书面许可，复制、销售或通过信息网络传播本作品的行为；歪曲、篡改、剽窃本作品的行为，均违反《中华人民共和国著作权法》，其行为人应承担相应的民事责任和行政责任，构成犯罪的，将被依法追究刑事责任。

为了维护市场秩序，保护权利人的合法权益，我社将依法查处和打击侵权盗版的单位和个人。欢迎社会各界人士积极举报侵权盗版行为，本社将奖励举报有功人员，并保证举报人的信息不被泄露。

举报电话：（010）88254396；（010）88258888

传　　真：（010）88254397

E-mail：dbqq@phei.com.cn

通信地址：北京市万寿路173信箱　电子工业出版社总编办公室

邮　　编：100036